데이터 라벨링으로 돈 잘 버는 N잡러 되기

입문에서 고수입까지,
데이터 라벨링
한 권으로 끝내기

심정우·박민영 지음

RADIO BOOK

4장 데이터 라벨링으로 고수입 창출하기 -이론 편-

5장 데이터 라벨링으로 고수입 창출하기 -실전 편-

6장 저자 노하우 대공개, 저자 2인의 데이터 라벨링 Talk

7장 각자의 방법으로 성공한 현직 데이터 라벨러 4인의 노하우 Talk

8장 기업 관계자 Talk : 데이터 라벨링 산업 전망과 기업이 선호하는 데이터 라벨러

작가의 말

성공하는 데이터 라벨러의 길을 열어드립니다

데이터 라벨러로 활동한 지 4년 차에 접어들었습니다. 그동안 정말 많은 일들이 있었습니다. 가공한 데이터 수가 100만 건을 넘었으며, 수입도 점차 늘었습니다. 50여 개가 넘는 기업들과 함께 작업했고, 그중 몇몇 기업들과 지속적인 관계를 유지해 오고 있습니다.

현재 운영 중인 데이터 라벨링 커뮤니티 '라벨러 쉼터'도 빼놓을 수 없습니다. 데이터 라벨러는 재택근무이고, 각자가 알아서 작업하는 형태라 외로운 섬에 고립됐다고 느끼기 쉽습니다. 보편적으로 알려진 일도 아니며 일반 직장처럼 눈에 보이는 동료들이 없어 함께 일을 고민하고 공감해 줄 이를 찾기 어렵습니다. 이러한 점을 해결하고자 커뮤니티를 운영하게 됐습니다. 비슷한 입장의 데이터 라벨러들이 함께 모이고 운영 취지에 공감하면서 이제는 천 명이 넘는 커뮤니티로 발전했습니다. 라벨러들은 이 공간에서 정보를 공유하며 각자의 어려움을 나눴고, 서로의 고민을 들어주며 공감했습니다. 라벨러 쉼터는 단순한 소통의 장을 넘어, 데이터 라벨러로 입문하는 분들의 정착을 위한 도움을 제공했습니다. 라벨러들을 위한 소통의 장을 마련하고 싶었던 저의 작은 꿈이 결실을 보게 됐습니다.

데이터 라벨링 시장도 시간이 지나며 많은 것들이 변했습니다. 초기에는 누구나 참여만 하면 큰 수입을 올릴 수 있었지만, 시장이 안정되면서 사정이 달라졌습니다. 이제는 정보를 찾아보며 기다리고, 많은 노력이 동반돼야 안정적으로 데이터 라벨러로 활동할 수 있게 됐습니다. 그러다 보니 각자의 생활에서 없는 시간을 쪼개, 데이터 라벨링이라는 생소한 분야에 도전하는 분들이 갈피를 못 잡고, 이리저리 흔들리다가 결국 포기하는 사례도 많아졌습니다.

많은 고비를 넘기며 데이터 라벨링 시장에 진입했지만 앞으로 나아갈 방법을 찾지 못해 업계를 떠나는 분들을 보며 안타까움을 느꼈습니다. 그래서 데이터 라벨링에 관심 있는 분들의 진입 과정에서의 어려움을 덜어주고, 남들보다 나은 수입을 가져가길 바라는 마음에서 이 책을 쓰게 됐습니다.

이 책은 데이터 라벨러로 입문하는 분들에게 명확한 방향을 제시합니다. 이 방향만이 라벨러로 입문하고 성장하는 길은 아니지만, 정보의 홍수 속에서 올바른 방향을 잡지 못한 분들의 시행착오를 줄일 수 있을 것입니다. 최대한 많은 도움을 주기 위해 쉽게 풀어쓰려고 노력했습니다. 라벨러로 입문하는 사람들의 연령과 직업 등이 다양하며, 생업과 전혀 다른 새로운 분야에 뛰어들어야 하는 어려움을 잘 알고 있기 때문입니다.

대표적인 크라우드소싱 플랫폼들의 특징을 최대한 자세하게 다뤘습니다. 데이터 라벨링 산업의 특성상 라벨러는 플랫폼 의존도가 높습니다. 정확한 정보 전달을 위해 대표적인 플랫폼 기업들의 자문을 받으며 특징 및 참여 방법을 자세히 설명했습니다.

무엇보다 이미 데이터 라벨러로 활동 중이지만 만족스러운 수입을 얻지 못한 분들을 위한 실전 노하우를 비중 있게 담았습니다. 저자가 4년간 실제로 작업하며 사용했던 방식과 노하우를 책에 심도 있게 풀었습니다. 독자에게 효율적으로 설명하기 위해 사전에 여러 기업에게 저작도구 이용 허락을 받았습니다. 다양한 플랫폼의 저작도구 활용 노하우를 이 책에서 확인할 수 있습니다.

또, 데이터 라벨링 기법별로 작업 속도를 올릴 수 있는 팁들과 함께 작업에 활용할 수 있는 저자의 모든 노하우를 담았습니다. 데이터 라벨링은 무엇보다 많은 경험이 중요한 분야입니다. 누군가 조언을 해주거나 노하우를 전수해 줘도 온전히 자신의 것으로 만드는 것이 쉽지 않습니다. 하지만 여러 방법을 참고하며 직접 경험해 보고, 다각도로 고민한다면 자신만의 방식을 찾게 될 것입니다.

사람은 누구나 새로운 시도에 어려움을 느낍니다. 데이터 라벨러로 활동한다는 것도 마찬가지일 것입니다. 새로운 용어를 접하고, 매번 새로운 프로젝트를 마주하게 됩니다. 그 과정에서 낯선 가이드를 계속 공부해야 합니다. 혹은 점차 고도화되는 인공지능 시장 적응을 위해 보다 복잡하고 전문적인 데이터 라벨링을 배워야 할 수도 있습니다. 그 과정에서 반복되는 작업의 지루함으로 자신과의 싸움을 해야 할 순간이 찾아올 것입니다. 하지만 이러한 어려움들은 새로운 시장에 뛰어든 여러분들의 용기와 자신감으로 충분히 극복할 수 있습니다. 그러니 데이터 라벨러로 안정적으로 정착할 때까지 포기하지 말고 끊임없이 달려 나가기 바랍니다.

아마 이 일을 시작하면서 각자가 세운 목표나 꿈이 있을 것입니다. 그것을 잃지 않고 계속 나아간다면 좋은 보상과 함께 인공지능 개발에 참여한다는 보람도 얻게 될 것입니다. 여러분이 가는 그 길에 이 책이 작은 도움이 되었으면 합니다.

마지막으로 심심한 감사의 말씀을 전합니다. 데이터 라벨러들을 위한 정확한 정보 전달이 가능하도록 자문해 주신 한국지능정보사회진흥원(NIA), 크라우드웍스, 에이모, 레이블러, 라벨온, 테스트웍스, AI-STUDIO 담당자께서 많은 조언과 편의를 제공을 해 주신 덕분에 책이 더욱 풍성해질 수 있었습니다. 저에게 책을 함께 쓸 것을 제안하고, 책의 방향성을 논의하며 글이 쉽게 읽힐 수 있게 다듬어 준 이 책의 두 번째 저자인 박민영 님이 없었다면 이 책은 완성되지 못했을 것입니다. 마지막으로 서로를 격려하고 응원하며 라벨러 쉼터의 발전에 힘을 더해주신 라벨러 쉼터 일원 여러분께도 이 자리를 빌려 감사의 말을 전하고 싶습니다.

저자를 대표하여 심정우

제 1장

데이터 라벨링 : 인공지능 시대, 누구나 쉽게 시작할 수 있는 N잡

1. 새로운 온라인 유망 일자리 '데이터 라벨링'

1) 성장하는 인공지능 산업의 기초, 데이터 라벨링

4차 산업 혁명 시대다. 인공지능(AI, Artificial Intelligence)과 빅데이터(Bigdata), 사물 인터넷(IoT) 등이 하나로 융합돼 전례 없는 혁신 통합이 이뤄지고 있다. 특히 인공지능은 딥러닝(Deep Learning)의 등장으로 발전 속도가 가속화되고 있으며 국방, 과학, 의료, 산업 등 각 분야에서 다양한 형태로 적용되고 있다. 인공지능 개발에서 가장 많은 시간과 자원이 소모되는 과정은 인공지능을 학습시킬 데이터를 구축하는 것이다.

데이터 라벨링(Data Labeling)은 인공지능 학습용 데이터 구축의 한 과정으로, 인공지능이 인식 가능한 형태로 데이터를 정리해 컴퓨터에 입력하는 작업이다. 단어 그대로 데이터에 이름표를 붙이는 것이다.

<바운딩 박스 기법을 이용한 데이터 라벨링>

예를 들어, 사과를 구분하는 인공지능을 만들고 싶다면 사진 속 사과에 사람이 영역을 지정한 뒤 '사과'라는 클래스를 부여해야 한다. 이 과정을 거친 데이터를 기계가 학습하면 기계는 영역 지정을 한 물체가 무엇인지 배울 수 있다. 이와 같이 기계가 학습할 수 있도록 데이터에 라벨링을 하는 사람을 '데이터 라벨러(Data Labeler)'라고 부른다. 데이터 라벨러가 가공한 데이터 품질은 인공지능의 성능을 결정하는 중요 요인 중 하나다. 데이터 라벨러는 인공지능이 학습할 데이터에 정의를 내려준다. 인공지능 개발을 위한 기초이자 필수 작업인 만큼 실제 인공지능 개발에서 데이터 라벨링이 큰 비중을 차지한다.

인공지능을 학습시키는 데 필요한 양질의 데이터를 생산하려면 데이터 수집부터 가공까지 인간의 손을 거쳐야 한다. 특히 데이터 가공은 매 과정에서 인간의 판단력이 개입돼야 한다. 그래야 양질의 데이터가 만들어지고 있는지를 판단할 수 있다. 즉, 데이터 라벨링은 노동집약적 산업이며, 데이터 라벨링의 일자리 창출 효과는 상당하다. 사람의 노동력을 바탕으로 한 수작업이 필요하기 때문에 디지털 시대에 노동집약적 시장이 생겨난 것이다.

인공지능의 중요성이 커짐에 따라 데이터 처리량 또한 방대해지고 있다. 개발사가 자체적으로 데이터 라벨링을 소화하기엔 한계가 있는 것이 현실이다. 데이터가 워낙 방대한지라 전문 업체는 자체 인공지능 엔진을 이용해 데이터 전처리 공정을 수행한다. 이후 여러 작업자들이 이를 검수하게 된다. 데이터가 쌓임에 따라 인공지능이 해결할 수 있는 영역이 늘어나고 있지만, 양질의 데이터를 생성하려면 결국 인간의 손을 거쳐야 한다. 또, 인공지능이 고도화될수록 학습을 위한 데이터 수준도 높아져야 해 데이터 정리 및 가공을 인공지능에게만 의존하기는 어렵다.

2020년 이후 정부의 적극적 육성 아래 데이터 라벨러는 빠르게 증가하고 있지만, 전문성 있는 라벨러는 아직 많지 않다. 여기서 말하는 전문성은 데이터 라벨링에 대한 기본적인 지식과 더불어 목적에 맞게 정확하게 데이터를 가공하고, 기업과 원활한 소통할 수 있는 역량을 의미한다. 데이터 라벨링은 크라우드소싱 형태로 작업자를 고용해 불특정 다수가 작업에 참여하는 경우가 많아 이러한 역량을 미처 갖추지 못한 채 작업에 진입하는 경우도 있다. 때문에 다수의 기업은 어느 정도 능력을 갖춘 데이터 라벨러를 원하는 추세다. 전문성 있는 라벨러는 데이터 가공 과정에서 낭비되는 시간을 최소화하며 점차 복잡하고 정교해지는 데이터 가공에도 대응할 수 있다. 이러한 움직임에 발맞춰 전문성을 갖춘 데이터 라벨러 양성을 위해 2022년 국가직무능력표준(NCS)에 데이터 라벨러가 정식 직업으로 등재됐고, 라벨러 양성을 위한 다수의 교육도 진행되고 있다. 국가 차원에서도 인공지능의 중요성을 인식하고 관련 예산을 꾸준히 편성하고 있다. 양질의 데이터를 가공할 수 있는 전문성 있는 데이터 라벨러의 수요는 앞으로도 꾸준히 증가할 것이다.

2) 디지털 노매드가 되는 가장 빠른 길, 데이터 라벨러

데이터 라벨러는 디지털 노매드가 되고 싶은 이들의 시선을 끌어당기는 직종이다. 입문을 위한 특별한 조건이 없으며 기본적인 컴퓨터 사용 능력만 있다면 누구나 수입을 올릴 수 있어 투잡으로 부수입을 올리기에 최적화된 수단이다. 데이터 라벨링은 디지털 노매드로 향하는 가장 쉬운 방법이며, 그 까닭은 다음과 같다.

누구나 쉽게 입문할 수 있다

데이터 라벨러의 가장 큰 장점은 배경 및 지식에 상관없이 누구나 쉽게 시작할 수 있다는 점이다. 연령·성별·직업·학력 등에 상관없이 컴퓨터나 스마트 기기를 다룰 수 있는 최소한의 능력만 있다면 누구나 작업에 참여할 수 있다. 만약 해당 기기들을 전혀 다루지 못해도 기본적인 기능을 학습한다면 충분히 작업이 가능하다. 실제로 컴퓨터를 전혀 사용하지 못하는 장년층이 자녀에게 기본 기능을 배우고 작업에 참여하는 사례도 많다. 데이터 라벨링은 다른 부업들과 달리 진입장벽이 매우 낮다.

실제 데이터 라벨러로 활동하는 이들의 연령과 직업은 제각각이다. 70대 검수자, 아이를 키우며 부업으로 활동하며 고수입을 얻는 주부, 퇴근 후 작업하며 용돈을 버는 직장인, 20대 취업 준비생 등으로 각기 다른 연령과 직업을 지녔다. 이렇게 다양한 이들이 데이터 라벨링을 하고 있다는 것은 입문에 특별한 조건이 없다는 것을 의미한다. 물론 기본적인 배경지식을 쌓기 위한 교육과 작업 참여를 위한 프로젝트 공고 등의 정보에 귀를 기울여야 하지만 이것 역시 특별한 능력을 요구하지는 않는다. 관심을 가지고 다양한 정보를 꼼꼼히 찾는다면 충분히 해결 가능하다.

시·공간 제약 없는 온라인 일터

데이터 라벨러는 시간과 공간의 제약에서 자유롭다. 말 그대로 내가 원하는 시간에, 내가 원하는 장소에서, 노트북 한 대와 인터넷만 된다면 작업에 아무런 제약이 없다. 심지어 여행 중에 작업하는 사람들도 있다. 실제로 제주도 한 달 살기를 하며 현지에서 필요한 경비를 모두 데이터 라벨링으로 충당하기도 한다.

많은 프로젝트가 채용부터 교육, 작업, 정산까지 온라인으로 진행된다. 출퇴근으로 진행되거나 오프라인 교육을 하는 프로젝트도 있지만, 반대로 모든 과정이 온라인으로 진행되는 프로젝트도 상당수다. 따라서 데이터 라벨러는 업무상 많은 부분에서 자유롭다. 작업 시간을 스스로 직접 정할 수 있는 만큼 진정한 의미의 재택근무라고 할 수 있다. 출퇴근이 어렵거나, 작업 시간이 일정치 않거나, 자투리 시간을 활용하고 싶은 사람들은 데이터 라벨러가 적합하다.

지역적 한계도 벗어날 수 있다. 양질의 일자리는 수도권과 대도시에 집중된 경우가 많다. 데이터 라벨링은 대부분 온라인 작업이라 사는 곳과 상관없이 기회를 가질 수 있다.

능력에 따라 고수입을 올릴 수 있다

데이터 라벨러는 프리랜서인 만큼 개인 능력과 선택에 따라 작은 소득으로 만족할 수도 있고, 고소득을 창출할 수도 있다. 소소한 부업으로 한 달에 50만 원을 벌 수도 있고, 하루 18시간을 투자해 일일 50만 원을 벌 수도 있다. 저자는 데이터 라벨링을 하면서 다양한 수입 관련 에피소드를 목격했다. 약 30만 원의 시급을 만들어 낸 사람이 있는가 하면, 하루에 100만 원의 수입을 올리는 사람, 몇 주 만에 천만 원 이상의 수입을 올리는 사람도 있었다. 누군가는 천 원이 채 되지 않는 시급을 받기도 했다.

데이터 라벨러는 일부 월급제 계약을 제외하고는 모두 작업한 만큼 돈을 받는다. 그리고 어느 정도 작업이 숙련되고 노하우가 쌓여 속도가 오르거나 작업하는 시간이 늘어나면 자연스럽게 수입이 증가한다. 다양한 프로젝트에 참여하며 적성에 맞는 작업을 찾거나 시급이 더 유리한 프로젝트를 찾을 수도 있다. 여러 작업을 동시에 진행하려면 교육 이수와 가이드 숙지 등 많은 노력이 들지만, 그만큼 자신에게 더 유리한 프로젝트를 찾을 확률도 올라간다. 조금만 노력한다면 더 높은 수입을 올릴 기회가 많다.

대부분의 데이터 라벨러에게 고정 월급은 존재하지 않는다. 이 부분을 소득 불안정으로 받아들일 수 있지만, 동시에 수입에 상한선이 없다는 의미로도 생각할 수 있다. 숙련된 일부 라벨러들이 고수입을 올리는 것도 이러한 이유 덕분이다. 자신의 능력과 적성에 맞는 프로젝트를 정확히 알고 프로젝트를 보는 안목을 높인다면 충분히 기회를 잡을 수 있다. 특히 부업으로 데이터 라벨링을 한다면 안정된 본업 수입에 더해 부업으로 높은 수입을 올릴 기회가 있음을 잊지 말아야 한다.

자신의 적성을 제약 없이 시험해 볼 수 있다

데이터 라벨링은 비교적 입문이 쉽고 특별한 자격조건을 요구하지 않아 개인 상황에 따라 다양한 작업 방식으로 활동 가능하다. 우선 부업으로 시작한다면 자신이 이쪽 분야에 적성이 맞는지를 실제 프로젝트 참여로 확인할 수 있다. 자신의 적성을 확인하고 데이터 라벨러가 되기로 했다면 원하는 시간에 틈틈이 작업할 수 있다.

데이터 라벨링에 관한 수많은 정보와 경험담이 쏟아지지만 결국 개인의 적성과 노력에 따라 결과가 크게 달라질 수 있다. 다른 사람들이 긍정적으로 평가하는 일이 나에게는 맞지 않을 수도 있다. 데이터 라벨링 입문이 쉽다는 장점을 최대한 활용해 직접 작업에 참여한 후 판단하는 것이 바람직하다.

새로운 커리어를 쌓을 수 있다

데이터 라벨러로 활동하며 실력을 인정받으면, 이를 기반으로 새로운 기회를 잡을 수도 있다. 일례로 크라우드워커 혹은 출퇴근 라벨러로 활동하다 그 실력과 성실함을 인정받아 해당 기업에 전문 검수자, PM(Project Manager)으로 채용되거나 기업의 다른 파트에서 근무하는 이들이 있다.

단순히 부업이나 투잡으로 작업에 참여할 수 있지만, 이 일이 적성에 맞는다면 하나의 커리어로 발전시킬 가능성 역시 충분하다. 앞서 설명한 바와 같이 국가직무능력표준에 데이터 라벨러가 정식 직업으로 등재됐고, 인공지능 산업 규모가 점차 커지고 있어 앞으로 기회는 더 많아질 것이다.

이런 커리어 루트에 관심이 있다면 모든 프로젝트 작업에 성실히 임하며 필요한 지식을 습득하는 것이 중요하다. 한국지능정보사회진흥원(NIA, National Information society Agency) 데이터 라벨링 전문 교육은 데이터 라벨링뿐만 아니라 인공지능 관련 커리어를 쌓을 수 있는 다양한 교육을 제공한다. 자신에게 필요한 교육을 들으며 다양한 경력을 쌓아 보는 것을 추천한다.

2. 무한한 가능성을 보유한 데이터 라벨링 산업

인공지능의 발전 속도는 상상할 수 없을 정도로 빠르다. 2012년 이전에는 1960년대 고든 무어가 주장한 '컴퓨터 칩의 성능은 24개월마다 2배씩 성장한다'라는 이른바 '무어의 법칙'과 비슷하게 발전했지만 2020년에는 30만 배가 넘는 속도로 발전하고 있다. 그리고 그 속도는 해가 지날수록 더 빨라지고 있다.

2022년 말에 등장한 초거대 인공지능 ChatGPT는 인공지능의 발전 속도를 체감하게 해준 하나의 큰 사건으로, ChatGPT 등장은 초거대 인공지능 개발 경쟁에 불을 붙이는 도화선이 됐다. 이렇게 급변하는 상황 속에 데이터 라벨링 산업의 미래는 어떨까?

인공지능을 만드는 데 있어 데이터 라벨링은 반드시 필요한 과정이다. 인공지능 수요가 증가하고 이를 필요로 하는 산업 분야가 많아질수록 데이터 라벨링 수요도 따라서 증가할 수밖에 없다. 시장조사 기관 '그랜드 뷰 리서치(Grand View Research)'가 발표한 '글로벌 데이터 산업 데이터북 2023-2030' 보고서는 전 세계 데이터 수집 및 라벨링 산업 규모가 2021년 16억 7천만 달러로, 2022년부터 연평균 25.1% 성장해 오는 2030년에는 80억 5천만 달러 규모의 시장이 될 것으로 전망하고 있다. 즉, 데이터 라벨링 산업 규모가 꾸준히 커지고 있는 것이다.

데이터 라벨링 산업의 성장은 인공지능 개발에 필요한 데이터가 많아짐을 의미한다. 이에 따라 데이터 라벨러를 필요로 하는 영역도 함께 증가할 것으로 예상된다. 데이터 라벨러는 이런 상황을 긍정적으로 바라보는 한편, 새로운 변화를 감지하고 대응할 수 있게 시야를 넓혀야 한다.

데이터 라벨링은 실제 사람 손으로 직접 하는 경우가 많지만 '오토 라벨링(Auto Labeling)' 혹은 '스마트 라벨링(Smart Labeling)'이라고 부르는 라벨링 자동화 기술로 진행되기도 한다. 라벨링 자동화는 사전에 구축된 데이터 라벨링 엔진 혹은 인공지능 기술을 통해 사람 손을 거치지 않고 자동으로 데이터 라벨링을 하는 기술이다. 데이터 구축에 많은 시간과 비용이 드는 만큼 각 기업은 비용을 절감할 수 있는 여러 방법을 모색하고 있다. 사람 손을 덜 빌리며 자동으로 데이터를 가공할 수 있다면 저렴하게 데이터를 확보할 수 있다. 데이터 라벨링 솔루션을 제공하는 기업들이 이 기술에 열을 올리는 이유다.

2023년 인공지능 분야에서 가장 큰 이슈로 떠오른 초거대 AI도 데이터 라벨러가 눈여겨봐야 하는 분야다. 초거대 AI란 심층 신경망으로 구현된 매우 큰 인공지능으로 인공신경망의 파라미터(매개변수)가 무수히 많은 인공지능을 의미한다. 이를 대표하는 것이 ChatGPT다. ChatGPT 등장으로 전 세계가 앞다투어 초거대 인공지능 개발에 사활을 걸고 있다. 글로벌 빅테크 기업인 마이크로소프트(Micorsoft), 구글(Google), 메타(Meta) 뿐만 아니라 국내 플랫폼 대기업인 네이버, 카카오 등을 중심으로 인공지능 모델 개발 경쟁이 심화되고 있다. 초거대 AI의 특징은 대형 언어 모델(LLM, Large Language Model)을 통해 데이터를 학습할 때 방대한 양의 데이터를 스스로 훈련해 발전한다는 점이다. 그 영향으로 텍스트 분야에서 데이터 라벨러의 필요가 조금씩 줄어드는 것처럼 보일 수도 있다.

이러한 상황에도 불구하고 데이터 라벨러의 수요는 꾸준히 증가할 수밖에 없다. 데이터 라벨링 분야에 라벨링 자동화 기술이 지속적으로 도입, 발전된다 해도 여전히 사람의 개입이 필요하다. 라벨링 자동화 기술의 기초가 되는 데이터는 여전히 사람이 만들어야 한다. 그리고 이 기술을 통해 데이터 가공을 한다 해도, 자동으로 라벨링 된 데이터의 최종 검수는 여전히 사람의 눈으로 해야 한다. 만약 검수 후 자동으로 생성된 라벨링 데이터의 수정이 필요하다고 판단되면 데이터 라벨러가 투입된다. 자동으로 라벨링 된 데이터를 신뢰하기 어렵기 때문이다. 즉, 데이터 라벨링 자동화는 기존 방식 대비 작업 시간과 비용을 줄여주지만, 이것이 곧 양질의 데이터 확보로 이어지는 것은 아니다. 여전히 사람의 손길이 닿아야 하는 곳이 많이 남아있다. 단순히 데이터를 가공하는 것과 고성능 인공지능을 위한 양질의 데이터를 구축하는 것은 전혀 별개의 문제다.

초거대 AI도 이와 비슷하다. LLM을 통해 많은 양의 데이터를 학습했으나, 그 이면을 보면 결국 인간의 손을 필요로 한다. 초거대 AI 초기 모델의 학습 데이터는 사람 손으로 만들어졌다. 여기에 지속적으로 성능을 발전시키는 과정에서 인간에 의한 피드백 강화 학습(RLHF, Reinforcement Learning with Human Feedback)을 진행하고 있다. RLHF는 인공지능이 유해하거나 편향성 있는 텍스트를 생성하는 것을 막고 더 나은 품질의 답변을 위해 필요한 과정이다. RLHF를 위한 데이터셋을 생성하는데 사람이 여전히 필요하다. 아무리 많은 양의 데이터와 기술이 결합해도 결국은 사람의 노동력이 더해져야 양질의 데이터가 형성되는 것이다.

자동화 라벨링 기술과 초거대 AI의 빠른 발전은 데이터 단순 가공 분야에서 데이터 라벨러의 활동 영역을 일부 축소시킬 수 있다. 그러나 데이터의 신뢰성 확보와 더불어 양질의 데이터 생성을 위해서는 여전히 사람 손이 필요하다. 또, 데이터 라벨링 산업 규모가 점차 커짐에 따라 가공해야 하는 데이터 수는 많아질 수밖에 없다. 여기에 '골드 라벨(Gold Label)' 혹은 '골드 데이터셋(Gold Dataset)' 등으로 부르는, 사람이 직접 가공한 매우 정교하며 전문적인 데이터를 필요로 하는 분야도 많아지고 있다. 따라서 단순한 작업만 하는 데이터 라벨러로 머무르는 대신, 많은 경험과 지식을 확보한 전문적인 라벨러로 거듭난다면 급변하는 인공지능 시대에 그 가치를 더욱 인정받을 수 있을 것이다.

3. 데이터 라벨러는 얼마를 벌까?

SNS에서 데이터 라벨링을 처음 접했다면, 높은 수입을 얻을 수 있다는 말에 솔깃했을 수도 있다. 실제로는 맞을 수도 있고 아닐 수도 있다.

누군가는 데이터 라벨링으로 적지 않은 돈을 번다. 자신의 성공담을 언급하는 이들은 실제로 그러한 성취를 맛본 사람들일 것이다. 이들이 벌어들인 높은 수입에 크게 주목하지만, 수입을 일궈낸 그 이면을 보는 사람은 많지 않다. 데이터 라벨링 입문이 곧 고수입을 의미하지는 않으며 그에 걸맞은 노력이 반드시 뒷받침돼야 한다는 사실을 기억해야 한다. 현재 왕성히 활동하고 있는 데이터 라벨러들의 수입을 분석해 봤다.

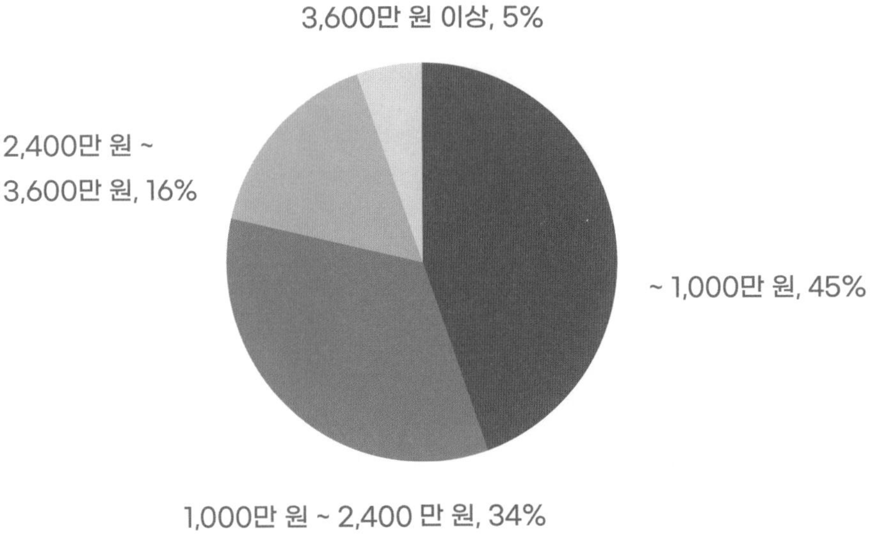

<데이터 라벨러 100명의 2022년 수입 분포>

위 자료는 데이터 라벨러 커뮤니티 '라벨러 쉼터'에서 활동하는 100명의 2022년 수입을 정리한 것이다. 천만 원 미만의 수입을 번 데이터 라벨러는 45%이며, 천만 원 이상부터 3,600만 원 이상의 수입을 번 데이터 라벨러는 55%다. 천만 원 이상의 수입을 올린 라벨러의 비중이 더 높다.

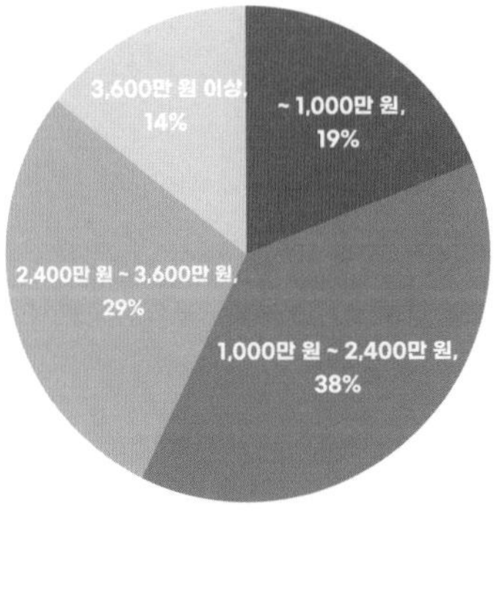

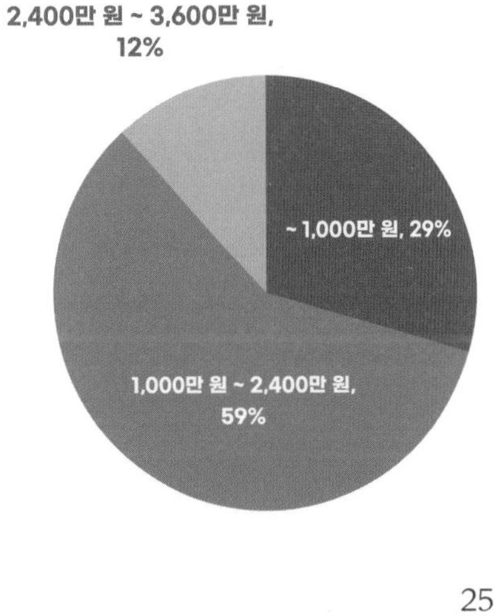

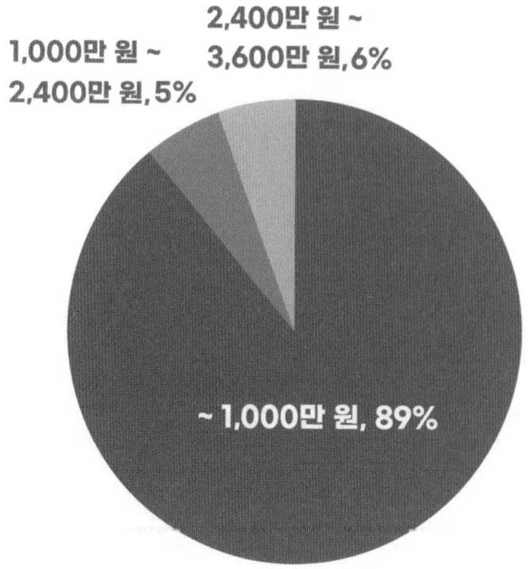

<입문 시기별 2022년 수입.

(앞장 왼쪽부터) 2021년 이전, 2021년, 2022년 입문>

2022년 수입 분포를 입문 시기별로 분류하면 3개의 그래프를 얻을 수 있다. 2021년 이전에 입문한 이들 중 천만 원 이상 수입을 올린 이들은 81%이며, 2021년 입문한 이들 중 천만 원 이상 수입을 올린 이들은 71%다. 2022년 입문한 이들 중 천만 원 이상 수입을 올린 이들은 11%다. 장기간 활동하며 경험을 충분히 쌓은 데이터 라벨러의 수입이 대체로 높다.

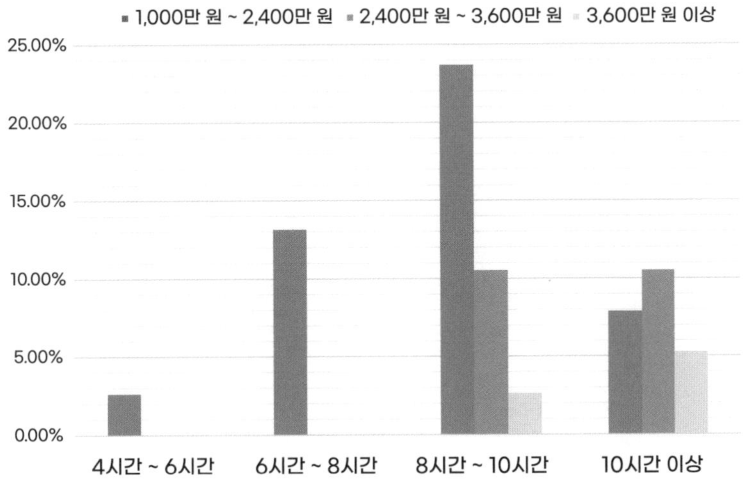

<작업 시간별 수입 분포>

데이터 라벨러들의 실제 작업 시간별 수입 분포다. 작업 시간이 길수록 수입이 증가한다. 2,400만 원 이상의 수입을 올리는 사람들은 성수기 기준으로 하루 8시간 이상을 작업에 쓰고 있다.

앞서 경력에 근거한 분석 자료에 따르면 입문 시기가 빠를수록 많은 금액을 벌었다. 경력이 어느 정도 있다면 작업을 오래 할수록 돈을 많이 벌 수 있음을 알 수 있다. 어떤 일이든 경력이 쌓이면 여러모로 이득이 되지만, 그 경력이 전부는 아닌 것이다. 오래 앉아서 꾸준히 작업하는 것이 높은 수입을 가져오는 지름길임을 잊지 말아야 한다.

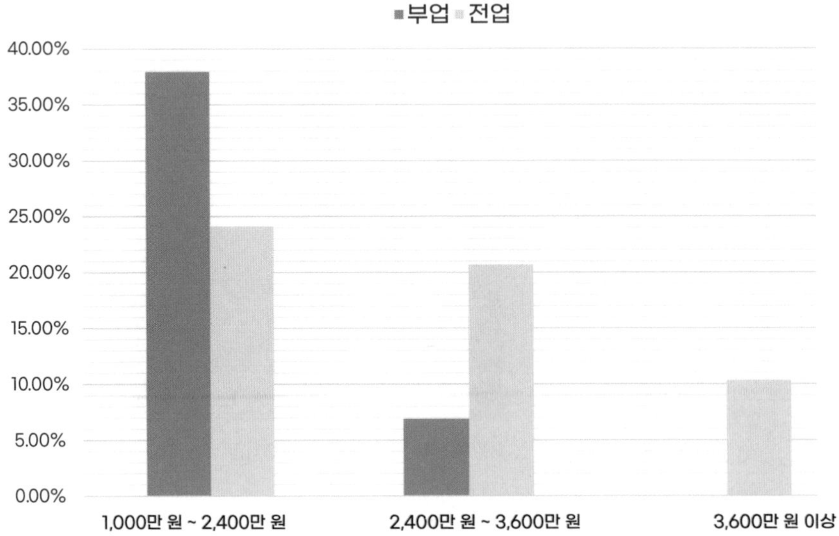

<근무 형태별 수입 분포>

데이터 라벨링에 참여하는 형태에 따라서도 수입 차이가 발생한다. 부업과 전업은 각각 작업에 할애할 수 있는 시간이 다르다. 하루의 대부분을 데이터 라벨링 작업에 사용 가능한 전업의 수입이 높은 것은 당연한 결과다.

이 자료들은 실제 활동 중인 데이터 라벨러들을 대상으로 한 설문조사가 바탕이지만 모든 라벨러들의 수입을 대변하지는 않는다. 하지만 이를 통해 데이터 라벨링으로 수입을 얻는 경향성은 파악할 수 있다. 우선 수입에 중요한 영향을 미치는 부분은 작업 경험과 작업 시간이다. 경험이 오래될수록 데이터 라벨링에 대한 이해도가 높으며, 실제로 돈을 벌어본 경험이 축적된 만큼 효율적으로 작업할 수 있다. 무엇보다 성수기의 작업 시간 확보에 민첩하게 접근할 것이기에 상대적으로 고소득이 가능하다. 다음은 저자 2인의 2022년 수입이다.

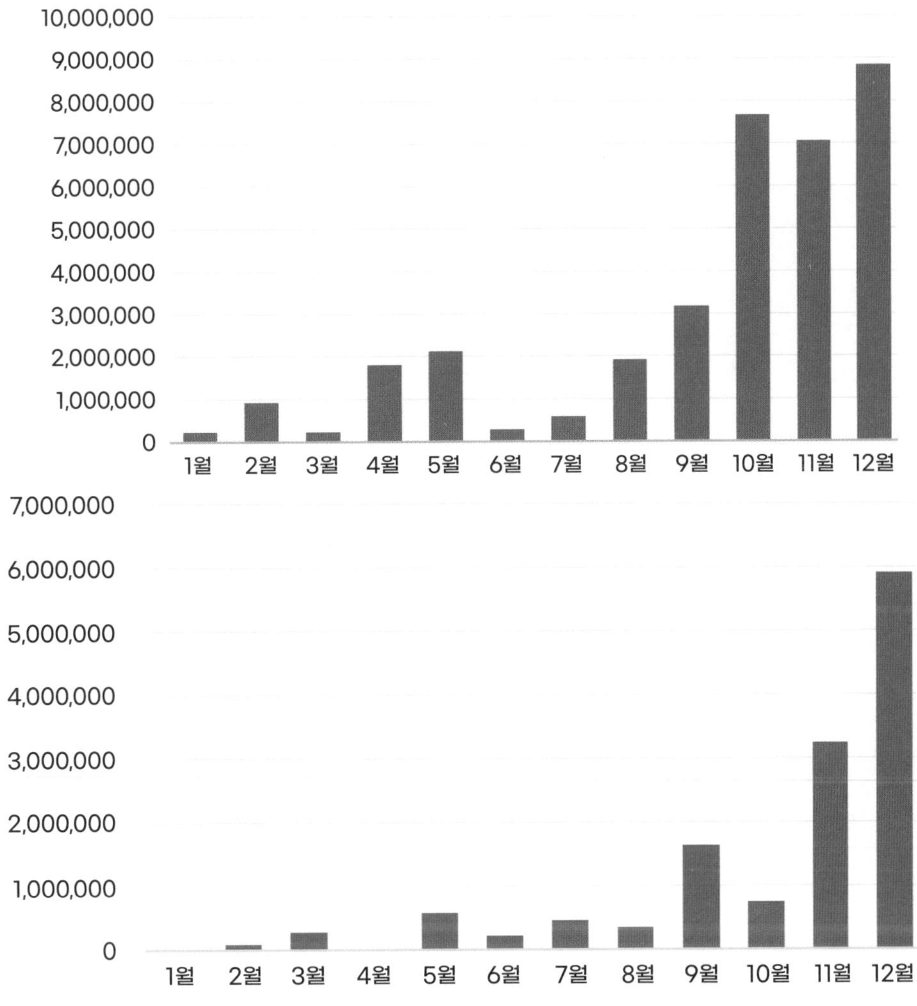

<1저자(위)와 2저자(아래)의 2022년 수입 내역(단위:원)>

1저자의 총수입은 약 4천만 원, 2저자의 총수입은 약 1,500만 원이다. 전업으로 데이터 라벨링을 하는 1저자와 부업으로 데이터 라벨링을 하는 2저자의 수입은 2배 이상 차이가 난다. 실제로 작업에 투입하는 시간이 다르기 때문이다.

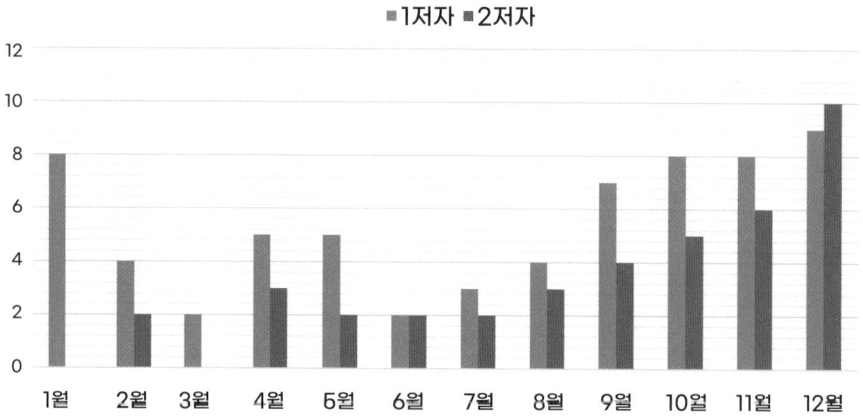

<저자들의 월별 작업 시간>

전업으로 활동하는 1저자의 작업 시간은 2저자에 비해 훨씬 길고, 작업 시간 차이는 곧 수입 차이로 이어진다. 여기서 눈여겨봐야 할 점은 2저자의 12월 작업 시간이다. 데이터 라벨링을 부업으로 해 평균 작업 시간이 1저자에 비해 적지만, 필요한 경우, 최대한 시간을 확보해 작업한다. 그 결과 2저자의 12월 수입이 수직 상승하는 것을 볼 수 있다. 이렇듯 성수기가 되거나 괜찮은 프로젝트에 투입이 되었을 때는 최대한 시간을 작업에 할애해야 단기간에 높은 수입을 올릴 수 있다.

또 다른 특징은 1저자의 작업 시간 대비 수입이다. 1저자의 경우, 작업 시간을 늘리는 것과는 별개로 최대한 효율적으로 작업하려고 노력한다. 한 시간을 작업해도 그 안에서 최대 시급을 뽑아 전체 수입을 올린다. 실제로 10~12월은 평균 780만 원의 수입을 올렸다. 쉬지 않고 한 달 내내 8시간씩 작업했다고 가정하면 시급은 약 3만 2천 원이다. 실제로는 쉬는 날도 있었기 때문에 시급은 더 높다. 1저자는 이렇게 높은 시급을 만들기 위해 다양한 노력을 한다. 프로젝트를 보는 안목을 키우며, 더 효율적인 방식으로 작업하기 위해 많은 연구를 한다. 이러한 저자들의 노하우는 이 책에서 상세히 설명했다.

앞서 언급한 것처럼 다양한 매체에서 접할 수 있는 라벨러의 높은 수입은 반은 맞고 반은 틀리다. 높은 수입을 얻는 과정에서 발생하는 변수가 많다. 작업 시간 확보를 위해 노력해야 하며, 프로젝트를 보는 눈도 길러야 한다. 이러한 경험을 쌓으려면 일정 시간을 투자해야 한다. 데이터 라벨링에 뛰어들자마자 큰돈을 벌 수 있다는 생각은 잠시 미뤄두고, 경험을 쌓는 것에 집중해야 한다. 데이터 라벨링 작업에 많은 시간을 투자하면 일정 수준 이상의 돈을 벌 수 있음은 분명하다.

제 2장

시행착오 없이 데이터 라벨러 입문하기

1. 한눈에 보는 데이터 라벨링 필수 용어

갓 입문한 데이터 라벨러는 처음 접하는 용어 때문에 초기 진입 시 많은 어려움을 겪는다. 특히 작업에 가장 중요한 가이드를 이해하는 데도 많은 시간이 소요된다. 책에서 사용하는 용어들과 데이터 라벨러가 기본적으로 알아야 하는 단어들을 이해하기 쉽게 정리했다.

·**데이터 수집(Data Acquisition)** : 인공지능의 기계학습에 필요한 데이터를 수집 혹은 생성하는 것이다.

·**원시 데이터(Raw Data)** : 인공지능의 기계학습을 목적으로 수집되거나 생성된 데이터 원본으로, 전처리나 가공이 이루어지지 않은 데이터다. 전처리를 통해 가공이 가능한 형태로 데이터를 변환해야 한다.

·**데이터 정제(Data Cleansing)** : 수집된 원시 데이터를 데이터 가공이 가능한 형태로 전처리 혹은 가공하는 것이다. 인공지능 학습에 불필요하거나 중복된 데이터를 제거하며 개인 정보를 비식별화 처리하기도 한다.

·**원천 데이터(Source Data)** : 원시 데이터에 정제 작업을 거쳐 가공 가능한 상태

로 만든 데이터다. 데이터 라벨러는 대부분 이 데이터로 라벨링을 진행한다.

·**어노테이션(Annotation)** : 원천 데이터에 사람의 지식과 경험을 바탕으로 레이블, 태그, 메타데이터 등의 정보를 추가하는 과정이다. 즉, 대상이 되는 객체에 기계가 학습할 수 있는 정보를 입력하는 것이다. 어노테이션은 다양한 기법으로 이뤄진다. 흔히 어노테이션을 부착하는 활동을 데이터 라벨링이라고 부른다. 하나의 데이터에는 여러 어노테이션이 존재할 수 있으며 어노테이션의 집합이 라벨링 데이터다. 어노테이션과 데이터 라벨링은 개념상 다르지만 대부분 혼용해서 사용한다. 많은 기업과 라벨러들이 데이터 라벨링이라는 단어로 어노테이션을 통합해서 사용하기 때문에 이 책에서는 데이터 라벨링이라는 용어로 통일해서 사용한다.

·**저작도구(Annotation Tool)** : 데이터 라벨링을 하기 위해 사용하는 소프트웨어 도구로 '툴(Tool)'이라고도 부른다. 저작도구는 중요한 요소 중 하나다. 사용하는 저작도구에 따라 작업 속도가 달라지기 때문이다. 저작도구는 기업마다 사용하는 것이 모두 달라 그 종류가 다양하다. 간편하게 웹에서 사용 가능한 저작도구가 있는 반면, PC에 직접 설치해야 하는 저작도구도 있다.

·**인스턴스(Instance)** : '오브젝트(Object)'라고도 부른다. 라벨링 단위이며, 하나의 객체로 이해하면 된다. 예를 들어, 자동차에 하나의 바운딩 박스를 생성했다면 한 개의 인스턴스가 생성된 것이다. 단가를 측정할 때 '인스턴스당'이라고 적혀 있는 경우, 인스턴스 1개당 단가가 측정됨을 의미한다.

·**클래스(Class)** : '속성' 혹은 '카테고리'라고도 부르며 대상 객체에 부여되는 속성값이다. 예를 들어, 차종을 구분하는 인공지능을 개발한다면 승용차, SUV, 트럭, 버스 등의 클래스가 있을 수 있다. 하나의 인스턴스 안에 여러 개의 클래스가 존재하기도 한다.

<인스턴스와 클래스(출처 : 에이모)>

·프로젝트(Project) : 라벨러가 참여하는 작업의 한 단위다. 하나의 인공지능 서비스를 개발하기 위해 여러 개의 프로젝트가 존재하는 경우도 있다.

·크라우드소싱(Crowdsourcing) : 대중(Crowd)과 아웃소싱(Outsourcing)을 결합한 표현이다. 기업이 특정 사업을 하는 데 있어 많은 대중을 참여시키는 것을 의미한다. 전문적인 기술이나 지식이 필요하지 않은 대규모 작업을 빠르게 처리할 수 있어 데이터 라벨링에서 많이 사용된다. 복잡한 채용 과정이 없고 재택으로 근무할 수 있다.

·크라우드워커(Crowdworker) : 크라우드소싱으로 프로젝트에 참여하는 사람들이다. 보통 온라인 플랫폼에서 작업을 수행하며, 누구나 크라우드워커가 될 수 있다. 일반적으로 많은 데이터 라벨러들이 이 형태로 작업에 참여한다.

·검수 및 검수자 : 데이터 라벨러가 작업한 라벨링이 가이드에 맞게 올바르게 됐는지 확인하는 절차가 검수, 이런 검수를 진행하는 사람이 검수자다. 검수자는 기업 소속 직원인 경우도 있지만 우수한 라벨러가 되는 경우도 많다.

·반려 : 라벨링 한 작업이 기준에 맞지 않은 경우, 검수 통과가 되지 않고 라벨러

에게 작업물이 되돌아온다. 이것을 '반려'라고 부르며, 반려된 작업은 기준에 맞게 재작업 후 제출해야 한다.

·**관리자** : 라벨러가 가장 많이 접하게 되는 기업 측 직원이다. PM(Project Manager), QM(Quality Manager), PL(Project Leader) 등이 존재한다. PM은 프로젝트의 전반적인 진행과 작업자들을 관리하며, QM은 데이터 품질을 관리한다. PL은 대외업무를 담당하는 경우가 많다. 각 관리자별 직무는 대략 이렇지만, 데이터 라벨링 업계에는 다양한 기업이 있으며 정형화된 업무가 없다. 이 때문에 기업마다 업무 분장에 따라 명칭과 역할에 차이가 있을 수 있다. 어떤 직책이든 라벨러와 직접 소통하는 사람이라면 관리자 정도로 이해하면 된다.

2. 입문자가 알아야 할 데이터 라벨링 작업 방식

데이터 라벨링에 사용되는 원천 데이터 유형은 크게 이미지, 음성, 텍스트, 영상으로 구분되며 유형별로 사용하기 적합한 라벨링 기법들이 있다. 여기에서 설명하는 데이터 라벨링 기법은 처음 입문한 라벨러들을 위한 것이며, 조금 더 세부적인 내용은 3장 '데이터 라벨링 수입 활동을 위한 기초 쌓기'에서 소개한 데이터 라벨러 전문 교육 과정에서 학습 가능하다.

1) 인공지능에 눈을 부여하는 작업 : 컴퓨터 비전(Computer Vision)

데이터 라벨링에서 가장 많은 부분을 차지하는 데이터 형태다. 컴퓨터 비전은 인공지능이 시각적으로 보이는 것들에 대해 해석하고 이해할 수 있도록 학습시키는 분야다. 카메라로 촬영된 데이터를 바탕으로 작업하며 실제 데이터 라벨링에 사용되는 데이터는 이미지 형태다. 이미지 데이터 가공에는 다양한 기법들이 활용되며 대상이 되는 객체도 다양하다. 따라서 프로젝트별, 기법별로 가공 난이도 차이가 큰 편이다.

(1) 바운딩 박스(BBOX, Bounding Box)

<바운딩 박스 예시(출처 : 에이모)>

바운딩 박스는 대상 경계에 사각형 박스로 영역을 지정하는 기법이다. 영역 지정 후, 객체에 대한 클래스를 지정할 수 있다. 예를 들어, 자동차를 둘러싼 사각형 박스를 그린 후 '자동차'라는 클래스를 입력하는 것이다. 단순하며 직관적이고 가장 많이 사용되는 기법이다. 대체로 가공 난이도가 낮다.

바운딩 박스는 주로 컴퓨터 비전 분야의 객체 탐지(OD, Object Detection)에 사용된다. 객체 탐지는 이미지나 비디오에서 특정 객체의 위치와 크기를 예측하는 작업을 말한다. 예를 들어, 이미지에 개와 고양이가 어디 있는지 찾아야 할 때 바운딩 박스를 사용해 객체의 위치를 라벨링 한다. 바운딩 박스 객체 탐지는 자율주행 자동차에서 주변 차량이나 보행자의 위치를 파악하는데 활용되기도 한다.

(2) 폴리곤(Polygon)

<폴리곤 예시>

폴리곤은 객체의 경계를 다각형으로 표현하는 기법이다. 객체 경계에 여러 점을 찍은 후 선으로 이어 하나의 객체를 지정한다. 바운딩 박스에 비해 객체 경계를 더욱 정확하게 파악할 수 있으며 복잡한 형태의 객체를 지정하는 데도 유용하다. 객체의 경계를 정밀하게 작업해야 하므로 라벨러의 숙련도에 따라 작업 시간 차이가 크다.

(3) 폴리라인(Polyline)

<폴리라인 예시>

폴리라인은 일련의 점으로 선을 표현하는 기법이다. 주로 객체의 윤곽을 추적하거나 경로를 나타내는 데 사용된다. 예를 들어, 자율주행에서 도로의 차선을 추적하거나 로봇 분야에서 로봇의 경로를 나타낸다. 혹은 차량의 안전벨트와 구조물의 균열 등과 같이 선 형태 객체의 윤곽을 인식하는 데 사용되기도 한다. 단순한 선 형태

의 가공 기법이라 가공 난이도가 높지 않은 편이다.

(4) 세그멘테이션(Segmentation)

<세그멘테이션 예시(출처 : 에이모)>

이미지상의 배경과 물체 등의 모든 대상을 분할하는 기법으로, 이미지 전체의 의미 있는 대상을 구분하는 용도로 사용된다. 이미지 각 픽셀에 객체의 클래스를 할당하는 것이다. 이미지의 모든 대상에 대해 폴리곤 작업을 한다고 이해하면 된다. 그래서 이미지상에 작업이 되지 않은 여백이 발생하면 안 된다. 이미지 기법 중 난이도가 높은 편에 속하며 개별 작업에 많은 시간이 소요되는 기법이다.

<같은 클래스인 사람을 구분 없이 작업하는 '시멘틱 세그멘테이션'>

세그멘테이션은 다양한 종류가 있으며 그중 가장 많이 접하게 되는 기법은 시맨틱 세그멘테이션(Semantic Segmentation)과 인스턴스 세그멘테이션(Instance Segmentation)이다. 시맨틱 세그멘테이션은 앞 예시처럼 같은 클래스라면 객체 수와 관계없이 하나의 객체로 보고 분할한다. 예를 들어, 각각의 클래스를 도로, 자동차, 보행자, 나무 등으로 구분할 수 있으며 이때 동일한 클래스의 개별 객체는 구분하지 않는다. 만약 사람이 경계의 구분 없이 모여 있다면, 모여 있는 사람을 한 번에 폴리곤 해 사람 클래스를 부여하면 된다.

<같은 클래스인 사람도 객체별로 구분해 작업하는

'인스턴스 세그멘테이션'>

인스턴스 세그멘테이션은 서로 다른 객체를 각각의 인스턴스로 분리해 분류하는 기법이다. 시맨틱 세그멘티이션과 다르게 동일한 클래스의 개별 객체를 구분해야 한다. 예를 들어, 사람이 모여 있다면, 각각의 사람을 개별적으로 폴리곤 해 사람 클래스를 부여해야 한다.

(5) 키포인트(Key Point)

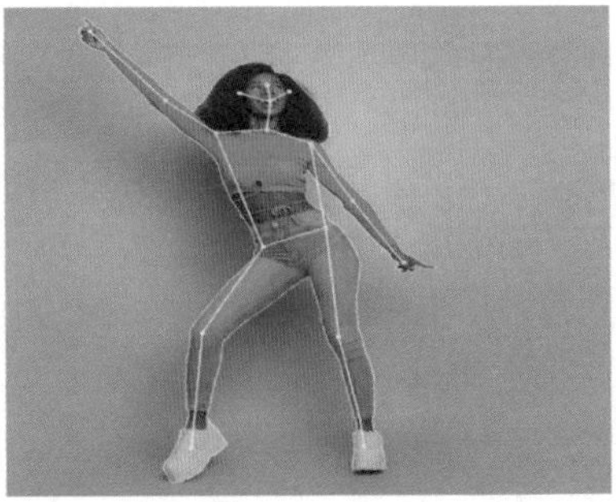
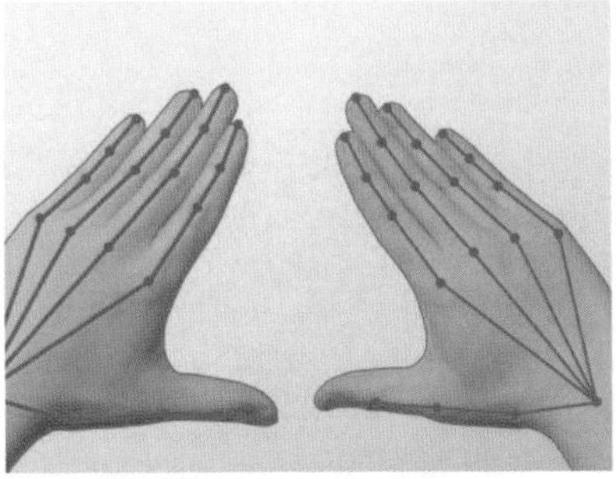

<키포인트 예시(출처 : 에이모)>

키포인트는 객체의 주요 지점에 점을 찍는 기법이다. 대상의 주요 부위에 점을 찍어 특징점을 분류하고 검출한다. 객체의 구조와 특징을 더욱 자세하게 파악할 수 있으며 객체의 위치나 크기를 추정하는 데 유용하다.

키포인트는 객체 검출뿐 아니라 객체 추적(Tracking), 자세 추정(Pose Estimation) 등 다양한 분야에서 활용된다. 예를 들어, 스포츠 경기에서 선수의 자세나 동작을 분석하거나 얼굴의 주요 지점에 점을 찍어 사람의 표정을 인식하는 데 활용할 수 있다.

이와 비슷한 기법으로는 스켈레톤(Skeleton)이 있다. 스켈레톤은 주로 객체의 뼈대를 지정하는 기법으로, 객체 내부 구조 파악 시 사용된다. 일반적으로 키포인트보다 더 많은 정보를 제공하며 객체 내부의 뼈대를 따라 여러 개로 연결된 점으로 표현된다.

라벨러 입장에서 이 두 개의 구분을 명확히 할 필요는 없으며, 대개 키포인트로 통칭해서 부른다. 대부분의 키포인트 프로젝트는 이미지상으로 보이는 부분이 아닌, 내부 뼈대에 점을 찍어야 한다. 따라서 초기 진입이 힘든 기법의 하나로 난이도가 높은 편이다. 다만, 숙련되면 동일 대상에 대한 난이도가 급감한다.

(6) 큐보이드(Cuboid)

<큐보이드(왼쪽)와 라이다 큐보이드(오른쪽) 예시(출처 : 에이모)>

큐보이드는 바운딩 박스를 3차원 확장한 것으로 육면체의 박스 형태를 띤다. 바운딩 박스의 3D 버전으로 이해할 수 있다. 일반적으로 바운딩 박스가 2차원적 객체의 라벨링 기법으로 사용되는 것과는 달리 큐보이드는 3차원 객체의 형태와 크기를 더욱 정확하게 나타낼 수 있다. 각각의 박스는 8개의 점으로 구성되며 이를 통해 객체가 차지하는 공간의 부피(Volume), 중심(Center point), 방향(Orientation) 등을 정확하게 추정할 수 있다.

큐보이드 기법에서 많이 사용되는 방식은 라이다(LiDAR) 큐보이드다. 라이다 센서에서 얻어진 점군 데이터(Point Cloud)를 이용해 큐보이드를 생성하는 방법이다.

<점군 데이터 예시(출처 : 에이모)>

라이다 센서는 레이저 광선을 사용해 주변 환경을 스캔하고, 스캔 된 점들의 좌표 정보를 수집한다. 이를 이용해 3차원 점군 데이터를 생성한다. 라이다 큐보이드는 자율주행 자동차, 로봇 비전 분야에서 활용되며 다른 3차원 객체 라벨링 기법과 함께 사용될 수 있다.

일반적인 2D 이미지 큐보이드는 3차원 박스라는 기법 자체의 난이도가 있는 편이지만, 큐보이드 방식에 적응한다면 바운딩 박스만큼 쉬워진다. 반면에 라이다 큐보이드는 점군 데이터라는 생소한 데이터와 점군 데이터상의 객체 식별이라는 어려움 때문에 라벨러들이 가장 어려워하는 기법 중 하나다. 난이도가 있는 만큼 소수의 라벨러들만이 작업 가능해 충분히 도전해 볼 만한 가치가 있다.

2) 사람 목소리를 이해시키기 위한 작업 : 음성 분야

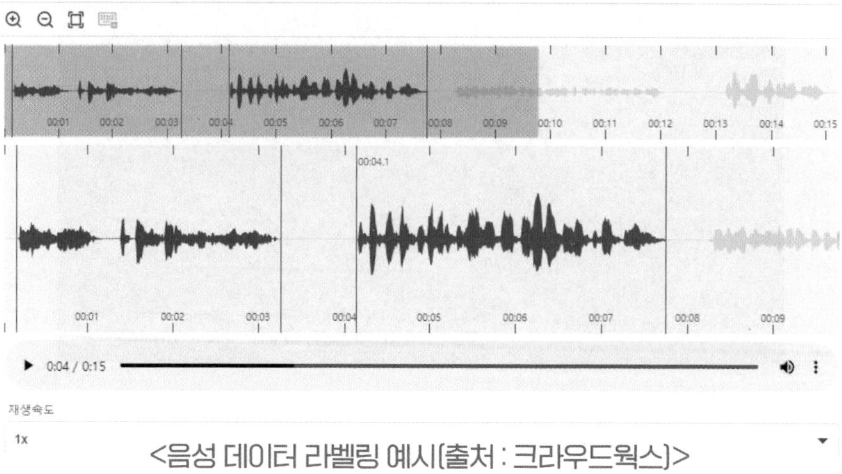

<음성 데이터 라벨링 예시(출처 : 크라우드웍스)>

음성 분야는 음성 인식, 자연어 처리, 음성 합성 등 다양한 분야에서 활용된다. 음성 분야 데이터 라벨링은 주로 음성 녹음과 음성 정제, 음성 전사로 나뉜다.

음성 녹음은 주로 앱으로 진행되며 일부는 실제 녹음실에서 진행된다. 녹음은 구축되는 인공지능 서비스의 목적에 따라 연령·성별·녹음 환경 등 다양한 세부 조건을 필요로 한다. 음성 정제는 수집한 음성 데이터에서 잡음이나 공백 등의 불필요한 부분을 제거하거나 개인 정보 비식별화 등의 작업을 진행한다.

음성 전사는 음성 데이터를 텍스트 형식으로 변환하는 작업이다. 음성이 녹음된 구간을 기준에 맞게 나누며, 작업 대상에 해당하는 발화를 텍스트로 작성한다. 음성을 들리는 대로 단순 전사하는 경우도 있지만, 정해진 규칙에 따라 잘못된 발음이나 습관적으로 내뱉은 특정 단어들에 기호를 표시하거나 이중으로 전사하기도 한다. 정제된 음성 데이터의 품질이나 전사 규칙에 따라 난이도가 천차만별이다.

일부 음성 정제와 전사는 단가를 측정할 때 음성 파일의 시간에 따라 측정한다. 대부분의 경우, 음성 파일 시간보다 실제 작업에 소요되는 시간이 훨씬 더 길기 때문에 단가가 적정하게 측정됐는지 확인해야 한다.

3) 글에 대한 독해력과 이해력을 불어넣는 작업 : 자연어 처리(NLP)

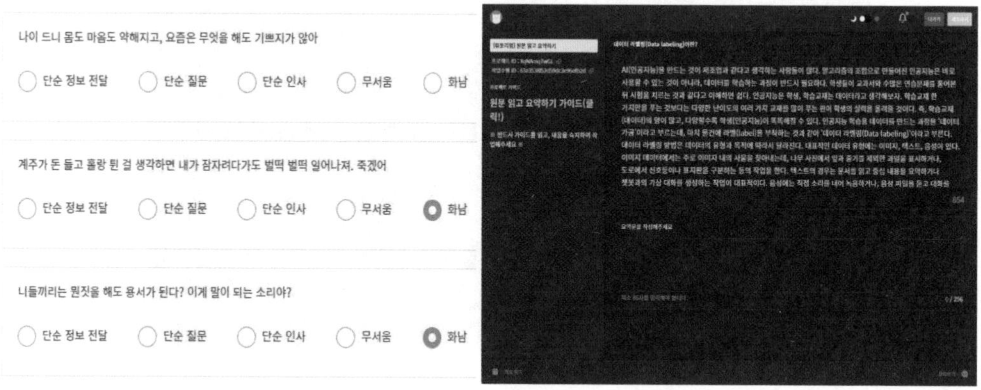

<텍스트 라벨링 예시(출처 : 레이블러)>

자연어 처리(NLP, Natural Language Processing)는 인공지능이 사람의 언어를 이해하고 생성할 수 있도록 해주는 분야다. 텍스트를 대상으로 데이터를 가공한다고 이해하면 된다. 대표적인 텍스트 라벨링에는 텍스트 분류, 텍스트 생성, 개체명 인식, 기계 독해(MRC), 번역, 요약, 형태소 분석 등이 있다.

일반적으로 텍스트 형태의 비정형 데이터(원시 말뭉치)를 수집하고 이후 필요한 정제를 거쳐 가공을 진행한다. 수집 단계에서 라벨러가 참여할 수 있는 부분은 대부분 창작(텍스트 생성)과 관련이 깊다. 주어진 주제에 맞게 대화나 문장을 창작하며 일부 프로젝트는 카카오톡과 같은 대화를 수집하기도 한다.

대표적인 가공 방식은 텍스트 태깅으로, 주어진 글이나 문장 등에서 필요한 부분을 표시하는 기법이다. 예를 들어, 기계 독해처럼 라벨러가 질문과 답변을 만들어야 하는 프로젝트라면 주어진 텍스트를 읽고 질문을 창작하고, 본문의 텍스트 데이터에 정답을 태깅하기도 한다. 또, 주어진 텍스트 속에서 특정 감정이나 문법 등 카테고리에 해당하는 단어나 문장을 표시하는 작업에도 활용된다.

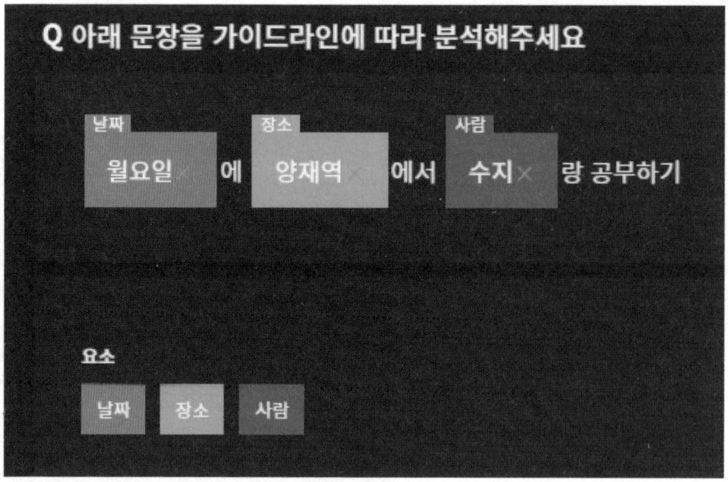

<텍스트 태깅 예시(출처 : 레이블러)>

욕설이나 혐오 표현 등을 구별하는 인공지능 서비스 개발을 위한 텍스트 프로젝트의 경우, 모욕적이거나 혐오성 발언 같은 표현들이 등장하기도 한다. 이런 프로젝트는 신중하게 참여하는 것이 좋다.

텍스트 작업은 언어를 기반으로 하고 있는 만큼 개개인의 독해 능력이나 배경지식, 창작 능력 등에 따라 선호도와 작업 속도에 차이가 크다. 모든 종류의 데이터 가공 중 개인 적성이 가장 중요한 분야에 해당한다.

3. 데이터 라벨링 생태계 이해의 핵심, 정부와 민간사업

데이터 라벨링은 정부에서 국가 과제로 주도하는 데이터 구축 사업과 민간에서 기업들이 주도하는 사업으로 나뉜다. 단가나 규모 면에서 두 사업의 차이가 커 데이터 라벨러라면 해당 사업의 정의에 대해 알고 있는 것이 좋다.

1) 대규모 예산이 투입되는 '기회의 땅' 정부 사업

한국지능정보사회진흥원(NIA)에서 주관하는 국책사업이다. 전 세계적으로 인공지능 산업의 중요성이 커지면서 산업 발전과 선점을 위한 기술 개발 및 투자 등이 활성화되고 있다. 하지만 인공지능 개발에 필요한 데이터는 규모가 크고 구축 비용도 많이 들어 일반 기업이 쉽게 접근하기 힘들다. 2020년 에든버러 대학의 연구결과에 따르면 인공지능 서비스 개발에 투입되는 비용의 80%가량이 데이터를 확보하는데 쓰인다.

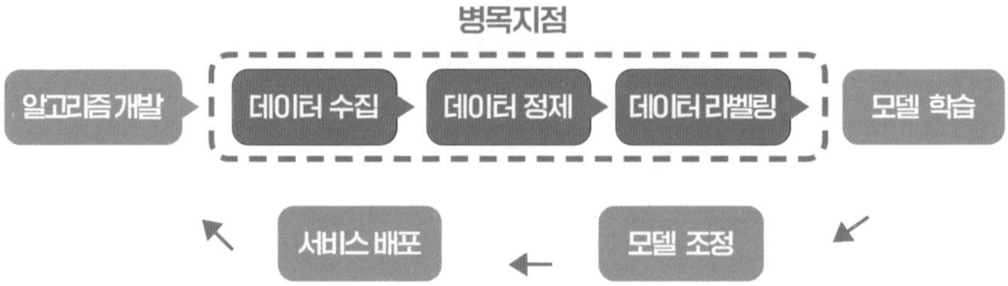

<인공지능 솔루션 개발 프로세스(출처 : NIA)>

이러한 이유로 정부는 각 분야의 데이터 수요를 발굴하고 인공지능 도입 확산과 기술 발전을 선도할 대규모 데이터 확보 및 민간 데이터 구축 사업을 촉진하기 위해 인공지능 학습용 데이터 구축을 지원하는 사업을 하고 있다. 인공지능 학습용 데이터 구축 사업과 관련된 자세한 내용은 AI 허브에 공개된다.

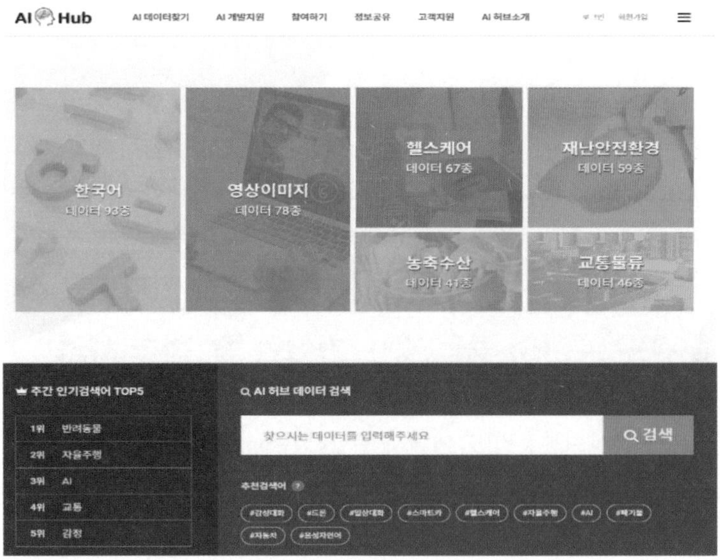

<NIA가 운영하는 인공지능 통합 플랫폼 'AI 허브'
홈페이지 화면(출처 : AI 허브)>

AI 허브는 NIA가 운영하는 인공지능 통합 플랫폼이다. 인공지능 학습용 데이터 구축 사업으로 확보한 학습용 데이터를 공개할 뿐만 아니라 인공지능 개발을 지원하며 인공지능과 관련된 다양한 정보를 공개한다. 라벨러에게 이 플랫폼이 중요한 이유는 데이터 구축 사업과 관련된 공고들이 게시되며, 이와 관련된 크라우드소싱 정보와 데이터 라벨링 전문 교육 정보가 올라오기 때문이다. 주기적으로 AI 허브에 접속해 데이터 라벨링 관련 정보를 확인하는 것이 좋다.

2017년부터 시작된 인공지능 학습용 데이터 구축 사업은 2020년부터 그 규모가 대폭 확대됐으며 구축하는 데이터 종류와 양 또한 상당하다. 데이터 라벨러에게 정부 사업이 의미가 있는 이유는 구축되는 데이터 규모가 크고 최저시급 이상의 수입이 나올 확률이 높기 때문이다. 즉, 민간사업 대비 더 많은 일자리와 좋은 시급으로 작업을 할 수 있다. 물론 시급은 라벨러의 숙련도 등에 따라 차이가 발생할 수 있다.

정부 사업의 특성상 예산 안에서 사업이 움직이기 때문에 1년 단위로 사업이 진행되는 경우도 많다. 구축 사업 계획은 2025년까지 장기로 세워졌으나 해마다 확정되는 예산에 따라 사업 규모가 변동되기도 한다. 다만, 2022년 말 ChatGPT 3세대 등장과 함께 초거대 인공지능이 주목받기 시작하면서 이 사업도 초거대 인공지능을 위한 지원을 시작했다. 따라서 차후 사업의 방향성에 대한 확인이 필요하다. NIA에 따르면 데이터 구축 프로세스는 보통 다음 그림과 같이 진행된다.

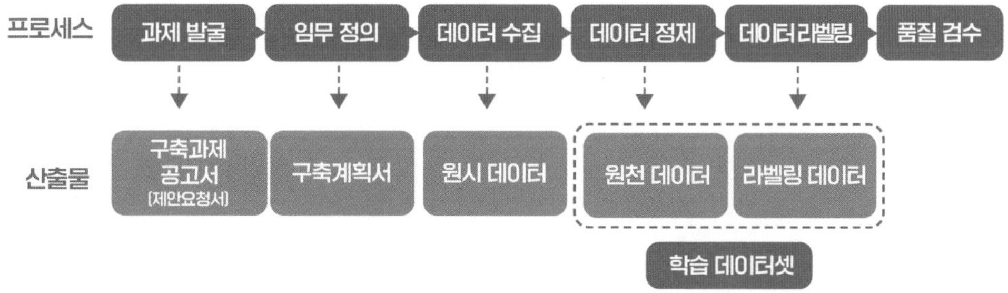

<인공지능 학습용 데이터 구축 프로세스(출처 : NIA)>

우선 전년도 하반기에 여러 기관의 데이터 구축 수요를 조사한다. 조사된 수요를 바탕으로 NIA는 1분기에 구체적인 일정과 지원 내용, 과제 등을 담은 사업 공고문

을 게재한다. 참여를 희망하는 기관들의 신청을 받고 관련 규정에 따라 수행기관을 선정한다. 이후 선정된 기관들과 협약을 맺고 각 기관은 사업을 수행한다.

사업이 시작되면 각 기관은 데이터 구축에 필요한 데이터를 수집 및 정제하는데, 이 시기에 가공에 참여할 데이터 라벨러를 모집한다. 텍스트처럼 데이터 수집이 필요한 일부 사업은 이 시기 전부터 데이터 라벨러를 모집하기도 한다. 데이터 가공이 완료되면 수행기관은 NIA에 가공된 데이터를 제출하고 외부 기관을 통해 품질 검증을 받는다. 품질 검증 결과가 이상이 없다면 AI 허브에 가공된 데이터가 공개된다.

위에서 살펴본 바와 같이 수요 조사부터 본격적인 데이터 가공 시작까지, 시간이 꽤 길게 소요된다. NIA에서 아무리 일정을 앞당긴다고 해도 협약 완료 시점은 보통 4월 이후다. 협약 이후 각 수행 기관의 준비, 수집, 정제 과정 등도 뒤따른다. 따라서 본격적으로 데이터 라벨러가 활동하는 시기는 6월 이후이며, 과제 대부분은 그해 하반기에 종료된다.

상세한 일정은 매해 사업 내용에 따라 바뀔 수 있다. 하지만 큰 흐름은 변하지 않으므로 정부 사업에 참여하는 라벨러는 업무 공백기가 발생하게 된다. 라벨러들은 보통 이러한 공백기를 '비수기'라고 부르며, 반대로 정부 사업이 진행되는 기간을 '성수기'라고 부른다. 다양한 과제와 대규모로 데이터가 구축되는 성수기는 그만큼 활동할 기회가 많다는 뜻이다. 또, 이미 경력이 쌓여서 역량을 갖춘 라벨러들은 가공과 더불어 데이터 검수 작업에도 참여 가능하다. 수행 기관에 그 실력을 인정받아 정규직이나 계약직으로 입사한 사례도 있다. 따라서 많은 라벨러가 성수기에 잠을 줄여가며 최대한 많은 작업을 진행한다.

2) 꾸준한 작업 기회가 주어지는 민간사업

기업이 자사 인공지능 서비스 개발을 위해 직·간접적으로 데이터 라벨링을 진행하는 것을 민간사업이라고 부른다. 자체적으로 라벨러를 채용해 데이터 라벨링을 하는 기업도 있고, 크라우드소싱 기업 등 데이터 가공 전문 기업에 의뢰해 데이터 라벨링을 진행하는 기업도 있다. 기업 수요에 맞게 프로젝트가 운영되다 보니 프로젝트가 언제, 어떻게 시작될지 예측하기 힘들다. 대부분 구축되는 데이터 규모가 작아 소수의 라벨러만 참여하기도 한다. 정부 사업에 비해 대체로 단가가 낮은 경우가 많다.

정부 사업을 경험한 라벨러들은 대체로 민간사업 참여를 꺼린다. 그러나 대부분 산업이 그렇듯, 국가 주도로 진행되는 것은 산업 초기다. 인공지능 산업도 결국은 민간 주도로 진행될 확률이 높다. 따라서 데이터 라벨러는 민간사업과도 친숙해질 필요가 있다. 민간사업 중 기업 자체적으로 라벨러를 운영하는 경우, 우수한 라벨러 인력을 따로 확보해 유지하는 경우가 있다. 이러한 점을 감안해 라벨러는 기회가 닿는다면 정부 사업과 민간사업을 가리지 않고 좋은 성과를 내기 위해 노력해야 한다.

제 3장

데이터 라벨링 수입 활동을 위한 기초 쌓기

1. 데이터 라벨러로 수입 내기 워밍업

데이터 라벨링을 진행하는 기업들은 자사 환경에 적합한 방식으로 라벨러를 모집한다. 크라우드소싱 플랫폼, 취업 정보 사이트, 기업 인재풀 등 모집 경로가 다양하다. 같은 경로로 모집해도 세부적인 모집 방식에 차이가 있다. 예를 들어, 크라우드소싱 플랫폼으로 라벨러를 모집할 때는 이용하는 플랫폼에 따라서 그 모집 방식이 달라질 수 있다.

데이터 라벨러로 이제 막 입문한 사람들은 어떤 경로로 일자리를 구해야 하는지 몰라서 막막한 경우가 많다. 크라우드소싱 플랫폼들의 프로젝트 참여 방식이 다양하고, 취업 정보 사이트에서 라벨러를 모집하는 기업들도 상당수라 더 복잡해 보인다. 특히 프로젝트가 적은 비수기에 입문했다면 이러한 고민이 더욱 커진다. 데이터 라벨러가 되려는 사람들에게 일반적으로 추천하는 입문 방식은 다음과 같다.

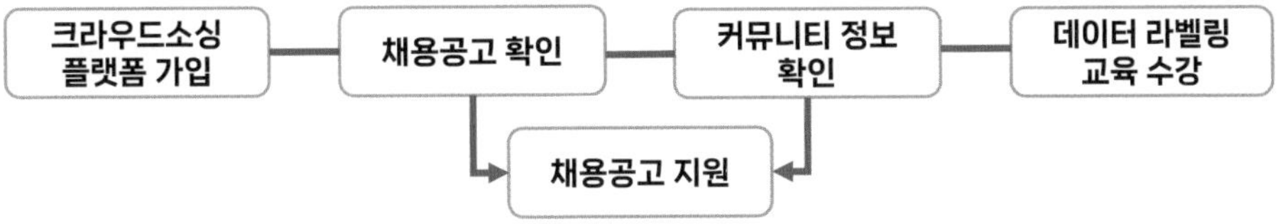

<데이터 라벨러 입문 과정 소개>

1) 데이터 라벨링의 시작점, 크라우드소싱 플랫폼

데이터 라벨링에서 크라우드소싱 플랫폼이란 온라인을 통해 누구나 데이터 수집·정제·가공 등에 참여할 수 있도록 저작도구 혹은 환경을 제공하는 인터넷 서비스를 의미한다. 국내에 다양한 크라우드소싱 플랫폼이 운영 중이며, 정부 지원 사업 및 많은 민간사업이 이곳을 통해 인공지능 학습용 데이터 구축을 진행한다. 크라우드소싱의 특성상 간단한 회원 가입 절차를 거치고, 제시된 작업 조건만 맞으면 누구나 프로젝트에 참여할 수 있다. 데이터 라벨러들은 이곳에서 가장 활발하게 활동한다. 플랫폼에 참여하며 다양한 데이터 라벨링을 경험하는 것이 바람직하지만, 플랫폼에 참여하기 전에 다음의 내용들을 미리 알아 둬야 한다.

우선 크라우드소싱 플랫폼에 작업 참여 가능한 프로젝트가 항상 있는 것이 아님을 기억해야 한다. 플랫폼도 인공지능 서비스 개발을 원하는 기업에서 데이터 구축 의뢰를 받아야 프로젝트를 열 수 있다. 프로젝트가 있어도 비공개로 진행되는 경우도 있다. 그러므로 대형 크라우드소싱 플랫폼일지라도 상황에 따라 참여 가능한 프로젝트가 없을 수도 있다.

라벨러를 모집 중인 프로젝트가 있다고 해도 참여가 어려울 수 있다. 지원하더라도 상당수 프로젝트는 작업자 선발 후 프로젝트를 진행하며, 프로젝트 참여를 위한 세부 조건이 있을 가능성이 높다. '오픈 태스크' 혹은 '오픈 프로젝트'라고 부르는 일부 프로젝트들은 특별한 조건 없이 플랫폼 회원이라면 누구나 참여 가능하다. 다만, 이러한 프로젝트는 누구나 참여할 수 있는 만큼 진입장벽이 낮고, 작업자들이 대거 몰리는 탓에 작업 물량이 빠르게 소진되는 특징이 있다.

데이터 라벨러는 되도록 모든 플랫폼에서 활동하는 것이 좋다. 어떤 플랫폼에서 나에게 적합한 양질의 프로젝트가 오픈될지 알 수 없다. 올해 프로젝트가 없어서 눈길이 가지 않던 플랫폼이 다음 해에 다양한 프로젝트를 열 수도 있다. 최대한 많은 참여 기회를 확보하기 위해 모든 플랫폼에 가입하는 것을 추천한다.

<대표적인 크라우드소싱 플랫폼>		
·크라우드웍스	·에이모	·레이블러
·라벨온	·AI-STUDIO	·데이터고블린
·캐시미션	·aiworks	·매트웍스

주요 크라우드소싱 플랫폼에 관한 더 자세한 정보는 3장 '데이터 라벨링 수입 활동을 위한 기초 쌓기'에서 다룬다.

2) 더 많은 프로젝트를 찾기 위한 여정, 채용공고 검색

크라우드소싱 플랫폼에 모두 가입했다면 이제 채용공고를 확인해야 한다. 채용공고는 취업 정보 사이트와 AI 허브, 각 기관 홈페이지에서 확인할 수 있다. 채용공고는 각 취업 정보 사이트마다 올라오는 공고가 다르고, 여러 키워드를 이용해 검색해야 해 생각보다 많은 노력과 시간이 든다. 이 때문에 다수의 라벨러는 직접 채용공고를 검색하는 대신 커뮤니티에 올라오는 공고를 활용하는 경향이 있다.

하지만 데이터 라벨러는 채용공고를 직접 찾고 확인할 수 있는 능력을 갖춰야 한다. 커뮤니티에 모든 공고가 올라오는 것이 아니며, 간혹 선착순으로 라벨러를 채용하는 기업들이 있다. 초기 입문 시 채용공고를 직접 찾아보는 방법을 익히고 습관을 들인다면 이후 데이터 라벨러로 활동하는 데 유리하다.

(1) 취업 정보 사이트

데이터 라벨러를 모집하는 채용공고는 대부분 취업 정보 사이트에 올라온다. 알바몬, 알바천국, 잡코리아, 사람인, 뉴워커 등이다.

데이터 라벨러를 채용하는 기업들이 주로 사용하는 취업 정보 사이트가 모두 달라 되도록 모두 가입하는 것이 좋다. 취업 정보 사이트에 가입했다면 기본적으로 제공되는 폼에 이력서를 미리 작성한다. 데이터 라벨링을 진행하는 기업은 많고, 기업마다 데이터 라벨러 채용 기준이 달라 규격화된 이력서 작성방법은 없다.

자기소개서

□ 20 ~ 22년 인공지능 학습용 데이터 구축 사업 참여
□ 400건 이상의 프로젝트 참여, 60만 건 이상의 데이터 가공
- 약 3만 건의 폴리곤 데이터 가공
□ 2022년 NIA 데이터 라벨링 전문교육 16개 과정 모두 수료
□ 다수 프로젝트에서 검수자 활동 및 모든 유형의 데이터 가공 가능
□ 다양한 저작도구 사용 가능
- SmartAL, X-Labeller, BasicAI, CVAT, Labelme, SuSTech, 기타 플랫폼 저작도구 등
□ 슬랙, 카카오워크, 마이크로소프트 팀즈, 노션 등 협업툴 사용 가능

경력 사항

□ 2021~2022 데이터 구축 사업 참여
□ 지식 대화 프로젝트 참여
□ AI 대화 생성 프로젝트 참여
□ 논문 기반 TQA 데이터 생성 및 검수
□ 논문 기반 요약 데이터 생성
□ 작문 및 언어 관련 능력을 바탕으로 텍스트 프로젝트 주력 참여

<저자 이력서 예시>

저자는 일반적인 이력서 자기소개서에 데이터 라벨링 관련 경력을 적는다. 실제 작업했던 프로젝트나 기업명은 동일 기업일 경우에만 작성한다. 이는 프로젝트 자체가 기밀인 경우가 많아 굳이 적지 않는 것이다.

특별히 작성해 둔 이력서가 없다면 아래 내용을 포함해 작성하는 것이 좋다. 이 내용은 하나의 예시로 반드시 포함해야 하는 것은 아니다.

<이력서에 포함되면 좋은 내용>
·사용되는 기법과 동일한 기법의 데이터 라벨링 경력 (경험이 없다면 기법과 상관있는 데이터 라벨링 경력) ·데이터 라벨링 교육 수강 여부 ·사용할 수 있거나 사용 경험이 있는 저작도구 이름 ·재택근무의 경우, 하루 평균 작업 가능 시간 ·기타 구축되는 데이터와 관련된 경력과 자격증

이력서 작성을 완료했다면 채용공고를 검색한다. 채용공고는 취업 정보 사이트 검색창에 데이터 라벨링 관련 키워드를 검색하면 된다.

<검색 활용 키워드>	
·데이터 라벨링 ·인공지능 학습용 ·데이터 수집 ·크라우드워커	·데이터 라벨러 ·데이터 구축 ·데이터 검수 ·NIA(정부 사업 진행 시)

모바일 앱으로 데이터 라벨링 관련 기업을 즐겨찾기 하거나, 키워드 등록을 해 놓으면 채용공고가 올라오는 즉시 알림을 받을 수 있다. 간혹 채용공고에 지원하는 순으로 라벨러를 채용하기도 한다. 채용공고에 빠르게 반응하는 것이 여러모로 좋

으니 중요한 알림을 받을 수 있도록 미리 준비하는 것을 추천한다.

취업 정보 사이트에서 채용공고를 검색하고 지원할 때는 해당 기업이 신뢰할 수 있는 기업인지, 취업 사기는 아닌지 확인해야 한다. 누구나 쉽게 고수입을 올릴 수 있다는 문구로 구직자를 현혹해 보이스피싱 인출책, 중계기 설치, 대포통장 개설 유도, 계좌 비밀번호 탈취 등의 취업 사기가 많이 일어나고 있다. 또, 마치 실제로 데이터 라벨러를 모집하는 것처럼 채용공고를 올리고 대형 플랫폼을 사칭해 라벨러에게 접근하는 곳도 있어 주의가 필요하다. 예를 들어, 자신들이 제공하는 태블릿PC에서만 작업이 가능하니 예치금 선납을 해야 한다고 요구하기도 한다. 이는 명백한 취업 사기다. 혹은 사진 수집 프로젝트에서 보안을 위해 자신들이 인증한 휴대전화를 개통해 촬영해야 하므로 명의를 달라고 하는 경우도 있다. 이 또한 취업 사기다.

데이터 라벨링 사업을 하는 기업이 많아 데이터 라벨러가 모든 기업 정보를 알 수 없다. 특히 이제 막 입문한 라벨러라면 이런 정보가 더욱 부족해 취업 사기성 채용공고에 취약할 수밖에 없다. 따라서 채용공고에 지원할 때 해당 기업에 대한 정보를 반드시 확인해야 한다. 홈페이지는 있는지, 실제로 데이터 라벨링과 관련된 사업을 하는지, 회사 주소 및 전화번호 등의 정보가 정확한지 체크한다. 지원 후 기업에서 연락이 왔다면 연락한 상대의 신원이 확실한지, 번호와 이름이 일치하지 않는 카카오톡으로 연락 온 것은 아닌지, 불필요한 개인 정보를 묻지는 않는지, 휴대폰 개통을 요구하거나 기기를 대여해 준다고 하지는 않는지, 명의 대여를 요구하지 않는지, 데이터 라벨링과 관련 없는 부가적인 업무나 서류 및 절차 등이 있는지를 꼼꼼히 확인해야 한다.

프로젝트에 참여하고 보수를 받기 위해선 세무 신고가 필요하다. 이를 위해 주민등록번호 등의 개인 정보를 제공해야 한다. 이러한 정보를 기업에서 요청할 경우, 세무 신고를 위해 필요한 정보인지 아닌지 모호한 경우도 많아서 더욱 주의해야 한다. 판단에 확신이 서지 않는다면 데이터 라벨링 커뮤니티에서 해당 채용공고에 대한 정보를 얻는 것도 하나의 방법이 될 수 있다.

(2) AI 허브

AI 허브는 정부 지원 사업이 진행되는 동안 크라우드소싱 정보 페이지를 운영하며, 해당 페이지에서 사업에 참여하는 기업들의 데이터 라벨러 구인공고를 제공한다. 구축되는 데이터의 분야와 과제명, 모집 기간과 채용공고 링크가 포함돼 있어 더 다양한 정보를 얻을 수 있다.

다만, 정부 사업에 참여하는 모든 기업의 채용공고가 올라오는 것은 아니며 실시간 업데이트가 되지 않을 때도 있다. AI 허브를 수시로 확인하되, 취업 정보 사이트나 크라우드소싱 플랫폼의 공고도 함께 확인해야 한다.

(3) 각 기관 홈페이지 및 기타 공고 사이트

데이터 라벨링을 진행하는 일부 기업들은 취업 정보 사이트나 크라우드소싱 플랫폼 대신 자사 사이트에서 데이터 라벨러를 모집하기도 한다. 이러한 기업들의 채용공고는 해당 기업에 대한 사전 지식이 없다면 찾기 힘들다.

이런 곳들의 채용공고는 AI 허브나 커뮤니티에서 확인할 수 있다. 또한 정부 사업에 참여하는 일부 기업들은 다양한 경로로 정부 사업 과제 수주 소식을 알린다. 이러한 정보를 활용해 해당 기업 홈페이지를 직접 확인할 수도 있다.

기타 채용공고가 올라오는 곳으로는 정부에서 지원하는 고용 지원 센터, 여성 일자리 센터 등이 있다. 특히 데이터 라벨링 사업을 하는 기업들과 연계를 통해 일자리를 제공하는 경우도 있으니 자신에게 해당하는 곳이 있다면 확인하는 것이 좋다. 다만, 이런 곳들은 채용공고 수가 많지 않고 진행 기관에 따라 지역이나 성별, 연령 등에 따른 참가 제한이 있을 수 있다.

3) 정보의 메카, 데이터 라벨링 커뮤니티 탐색

앞서 언급한 것과 같이 데이터 라벨링 일자리를 구하려면 다양한 사이트를 확인해야 하고 신경 쓸 부분도 많다. 데이터 라벨러에게 정보는 매우 중요하지만 혼자서 그 많은 정보를 다 찾아 프로젝트에 참여하는 것은 한계가 있다. 그래서 많은 라벨러들이 커뮤니티에서 활동한다. 특히 이제 막 데이터 라벨러가 된 입장이라면 데이터 라벨러의 생태계와 시스템을 어느 정도 이해한 뒤, 작업이 숙련될 때까지는 커뮤니티 활동으로 많은 정보를 접하는 것을 추천한다. 대표적인 데이터 라벨링 커뮤니티는 카카오톡 오픈채팅, 네이버 카페, 유튜브가 있다.

오픈채팅은 카카오톡에서 제공하는 익명 채팅 서비스다. 오픈채팅은 카카오톡 채팅 화면 우상단에 겹쳐져 있는 말풍선 아이콘을 통해 진입할 수 있다. 오픈채팅에 진입 후 검색창에 '데이터 라벨링'을 검색하면 다양한 채팅방이 나온다. 채팅방 운영 방식은 각 방 특성에 따라 다르니 자신의 성향과 맞는 채팅방에서 활동하면 된다.

카카오톡 오픈채팅 커뮤니티는 채팅 형식이라 실시간 정보가 많이 올라오고 소통이 원활하다. 크라우드소싱 플랫폼 외에도 다양한 프로젝트 상세 정보가 많이 올라온다. 특히 실시간으로 데이터 라벨링에 관한 궁금증을 해결하기 좋다. 각 오픈채팅 커뮤니티별로 분위기는 다르지만, 라벨링 관련 질문을 하면 어느 정도 답변을 얻을 수 있다. 다만, 검색으로 기존에 비슷한 내용이 있었는지 확인한 후 질문하는 것을 추천한다. 카카오톡 오픈채팅에서 대표적인 커뮤니티는 저자가 운영 중인 '라벨러 쉼터'가 있다. 라벨러 쉼터는 자유로운 소통을 중심으로 실시간 공고와 정보들이 올라오며 라벨러뿐만 아니라 많은 기업 관계자들이 참여하고 있다.

네이버 카페 또한 대표적인 커뮤니티다. 네이버 카페에서 '데이터 라벨링'을 검색한 후 원하는 카페에 가입 후 활동하면 된다. 네이버 카페는 모바일로도 접속할 수 있어 어디서든 원하는 정보를 확인할 수 있다. 카페는 모든 글이 게시판에 작성돼 정보 휘발성이 낮고, 세부 카테고리에 따라 게시글이 분류돼 필요한 정보를 확인하거나 검색하기 쉽다. 대표적인 네이버 카페는 '데라모'가 있다. 데라모는 국내 최대 규모의 데이터 라벨링 커뮤니티로 많은 양의 정보와 다양한 라벨러 후기들을 확인할 수 있다.

4) 두려움은 돈 벌 기회만 날린다, 채용공고 지원하기

크라우드소싱 플랫폼, 채용 정보 사이트, 커뮤니티에 오픈된 프로젝트 혹은 채용 중인 기업을 찾았다면 적극적으로 지원한다. 경험이 없거나 교육을 이수하지 않았다고 해서 지원을 망설일 필요는 없다. 데이터 라벨링은 어떤 교육보다도 실전이 가장 중요하다. 물론 기본 교육을 들으면 실제 프로젝트 투입 시 더욱 효율적으로 작업할 수 있다. 그러나 기본 교육을 수료하더라도 각 프로젝트마다 라벨링 기법, 대상, 저작도구 등이 다를 수 있다. 교육만으로 모든 프로젝트를 완벽하게 수행할 수 없다. 최대한 많은 프로젝트에 참여해 경험을 쌓는 것이 중요하다.

프로젝트에 지원해도 작업자로 선정되지 않을 수 있고, 테스트에서 탈락할 수도 있다. 하지만 포기하거나 좌절할 필요는 없다. 탈락조차 데이터 라벨러로 거듭나는 하나의 과정이다. 지원하지 않는다면 실전 경험을 쌓을 기회조차 얻지 못한다. 지원을 거쳐 프로젝트에 참여하게 됐다면 데이터 라벨러로서 입문에 성공한 것이다.

처음 프로젝트에 투입되면 가이드에 등장한 단어가 낯설고 교육도 어렵다고 느낄 수 있다. 하지만 가이드를 정독하며 제시된 기준에 맞게 작업하려고 노력해야 한다. 작업 중 혹시 반려를 받았다면 안내된 메시지를 확인하고, 가이드와 비교해 놓친 부분이 없는지 다시 한번 확인하며 꼼꼼히 작업하면 된다. 차분히 프로젝트에 참여하다 보면 자연스럽게 데이터 라벨링에 대한 이해도와 능력이 향상된다. 실전 경험을 쌓고 수입까지 생기니 일거양득이라고 생각하면 작업이 한결 더 수월하다. 만약 프로젝트 참여 중 이해하기 어려운 부분이 있다면 데이터 라벨링 전문 교육을 병행하는 것도 좋다.

5) 레벨업을 위한 데이터 라벨링 전문 교육 학습

앞서 설명한 바와 같이 데이터 라벨링 교육은 기초 교육으로 이해해야 한다. 인공지능과 데이터 라벨링, 데이터 라벨러에 대한 기본 지식을 습득하는 과정인 셈이다. 라벨링 교육은 크게 이론과 실습 교육으로 나뉜다.

이론 교육은 프로젝트에 참여하는 데 직접적인 관련이 없다고 생각할 수 있다.

그러나 데이터 라벨링을 진행하며 알아야 하는 기초 용어, 기본적인 윤리와 보안, 인공지능이 개발되는 과정 등을 배울 수 있어 참여 중인 프로젝트를 이해하는 데 많은 도움이 된다. 되도록 교육 내용을 숙지하는 것이 좋다.

실습 교육은 우리가 사용하는 데이터 라벨링 기법을 배우는 과정으로 수많은 기법에 대한 이해도를 높일 수 있는 중요한 교육이다. 실전 경험이 부족한 입문자가 다양한 실습 프로젝트로 실제 업무를 간접 체험하는 기회이기도 하다.

데이터 라벨링 전문 교육은 크게 무료와 유료 교육, 정부 기관과 민간기업 교육으로 나뉜다. 정부 기관 교육은 다시 두 가지로 나뉜다. 하나는 국민내일배움 교육이고, 다른 하나는 NIA 인공지능 학습용 데이터 라벨링 전문 교육이다. 국민내일배움 교육은 고용노동부에서 지원하는 것으로 플랫폼 종사자의 직종 수준별 직무능력 향상과 근로권익 보호 등의 직업 능력 개발을 지원하기 위해 진행되고 있다. NIA 인공지능 학습용 데이터 라벨링 전문 교육은 과학기술정보통신부에서 지원하는 것으로 인공지능 학습용 데이터 라벨링에 필요한 기술 습득 등을 지원하는 것이 목적이다.

다음에 소개하는 각 교육에 대한 상세한 정보를 확인하고 자신의 환경에 어떤 교육이 적합한지 고민 후 수강하면 된다. 라벨링 전문 교육은 비슷한 내용을 많이 다루지만 실습 같은 세부적인 디테일은 조금씩 다르다. 다양한 프로젝트의 간접 경험을 위해선 두루두루 들어보는 것이 좋다. 일부 기업은 자사 교육 과정을 수료한 사람을 대상으로 프로젝트를 열기도 한다. 데이터 라벨링 교육의 세부 사항은 매년 바뀔 수 있으니 각 기관 홈페이지에서 다시 한번 확인하자.

(1) NIA 인공지능 학습용 데이터 라벨링 전문 교육

NIA에서 진행하는 데이터 라벨링 전문 교육이다. 이 교육은 데이터 라벨러를 위한 기초뿐 아니라 데이터 라벨러가 인공지능 학습용 데이터 전문가로서 경력을 지속적으로 개발할 수 있도록 커리큘럼을 구성한 것이 특징이다.

본 교육은 대개 2~4분기에 진행되며, 교육 사이트는 해마다 새로 만들어진다. 이에 대한 자세한 정보는 AI 허브에서 확인 가능하다. 과목별로 강의를 모두 수강하고 실습 프로젝트를 통과하면 수료증이 발급된다. 이 수료증은 말 그대로 교육을 수료했다는 의미 정도다. 다만, 정부 지원 사업에 참여하는 일부 기업은 특정 교육 과정의 수료증을 요구하는 경우도 있다. 특히 인공지능 윤리와 법, 보안 등 데이터 라벨러가 갖춰야 할 필수 지식과 소양을 가르치는 과정의 수료증을 요구하는 경우가 많으니 해당 과정은 들어 두는 것이 유리하다. 이 외에도 데이터 라벨링 기초 과목들은 되도록 모두 수료하기를 추천한다.

교육기간을 놓쳤어도 교육을 들을 수 있다. 교육기간이 종료된 후 언제든지 시청할 수 있도록 AI 허브와 유튜브에 교육 영상을 업로드하는 경우도 있다. 다만, AI 허브와 유튜브 교육은 실습 프로젝트를 진행할 수 없으며 수료증도 발급되지 않는다.

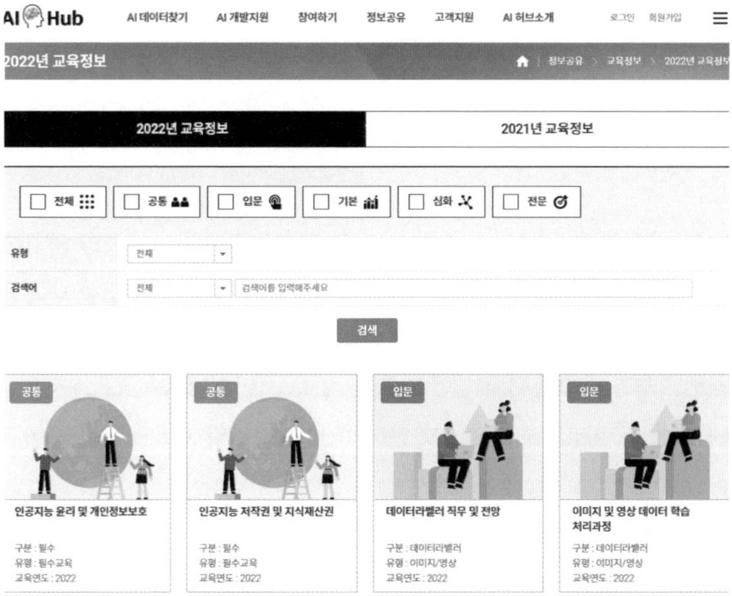

<NIA에서 제공하는 데이터 라벨링 전문 교육(출처 : AI 허브)>

<NIA에서 제공하는 데이터 라벨링 전문 교육 유튜브 채널

(출처 : AI 허브 유튜브 채널)>

교육은 무료이며 오프라인, 온라인 실시간, 온라인 동영상으로 진행된다. 만약 오프라인 교육장이 멀지 않다면 현장 교육 수강을 추천한다. 대면 교육은 교육 집중도와 이해도 측면에서 유리하며 현장에서 질문할 수 있어 학습 효과도 높다. 게다가 실습 진행 시 막히거나 어려운 부분은 강사가 직접 도움을 준다. 이제 막 입문한 라벨러에게 알맞은 교육 방식이다.

교육 시기를 보면 알 수 있듯이 인공지능 학습용 데이터 구축 사업과 진행 시기가 겹친다. 데이터 라벨러는 구축 사업 기간에 작업에 많은 시간을 할애하게 된다. 따라서 NIA의 본 교육은 교육 시작과 동시에 수강하는 것이 유리하다.

(2) 국민내일배움 교육

고용노동부에서 운영하는 직업훈련 포털 HRD-Net에서 국민내일배움카드로 수강할 수 있다. 국민내일배움카드는 국민 스스로 직업 능력 개발 훈련을 할 수 있도록 정부에서 훈련비의 일부 혹은 전액을 지원하는 사업이다. 국민내일배움카드는 HRD-Net에서 온라인으로 발급받거나 가까운 고용센터를 방문해 발급받을 수 있다. 현직 공무원이나 사립학교 교직원, 졸업까지 남은 수업연한이 2년을 초과하는 대학생, 연 매출 1억 5천만 원 이상의 자영업자, 월 임금 300만 원 이상인 대규모 기업 종사자(45세 미만), 특수 형태 근로 종사자 등은 발급받지 못할 수도 있으니 세부 조건을 확인해야 한다.

<국민내일배움카드로 데이터 라벨링 교육을 받을 수 있는 HRD-Net 홈페이지>

데이터 라벨러 교육 과정은 플랫폼 종사자 특화 훈련으로 2023년에 정규사업으로 전환됐다. 플랫폼 종사자란 계약의 명칭이나 형식과 관계없이 온라인 플랫폼을 통해 일하는 근로자를 의미한다. 라벨러는 주로 크라우드소싱 플랫폼을 통해 작업을 진행하는 만큼 대표적인 플랫폼 노동자다.

2021년부터 시작된 이 교육이 정규사업으로 전환됨에 따라 유사한 훈련의 교육비를 3회까지 전액 지원한다. 4회 이상부터 10%의 자부담금이 발생하며 본인의 취업 상황이나 소득 및 나이 등에 따라 지원금액에 차이가 발생한다. 교육은 훈련 기관에 따라 온·오프라인으로 진행되며 기관별로 교육 과정에 약간의 차이가 있다. 정부 사업 특성상 플랫폼 종사자 특화 훈련의 사업 규정은 매년 변경될 수 있고 시행 기간이 유동적일 수 있으니 확인이 필요하다.

대표적으로 플랫폼 종사자 특화 훈련을 진행하는 기업은 크라우드웍스다. 교육은 이론과 실습으로 구성돼 있으며, 보통 두 개 과정으로 운영되나 교육 과정 개발 일정에 따라 변동될 수 있다. 교육 신청은 HRD-Net에서 하며, 교육은 크라우드웍스 아카데미에서 진행한다. 교육 신청 시 회차별로 신청 가능한 인원이 정해져 있고 여러 회차로 훈련생을 모집한다.

국민내일배움 특화 훈련이 일반적으로 훈련 기관 내부 기준에 따라 훈련생을 선발하는 것과 달리 크라우드웍스는 선착순 방식이다. 따라서 교육을 정상적으로 신청하면 선발된다. 선발이 완료되면 크라우드웍스 안내에 따라 교육을 수강한다. 교육은 온라인 동영상 강의로 진행돼 원하는 시간에 수강할 수 있다. 수강 완료 시점이 정해져 있고, 기간 내에 이수하지 못하면 해당 연도에 동일한 교육을 다시 신청할 수 없다.

(3) 기업 자체 교육 및 기타 교육

① 크라우드웍스 AIDE 데이터 라벨링 교육 과정

크라우드웍스에서 진행하는 유료 데이터 라벨링 교육이다. 한국인공지능협회 민간 자격증 AIDE와 연계된다. 교육은 1, 2급 과정으로 나뉜다. 1급은 검수자를 위한 교육 과정이며, 2급은 작업자를 위한 교육 과정이다. 국민내일배움 교육 과정을 이수한 사람 중 자격증 취득을 원하는 사람을 위한 이론 교육 과정도 있다.

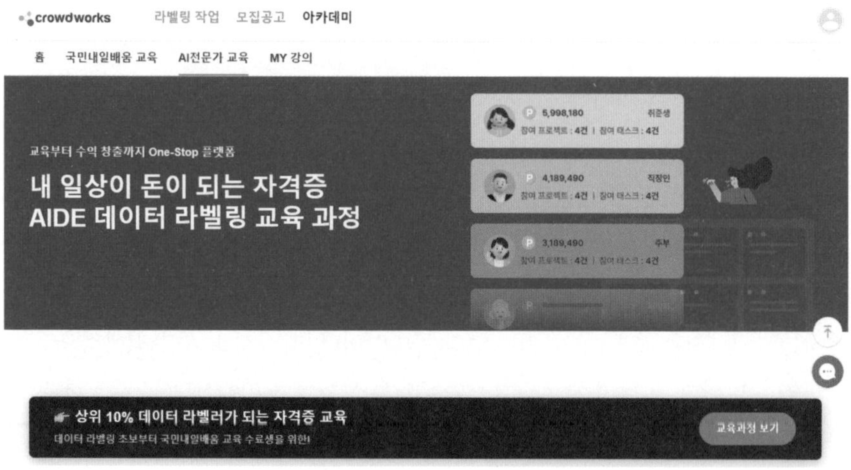

<크라우드웍스 AIDE 데이터 라벨링 교육 과정

(출처 : 크라우드웍스 아카데미)>

크라우드웍스에서 진행하는 국민내일배움 교육과 AIDE 데이터 라벨링 교육은 실습 교육이 다양한 것이 특징이다. 특히 검수 실습은 타 교육에서는 볼 수 없는 것으로 검수 과정을 간접적으로 체험해 볼 수 있다. 실전 경험이 부족한 입문 라벨러들이 다양한 실습 프로젝트를 통해 실제 프로젝트를 간접 체험해 볼 수 있다. 크라우드웍스에서 더 많은 프로젝트에 참여하려면 해당 교육을 듣는 것이 좋다. 일부 프로젝트의 경우, 교육 이수 여부가 프로젝트 참여 조건이다.

한국인공지능협회의 민간 자격증인 AIDE 1, 2급 자격시험 문제는 이 교육과 국민내일배움 교육에서 출제된다. 국민내일배움 교육을 들었다면 일부 이론 교육만 추가로 수강하면 된다. 이 자격증은 공인 자격증이 아닌 민간 자격증으로 크라우드웍스와 일부 협력 업체에서 그 효력을 인정받을 수 있다.

② 테스트웍스 데이터 라벨링 교육

aiworks를 운영하는 테스트웍스에서 진행하며 교육이 항상 열려 있는 것은 아니다. 정부 지원 무료 교육은 중반부터 하반기에 진행하며 외부 기관 교육은 의뢰에 따라 수시로 열린다. 주로 연계되는 기관은 지역별 새일센터, 여성인력개발센터, 장애인 지원 기관 등이다. 교육 대상은 비장애인 청년, 발달·지체·청각 장애인, 경력단절 여성, 시니어 등이며, 특히 취약계층 교육에 특화돼 있다. 교육은 보통 20~25명 내외를 한 반으로 구성하며 온라인과 오프라인에서 진행된다. aiworks를 통해 교육 과정이 안내되고, 별도 사이트에서 교육 신청을 받는다.

실제 프로젝트에서 사용된 데이터로 교육이 이루어지며, 교육을 수료하면 새로운 프로젝트에서 작업할 수 있게 연계된다. 한번 교육을 수료하면 테스트웍스 인력풀에 등록되고 차후 적합한 프로젝트가 생기면 참여 기회를 얻는다. 특히 취업 취약계층은 더 많은 프로젝트에 참여할 수 있는 기회가 제공된다.

③ 기타 데이터 라벨링 교육

지자체, 취업센터, 여성 지원센터, 장애인 지원센터 등 국가 기관에서 여러 분야 사람들을 위해 진행하는 데이터 라벨러 교육이다. 이러한 교육은 관련 기관 홈페이지 혹은 해당 기관 연락 및 방문으로 확인할 수 있다. 대부분 오프라인 교육으로 진행된다.

2. 데이터 라벨링을 위한 필수 작업 도구 세팅하기

데이터 라벨링은 기본적으로 컴퓨터를 사용한다. 녹음과 사진 촬영 등의 수집과 일부 가공 프로젝트는 간혹 모바일이나 태블릿PC로 작업 가능하지만, 대부분은 컴퓨터로 진행된다. 따라서 컴퓨터 성능은 작업 효율을 결정하는 중요한 부분이다.

하지만 이제 막 입문한 데이터 라벨러라면 컴퓨터 성능은 크게 중요하지 않다. 초기 입문 기간은 자신이 데이터 라벨링에 적성이 맞는지, 장기간 작업할 수 있는지를 확인하는 시기다. 작업 효율이나 수입 고려는 차후 문제다. 일단 작업을 할 수 있는 최소한의 사양을 갖춘 컴퓨터면 충분하다. 10년 이상 된 낮은 사양이 아니라면 속도의 차이가 있을 뿐, 프로젝트 대부분에 참여할 수 있다.

다음에 설명하는 내용은 데이터 라벨링이 자신의 적성에 맞으며, 향후 데이터 라벨러로 계속 일을 할 것이란 확신이 든 이들에게 추천하는 장비다. 사람에 따라 개인 편차가 있을 수 있다.

1) 원활한 작업을 위한 최소한의 컴퓨터 세팅

데이터 라벨링을 하기 위해선 데스크톱이나 노트북이 반드시 있어야 한다. 컴퓨터 운영체제는 윈도나 MacOS 등을 가리진 않지만, 간혹 MacOS에서 구동되지 않는 저작도구 프로그램이 있으니 고려해 봐야 한다. 인공지능이 점차 고도화되며 데이터 라벨링 기법도 다양화됐고, 이에 따라 컴퓨터의 성능도 중요해졌다. 여전히 바운딩, 폴리곤 등 단순 작업은 낮은 컴퓨터 사양에서도 잘 작동하지만 3D 데이터는 그렇지 않다. 따라서 최소한의 사양을 확보하는 것이 작업 효율 면에서 좋다.

컴퓨터는 크게 데스크톱과 노트북으로 나뉜다. 작업에 어떤 기기를 사용할 것인가는 개인 선택이다. 데스크톱은 사양 대비 가격이 노트북보다 저렴하다. 다만, 반드시 모니터를 구매해야 하고 노트북 보다 자리를 더 차지한다. 이동하면서 작업하지 못한다는 단점도 있다. 반면 노트북은 사양 대비 가격이 데스크톱 보다 비싸다. 효율적인 작업을 하려면 모니터를 따로 연결해야 한다. 그렇지만 어디든 들고 다니면서 작업할 수 있다는 강점이 있다. 이동성이 보장된 만큼 다양한 장소에서 작업하는 사람에게 적합하다. 저자의 경우, 데스크톱과 노트북을 모두 사용한다. 집에서 작업하면 데스크톱을, 밖에서 작업하면 노트북을 사용한다. 만약 둘 중 하나만 골라야 한다면 노트북+모니터 조합을 선택할 것이다. 장소 제약 없이 작업할 수 있다는 것은 수입면에서 큰 강점이기 때문이다.

원활한 데이터 라벨링 작업에 요구되는 컴퓨터 사양은 활용되는 저작도구에 따라 다르다. 일반적으로 3D 데이터까지 작업하려면 8세대 이상의 CPU와 16GB 이상의 램이 필요하다. 3D 데이터를 제외한다면 4세대 CPU에 8GB 램 정도면 대부분의 저작도구가 작동된다. 단, 속도 차이는 발생할 수 있다. 이는 절대적인 기준은 아니며 앞서 설명한 바와 같이 저작도구의 최적화 여부에 따라 다르다.

<PC 사양>	<노트북 사양>
·프로세서 : 13th Intel i5-13600K ·RAM : 32GB ·그래픽카드 : NVIDIA GeForce RTX 3060	·프로세서 : 11th Intel i7-1165G7 ·RAM : 16GB ·그래픽카드 : Intel Iris Xe

<저자가 실제 사용하는 컴퓨터 사양>

위 예시는 현재 저자가 실제로 사용하는 기기의 성능이다. 이는 하나의 예시로 반드시 위 사양을 맞춰야 할 필요는 없다. 컴퓨터 사양은 높으면 높을수록 저작도구 속도 면에서 유리하지만 꼭 높은 사양의 컴퓨터에서 작업을 할 필요는 없다.

2) 작업 효율 극대화하는 모니터 선택

모니터도 데이터 라벨링에서 중요한 역할을 한다. 모니터 해상도나 크기에 따라 한 화면에서 볼 수 있는 객체 수가 다르다. 작은 객체들에 대한 라벨링 작업을 하는 경우도 많아서 작은 모니터나 노트북 화면으로 작업하면 효율이 떨어진다. 만약 노트북으로 작업한다면 추가 모니터를 구매하는 것도 방법이다.

일반적으로 추천하는 모니터는 해상도는 QHD 이상, 크기는 27인치 보다 큰 제품이다. 모니터는 크면 클수록 좋지만 자신의 작업 공간도 고려해야 한다. 32인치 모니터를 사용해도 모니터와 눈의 간격이 좁다면 목에 무리가 간다. 게다가 거리가 확보되지 않아 모니터 전체가 한눈에 들어오지 않으면 제대로 활용하기 어렵다. 자신의 작업환경을 적절하게 고려해 크기를 결정해야 한다.

모니터 2대를 동시에 사용하는 듀얼 모니터는 작업 효율 면에서 탁월하다. 듀얼 모니터의 주 화면에 저작도구를 띄우고, 서브 화면에 가이드나 협업툴을 띄우면 작업에 유리하다. 미세한 차이지만 작업 효율을 높일 수 있고, 수입 증대에도 도움이 된다. 만약 책상이 협소해 모니터를 놓을 공간이 부족하다면 모니터 암(Arm)을 활용하는 것도 좋다. 저자의 경우, QHD 해상도의 32인치 모니터 1대와 동일한 해상도의 27인치 모니터 1대, 24인치 모니터 1대를 사용하고 있다.

3) 능력 있는 데이터 라벨러의 '유능한 손' 마우스

마우스는 작업에 가장 많이 사용하는 도구로 라벨러의 손과 같다. 어떤 마우스를 사용하느냐에 따라 작업 효율뿐만 아니라 팔목이나 어깨 등의 컨디션에도 영향을 미친다. 마우스는 기본적으로 작업자 손 크기에 맞는 것이 중요하다. 사람마다 손 크기가 다르듯 마우스도 크기와 무게가 모두 다르다. 오프라인 매장에서 직접 체험해 본 후 본인 손에 맞는 마우스를 구매하는 것이 좋다.

일부 마우스 브랜드는 다양한 기능을 변경하거나 추가하는 프로그램이 따로 존재한다. 특히 마우스 버튼 기능 변경을 지원하는 프로그램은 작업 효율을 더 높여준다. 예를 들어, 뒤로 가기 버튼을 Ctrl+C로 변경하면 마우스 버튼 하나로 키보드 단축키를 이용할 수 있다. 이런 식으로 저작도구에서 자주 사용하는 단축키를 마우스에 할당하면 작업 속도가 오른다.

마우스 종류는 크게 일반 마우스와 버티컬 마우스로 나뉜다. 버티컬 마우스는 손목을 보호하기 위해 디자인된 마우스로 손목 통증 경감 효과가 있다. 하지만 초기 적응이 힘들며 적응을 완벽하게 해도 일반 마우스에 비해 정확도가 떨어질 수 있다. 게다가 손목 통증은 예방되나 어깨 등 다른 부위에 통증이 발생할 가능성도 있다.

폴리곤 같은 프로젝트에서 타블렛이나 펜 마우스를 사용하는 라벨러도 있다. 둘 다 펜 형태로 마우스 대신 사용할 수 있다. 타블렛은 판타블렛과 액정 타블렛으로 나뉘며 타블렛 위에서 펜을 사용해야 한다. 펜 마우스는 무선과 유선으로 나뉘며 동봉된 전용 마우스 패드에서 사용한다. 타블렛과 펜 마우스 모두 상당한 적응 기간이 필요하다. 일반적인 마우스와는 사용 방식이 전혀 다르기 때문이다. 또, 폴리곤을 제외한 라벨링 기법에서는 활용도가 떨어진다. 그러나 평소에 마우스 사용이 어려웠거나 펜 마우스 및 타블렛을 꾸준히 사용했다면 충분히 활용할 수 있다. 일부 라벨러는 트랙패드를 활용하기도 한다.

어떤 마우스 혹은 작업 도구를 사용하는 것이 가장 효율적인가에 대한 정답은 없다. 누구는 기본 마우스가 편하고, 누구는 타블렛이 편할 수 있다. 작업 도구에 대한 고민은 여러 커뮤니티에서 자주 화두에 올랐던 주제다. 하지만 사람마다 각 기기에 대한 숙련도와 사용 기간 등이 모두 달라 명확한 결론을 내릴 수 없다. 커뮤니티나 주위에서 들을 수 있는 추천은 참고만 하고 본인이 직접 경험해 자신에게 맞는 최적의 도구를 찾는 것이 좋다.

3. 성공 정착을 위한 데이터 라벨러 마인드셋

데이터 라벨러는 보통 재택으로 근무하며, 프리랜서로 활동하는 경우가 대부분이다. 아무래도 혼자 일하는 시간이 많다 보니 비슷한 입장에 있는 데이터 라벨러들과 소통이 어렵고, 데이터 라벨러가 갖춰야 하는 바람직한 요소들을 습득하는 것도 쉽지 않다. 데이터 라벨러 역시 하나의 직업인 만큼 숙지해야 하는 요소들이 존재한다. 데이터 라벨러로 활동하면서 알아 두면 도움 되는 요소들을 소개한다.

1) 바람직한 데이터 라벨러의 기본 소양, 직업윤리

(1) 작업 품질과 책임

데이터 라벨러로 활동하는 데 가장 중요한 것은 작업물의 품질 유지와 결과에 대한 책임이다. 데이터 라벨러는 데이터 라벨링으로 돈을 번다. 돈을 번다는 것은 무엇일까? 노동력을 제공하고 그에 합당한 대가를 받는다는 뜻이다. 정당한 대가를 받으려면 자신이 제공한 노동에 책임을 질 수 있어야 한다. 특히 데이터 라벨링에 쉽게 입문하고 업무 초반에 단가 높은 프로젝트로 단기간에 큰 수입을 올린 사람들이 품질에 대한 책임이 부족한 경향을 보인다. 간혹 데이터 라벨링을 앱테크 정도로 생각하는 이도 있다.

데이터 라벨러는 프리랜서다. 데이터 라벨링이 비교적 입문이 쉽다고 해도 자신의 이름을 걸고 품질을 책임져야 한다. 프로젝트에 투입되면 작업이 까다롭고 검수 기준이 복잡해도 주어진 가이드라인 안에서 훌륭한 결과물을 만들어야 한다. 작업 효율을 높이기 위해 다양한 방법을 사용할 수 있지만 이때 역시 작업 품질을 최우선으로 고려해야 한다.

프로젝트 참여 횟수가 늘고, 어느 정도 경력이 쌓여도 작업 품질에 대해서는 언제나 겸손해야 한다. 경력이 쌓이면 자연스럽게 여러 프로젝트에 익숙해지며 비슷한 프로젝트도 많이 하게 된다. 그러다 보면 자신도 모르게 과거 경험에 따라 작업하는 경우도 생긴다. 그러나 동일한 형태의 프로젝트라도 세부 가이드나 검수 기준이 다를 수 있는 만큼 가이드라인을 꼼꼼하게 확인한 후 작업해야 한다. 또, 과거 경험에 의지하다 보면 작업 품질이 저하될 수 있기에 이 부분도 염두에 둬야 한다. 과거에 참여했던 프로젝트와 유사할지라도 처음 접하는 프로젝트라는 마음으로 작업에 참여하는 것이 바람직하다.

일부 오픈 프로젝트의 경우, 개인별 할당이 아닌 전체 물량을 함께 작업하기도 한다. 이런 프로젝트에선 남들보다 빠르게 작업해야 더 많이 작업할 수 있다. 이때 일부 비양심적인 사람은 작업물 선점을 위해 가이드를 준수하지 않은 채 대충 작업해 빠르게 제출한 후 반려를 받고 수정한다. 혹은 불법 프로그램을 활용해 부정 제출을 하기도 한다. 이러한 행위는 다른 라벨러들과 프로젝트를 진행 중인 기업에 심각한 손해를 끼친다. 성실하게 작업하는 라벨러들의 작업 기회를 박탈하는 행위이며, 기업은 제대로 된 데이터 구축을 위해 불필요한 시간과 예산을 소모해야 한다. 이러한 행위는 시스템에 의해 쉽게 적발되며 수입금 회수와 함께 향후 프로젝트 참여가 제한된다. 심각한 경우, 법적 책임을 질 수 있음을 기억해야 한다.

일반적으로 라벨러는 재택으로 혼자 작업하다 보니 업무에 대한 자신의 노력들이 티가 나지 않는다고 생각하기 쉽다. 하지만 프로젝트에 함께 참여 중인 검수자와 프로젝트 관리자는 능력 있는 작업자가 누구인지 잘 알고 있다. 데이터 라벨러 스스로가 엄격한 작업 품질 기준을 정하고 좋은 결과를 꾸준히 만들어 내면 그 노력이 빛을 볼 날이 온다.

좋은 품질을 유지하며 많은 양의 작업을 하는 성실한 사람은 금방 주목받는다. 많은 기업이 작업 품질이 우수하고 성실한 라벨러들을 따로 관리한다. 우수 라벨러들은 간혹 비공개로 열리는 프로젝트에 참여 제의를 받는 등 더 많은 수입 창출 기회를 얻는다. 좋은 품질을 유지하고 정당하고 성실하게 작업하는 것은 해당 프로젝트 수입 창출로만 끝나는 것이 아니라 또 다른 기회로 이어질 수 있음을 명심해야 한다.

(2) 개인 정보와 보안

데이터 라벨링은 작업 대상인 원천 데이터에 개인 정보가 포함된 경우가 많다. 대부분 비식별화 처리돼 있으나 간혹 그렇지 않은 데이터를 만나기도 한다. 이때 작업 과정에서 알게 된 개인 정보를 타인에게 전송하거나 화면에 등장한 사람에 대한 평가 등의 행위를 해서는 안 된다. 이는 라벨러의 직업윤리와 직결되는 문제다. 작업 중에 접한 개인 정보는 라벨링을 진행할 때만 활용하고 외부로 유출하면 안 된다.

참여 중인 프로젝트에 대한 보안을 지키는 것도 중요하다. 많은 프로젝트는 데이터 라벨러 투입 시 보안 서약서를 작성한다. 되도록 업무 관련 정보를 외부로 발설하지 않는 것이 좋다. 특히 작업 중인 화면을 캡처해 커뮤니티 등에 올리는 행위를 주의해야 한다. 작업을 진행하다 보면 궁금증이 생겨 질문할 일이 생기기 마련이다. 일반적으로 기업에서 운영하는 소통 채널을 통해 궁금증을 해결하지만, 늦은 시간에 갑자기 궁금증이 생기거나 채널 측 답변이 늦어지면 커뮤니티에 질문하게 된다. 이때 작업 화면을 함께 올리며 질문하는 것은 위험한 행동이다. 작업 화면을 캡처해 올리지 말아야 한다.

이런 행위들은 프로젝트 기밀 유출이나 원천 데이터 혹은 저작도구 저작권 침해 등의 문제로 연결될 수 있다. 심각할 경우, 법적 문제에 휘말릴 수도 있다. 다만, 모든 프로젝트가 이런 상황에 해당하는 것은 아니다. 프로젝트 시작 당시에 서명한 관련 계약서에 대개 보안 관련 사항이 언급된 만큼 이를 준수하는 습관을 들이는 것이 현명하다.

2) 올바른 생태계 조성을 위한 노력, 다른 데이터 라벨러 배려하기

(1) 작업자와 검수자의 관계

작업자와 검수자는 선택의 문제일 뿐 상하 관계가 아니다. 프로젝트 관리자가 직접 검수하거나 전문 검수자를 활용하는 프로젝트가 아니라면 검수자도 대부분 일반 작업자 중에서 선발된다. 즉, 개인의 선택에 따라 업무만 달라졌을 뿐 모두 같은 라벨러다. 하지만 작업자와 검수자의 입장 차이가 있어 간혹 관계가 미묘해질 때가 있다. 프로젝트라는 한배를 탔기에 배가 목적지까지 원활하게 갈 수 있도록 서로 협력해야 하는 관계지만, 작업 품질과 관련해 직접적으로 마주치는 대상이다 보니 갈등이 발생하는 경우가 많다.

프로젝트가 원활하게 진행되려면 기본적으로 작업자와 검수자는 서로를 존중해야 한다. 자신한테 반려를 많이 줬다고 해서, 혹은 작업 품질이 좋지 않다고 해서 서로를 적대시해서는 안 된다. 작업자는 검수자의 반려 의견이 명백히 가이드와 다르지 않다면 되도록 수용하는 것이 좋다. 검수자는 업무 과정에서 작업자보다 더 많은 양의 데이터를 봐야 하기에 자연히 작업자보다 다양한 사례를 경험한다. 검수자에게만 공유되는 가이드가 따로 존재하기도 한다.

검수는 데이터의 정확성을 높임과 동시에 데이터의 통일성을 맞추는 과정이기도 하다. 간혹 검수자마다 검수 기준이 다른 경우도 있는데, 품질 기준이 다르다면 가장 높은 기준으로 맞추면 된다. 인공지능을 학습시키는 데이터의 품질은 무엇보다도 중요하기에 이런 부분에 불만을 가질 필요는 없다. 검수 기준을 두고 명백한 차이가 발생한다면 프로젝트 관리자를 통해 문제를 해결하면 된다.

검수자는 자신이 작업자보다 높은 위치에 있다고 생각하면 안 된다. 앞서 설명한 바와 같이 개인 선택의 문제다. 능력이 더 뛰어난 라벨러가 검수가 적성에 맞지 않아 작업만 하기도 한다. 또, 자신이 어떤 프로젝트에선 실력을 인정받아 검수자로 활동하지만 다른 프로젝트에서는 작업자로 활동할 수도 있다. 그러므로 검수할 때는 항상 겸손해야 한다. 반려 메시지를 작성할 때 검수자는 반드시 높임말로 최대한 자세히 설명해야 한다. 일부 검수자들은 자신의 검수 속도를 올리기 위해 줄임말을 쓰거나 반려 메시지를 대충 작성하기도 한다. 당장은 검수 건수가 많아져 좋아 보일 수 있으나, 장기적으로 봤을 때 프로젝트 진행과 검수자 본인에게도 득이 될 것이 없다. 반려 메시지를 자세하게 작성하면 재반려를 막을 수 있고 작업자의 실력을 자연스럽게 향상시켜 장기적으로 검수 속도를 올릴 수 있다.

(2) 채팅 수 줄이기

앞서 설명한 것처럼 라벨러로 활동하면 많은 소통 채널에 입장하게 된다. 소통 채널 중 인원이 적은 곳도 있지만 많은 곳은 수백 명이 넘다 보니 자연스럽게 확인할 글도 많아진다. 특히 질의응답이 활성화된 채널이라면 전부 확인하기 어려울 정도로 많은 글이 올라온다. 성수기에 다양한 프로젝트에 참여하는 경우, 하루에 쌓이는 카카오톡 채팅 수가 수천 건을 넘기도 한다. 이러면 원하는 정보를 찾는 데 시간이 오래 걸리고 피로도도 증가한다. 만약 소통 채널이 일상적으로 사용하는 카카오톡이라면 그 피로감은 더 심해진다. 소통 채널에 참여 중인 다른 라벨러와 프로젝트 관리자들을 위해 되도록 최소한의 글만 작성해야 한다.

대화 혹은 질문을 쓰기 전에 기업에서 소통 채널을 어떤 식으로 사용하는지 확인해야 한다. 공지만 작성 가능한 채널의 경우, 관리자 요청이 있지 않다면 글을 작성해선 안 된다. 중요 공지나 관리자 안내에 어떤 반응이 필요하다면 댓글을 활용하는 편이 좋다. 댓글 기능을 지원하지 않는 협업툴이라면 공감이나 반응 표시로 충분하다. 또, 공지와 질의응답 채널이 분리되지 않았다면 되도록 필요한 글만 작성한다. 예를 들어, 질문에 대한 답을 받았을 경우, 모든 글에 일일이 “감사합니다.”를 적는 대신 공감 버튼으로 감사함을 표시하면 된다. 새로운 채널에 입장해도 꼭 인사하지 않아도 된다. 인사 역시 채팅 수를 늘리는 요소 중 하나다.

소통 채널에서 나누는 사담도 금물이다. 보통 카카오톡 채널에서 많이 보이는 형태로 어느 정도 프로젝트가 진행되면 사담이 증가하기 쉽다. 야간이나 심야 혹은 관리자의 응답이 원활하지 않을 때 라벨러들은 서로의 질문에 대답해 주는 경향이 있다. 서로 질문과 답변을 하다 보면 어느 순간 프로젝트에 관한 하소연이나 불필요한 사담으로 이어진다. 프로젝트 소통 채널은 업무 채널이다. 업무와 관련 없는 이야기는 하지 말아야 한다. 불필요한 사담이 증가하면 글의 수가 많아져 중요한 정보를 놓치게 된다. 계속 쌓이는 글로 관리자나 다른 라벨러들이 피로감을 호소할 수도 있다. 사적인 채널이 아닌 공적인 채널임을 명심하고 글을 쓸 때는 반드시 필요한 글만 작성해야 한다.

3) 기업이 선호하는 라벨러 되기, 데이터 라벨링 기업과의 관계 구축법

(1) 기업과 라벨러는 동반자

데이터 라벨러와 데이터 라벨링을 진행하는 기업은 동반자 관계로 양질의 데이터 가공이라는 하나의 목표를 가진 파트너다. 정부 지원 사업의 표준 계약서에 나와 있듯이 기업과 라벨러는 '갑을'관계가 아닌 '상생'관계다. 하지만 간혹 기업에 적대적인 태도를 보이는 라벨러도 있다. 기업 측의 급여 지연 등 명백한 잘못이 있다면 그럴 수 있지만 프로젝트의 부재 혹은 다수의 반려, 프로젝트 운영 미숙 등의 이유로 기업을 적대시하기도 한다. 라벨러 입장에서는 많은 프로젝트와 능숙한 프로젝트 운영으로 수입 활동이 원활하게 진행되는 것이 좋다. 그래서 이러한 문제들이 발생했을 때 불만을 표출하는 것은 매우 당연하다. 하지만 정당한 비판을 넘어 적대감을 드러내는 것은 바람직하지 않다.

라벨러는 데이터 라벨링을 진행하는 어느 기업 한곳도 버릴 수 없다. 최대한 다양한 프로젝트 참여 기회를 확보하는 것이 수입 측면에서 유리하기 때문이다. 기업 역시 되도록 많은 라벨러와 원만한 관계를 유지하며 프로젝트를 진행하길 원한다. 데이터 라벨링을 주업으로 하는 기업들은 가공되는 데이터의 양과 품질이 회사 이익의 큰 영향을 미친다. 데이터 라벨러는 기업의 이윤 창출에 있어 중요 부분을 차지하기에 다수 기업이 많은 라벨러를 확보하려 하며, 그들의 처우 개선을 위해 여러 노력을 기울이고 있다.

그러나 간혹 일부 라벨러는 자신을 플랫폼의 고객으로 여겨 무리한 요구를 한다. 프로젝트 부재 상황을 두고 기업을 지나치게 비방하거나 항상 프로젝트가 제공되기를 바라는 것도 이에 해당한다. 데이터 라벨러는 데이터를 가공하는 기업, 특히 크라우드소싱 플랫폼의 고객이 아님을 잊지 말아야 한다. 기업의 고객은 데이터 가공을 의뢰하거나 자신들이 제공하는 인공지능 솔루션을 이용하는 기업 혹은 개인이다. 데이터 라벨러는 기업의 고객이 아닌 계약에 의해 함께 사업에 참여하는 동반자라는 점을 잊지 말아야 한다.

(2) 기업과의 소통

라벨러는 기업과 원활한 소통을 해야 한다. 특히 재택근무의 경우, 각자 개별 공간에서 작업하기 때문에 더욱 긴밀한 소통이 요구된다. 소통이 되지 않으면 품질을 비롯한 여러 문제가 발생해 프로젝트 운영에 차질이 발생한다. 실제로 다수의 라벨러가 기업에서 안내하는 중요한 내용을 확인하지 않아 문제가 생기기도 한다. 기업 측은 중요 내용을 공지하고 멘션 혹은 DM으로 직접 알려주기도 하지만 라벨러가 자신의 작업물에 집중하느라 공지 및 연락 등을 등한시하기도 한다. 소통이 원활하지 않으면 프로젝트 관리자는 같은 안내를 반복해야 해 업무가 가중된다. 같은 작업에 참여 중인 다른 라벨러들 역시 중복 공지 및 안내로 정작 중요한 내용을 놓칠 수 있다.

간혹 공지가 일반적인 채팅 형태로 작성돼 눈에 띄지 않아 확인을 못 하는 경우도 있다. 이 경우에도 작업 혹은 질문 전에 검색해 보면 충분히 파악할 수 있다. 이러한 점을 염두에 두고 평소 기업과의 소통을 중요하게 여기면 보다 능력 있는 데이터 라벨러로 성장할 수 있다.

(3) 관리자는 직원

프로젝트 관리자는 라벨러와 많은 소통을 한다. 라벨러 입장에서는 기업과의 유일한 소통 창구라 다양한 문의를 한다. 이때 알아야 할 점은 관리자가 해당 기업에서 일하는 직원이라는 점이다. 라벨러는 내가 원하는 시간에 작업하는 프리랜서지만 관리자는 정해진 업무 시간이 있는 직장인이다. 프로젝트와 관련된 문의사항이 있다면 기업 근무 시간에 하는 것이 좋다.

라벨러는 하루 중 아무 때나 일할 수 있으며 그것이 수입과 직결된다. 그래서 당장 중요한 질문에 작업이 막히면 답답하다. 이러한 라벨러의 고충과 프로젝트의 원활한 운영을 위해 관리자가 자신의 시간을 할애해 근무 외 시간에 답변을 주는 경우도 많다. 하지만 이는 관리자의 배려일 뿐 라벨러의 권리는 아니다. 되도록 업무 시간에 맞춰 질문해야 하며, 업무 시간이 명시되어 있지 않은 프로젝트라도 상식적인 시간에 질문하는 것이 바람직하다.

라벨러로 오래 활동하다 보면 관리자들이 겪는 고충이 눈에 들어온다. 가이드나 공지를 보지 않고 질문부터 하는 사람, 시간에 상관없이 답변이 빠르지 않으면 재촉하는 사람, 할당을 달라고 과도한 요청을 남기는 사람 등 자신의 이익에만 관심을 두고 글을 쓰는 사람들이 많다. 관리자는 한 명의 직원일 뿐이며 정중하게 대해야 하는 대상이다. 작업 진행이 막히더라도 최소한 사람 대 사람으로 서로를 배려하고, 적정선을 지켜야 원활한 소통과 업무가 가능해진다.

4. 데이터 라벨링 주요 협업툴 이해하고 활용하기

협업툴은 재택으로 활동하는 라벨러와 기업을 연결해 주는 매개체다. 카카오톡, 슬랙, 카카오워크, 디스코드, 마이크로소프트 팀즈 등이 있으며 기업별로 사용하는 협업툴이 다르다. 출퇴근이 아닌 재택으로 근무하는 경우, 소통의 부재는 작업 품질 저하로 이어지기 때문에 협업툴을 이용한 소통이 필수다. 따라서 프로젝트에 투입되면 해당 기업에서 사용하는 협업툴 사용법을 익히는 것이 중요하다. 협업툴에 대한 자세한 사용법을 모르겠다면 각자의 노력으로 최소한의 사용법을 익혀야 한다. 여기에서는 일반적으로 가장 많이 사용되는 카카오톡과 슬랙의 기초적인 사용법을 소개한다. 해당 내용은 2023년 6월을 기준으로 작성돼 프로그램 업데이트나 운영사 방침에 따라 작성된 내용과 다소 다를 수 있다.

1) 익숙하지만 헷갈리는 카카오톡 사용법

일상에서 매일 사용하는 카카오톡은 협업툴로도 사용된다. 카카오톡은 크게 일반 채팅과 오픈채팅으로 분리된다. 프로젝트 대부분은 익명 서비스인 오픈채팅을 활용하지만, 일부 프로젝트에선 일반 채팅으로 소통하기도 한다. 또, 카카오톡은 모바일 앱과 PC 프로그램이 모두 있다. 데이터 라벨링은 주로 PC에서 진행돼 캡처 화면을 전송하거나 가이드 다운로드 등 여러 부분을 고려하면 PC 프로그램 사용이 더 효율적이다.

(1) 카카오톡 프로필 설정

일반 카카오톡 채팅으로 소통하는 경우, 갑작스럽게 단체 채팅방에 초대되는 경우가 있다. 일반적으로 단체 채팅방에 초대되면 함께 초대된 사람들이 나의 기본 프로필을 보게 된다. 이런 상황에서 개인 정보가 과도하게 노출되는 것을 막으려면 기본 프로필 설정 시 비교적 사용자 정보를 적게 드러내는 이름 혹은 사진으로 변경하거나 멀티 프로필을 설정하면 된다. 카카오톡의 멀티 프로필은 3개까지 생성할 수 있어 기본 프로필 1개, 멀티 프로필 3개, 총 4개의 프로필을 쓸 수 있다. 멀티 프로필은 다음 방법으로 설정할 수 있다.

<멀티 프로필 설정 방법>
· 친구 탭 → 내 프로필 하단의 + 누르기 → 멀티 프로필 생성 → 친구 관리 → 멀티 프로필을 보여주고 싶은 친구 선택

멀티 프로필은 친구로 등록된 사람만 해당 프로필로 볼 수 있게 설정할 수 있다. 즉, 설정한 멀티 프로필을 볼 수 있는 친구로 등록되지 않은 사람들은 나의 메인 프로필만 보게 된다. 그러므로 기본 프로필을 나와 상관없는 사진과 이름으로 바꾼 후 멀티 프로필을 기존에 사용하는 기본 프로필처럼 사용하면 개인 정보 노출을 최소

화할 수 있다. 다만, 이와 같은 방식으로 멀티 프로필 활용 시 멀티 프로필에 친구를 일일이 모두 등록해야 하는 불편함이 있다.

(2) 오픈채팅 사용 방법

오픈채팅방은 데이터 라벨링 커뮤니티로 사용되기도 하지만 여러 기업의 소통 창구로 활용되기도 한다. 기존 카카오톡 채팅방과 거의 유사하나 세부 사항이 조금씩 다르다. 다양한 프로젝트에서 협업툴로 사용하는 만큼 기본적인 사용법을 숙지하는 것이 좋다.

프로젝트에 참여하면 간혹 실명 혹은 작업을 위해 부여된 아이디 등으로 닉네임 변경을 요구하기도 한다. 닉네임은 아래 방법으로 변경할 수 있는데, 이는 참여 중인 작업자를 식별하고 원활한 소통을 하기 위함이다.

<오픈채팅 닉네임 변경 방법>	
모바일	채팅방 우상단 삼선(≡) → 대화 상대 → 프로필 사진 누르기 → 프로필 편집 →원하는 프로필 선택 → 닉네임 수정 → 완료
PC	채팅방 상단 채팅방 이름 밑 사람 모양 아이콘 클릭 → 프로필 사진 누르기 →프로필 관리 → 닉네임 수정 → 완료

협업툴을 이용하는 주된 이유는 프로젝트 관련 주요 사항을 공지하기 위해서다. 특히 가이드 변경이나 기타 안내 사항들은 채팅방 내 공지사항으로 등록하는 경우가 많으니 다음 방법으로 확인하면 된다.

<공지사항 확인 방법>	
모바일	채팅방 우상단 삼선(≡) → 확성기 아이콘 누르기
PC	채팅방 우상단 삼선(≡) → 톡게시판

프로젝트와 관련해 소통하다 보면 여러 질문과 답변 혹은 공지사항 등을 확인했다는 의사 표현이 필요한 경우가 있다. 이런 경우, 특별한 안내가 없다면 “감사합니다.”, “확인했습니다.” 등의 채팅 대신 공감 버튼을 누르는 것을 추천한다. 채팅 수가 증가하면 다른 사람들이 중요한 내용을 확인하기 어려울 수 있다.

<공감 표현 방법>	
모바일	공감 표현을 원하는 채팅 꾹 누르기 → 나타나는 팝업에서 원하는 공감 버튼 누르기
PC	공감 표현을 원하는 채팅 위에 마우스 올리기 → 말풍선 우하단 하트 아이콘 클릭 → 나타나는 팝업에서 원하는 공감 버튼 클릭

가끔 채팅방 알림 숫자에 @표시가 있는 경우가 있다. 이는 누군가가 나를 멘션(호출)했다는 의미다. 보통 상대방에게 중요한 내용을 보낼 때 멘션을 하기 때문에 해당 아이콘이 보인다면 내용을 확인해야 한다. 다른 사람을 멘션하려면 채팅창에 @를 친 후 나타나는 목록에서 원하는 상대방을 선택하면 된다. ‘@상대방 닉네임’이 파란색으로 바뀐 상태에서 원하는 메시지 입력 후 전송하면 상대방을 호출할 수 있다.

2) 데이터 라벨링 주요 협업툴 ‘슬랙’ 한 번에 이해하기

슬랙은 세계적으로 많이 사용되는 협업툴이다. 데이터 라벨링 사업을 하는 많은 기업에서도 슬랙을 사용한다. 처음 접하면 낯선 용어와 환경으로 어려움을 겪을 수 있어 기본적인 사용법을 숙지해야 한다. 슬랙은 PC 프로그램과 모바일 앱 모두 존재하는데 이 책에서는 PC 프로그램을 기준으로 사용 방법을 설명한다. 앱도 PC 프로그램과 유사한 UI를 가지고 있고 사용 방법도 비슷하니 PC 프로그램 사용법을 익힌다면 쉽게 적응할 수 있다.

슬랙은 하나의 프로그램 안에 여러 워크스페이스를 로그인할 수 있다. 이때 각 워크스페이스에 참여한 이메일 주소가 달라도 하나의 프로그램으로 로그인 된다. 따라서 슬랙에 초대받을 때는 해당 기업에서 사용하는 플랫폼에 가입한 이메일 주소로 초대받는 것이 좋다.

(1) 용어 정리

·워크스페이스 : 하나의 팀이라고 생각하면 된다. 워크스페이스 구성은 슬랙을 사용하는 기업에 따라 다르다. 프로젝트별로 채널을 분리해 운영하며 하나의 통합 워크스페이스만을 사용하는 기업이 있는가 하면 워크스페이스 자체를 하나의 프로젝트 단위로 분리해 사용하는 기업도 있다. 즉, 한 기업이 여러 개의 워크스페이스를 운영할 수도 있다.

·채널 : 워크스페이스 내의 게시판으로 여기면 된다. 일부 채널은 비공개로 운영되며 초대받아야만 참여할 수 있다.

·스레드 : 하나의 글이다. 슬랙에 작성되는 모든 글을 스레드라고 부른다. 외관상 일반적인 채팅과 유사하다. 스레드에는 댓글을 작성하거나 반응을 표시할 수 있다.

·멘션 : 카카오톡 호출과 마찬가지로 다른 사람을 호출하는 기능이다.

·반응 : 카카오톡 공감과 같은 기능이다.

·DM : 다이렉트 메시지(Direct Message)의 줄임말이다. 참여 중인 사람과 1:1 채팅을 할 수 있다.

(2) 슬랙과 친해지기

❶ 슬랙 입장하기

슬랙은 메일 주소로 초대받거나, 공개된 슬랙 링크를 통해 입장할 수 있다.

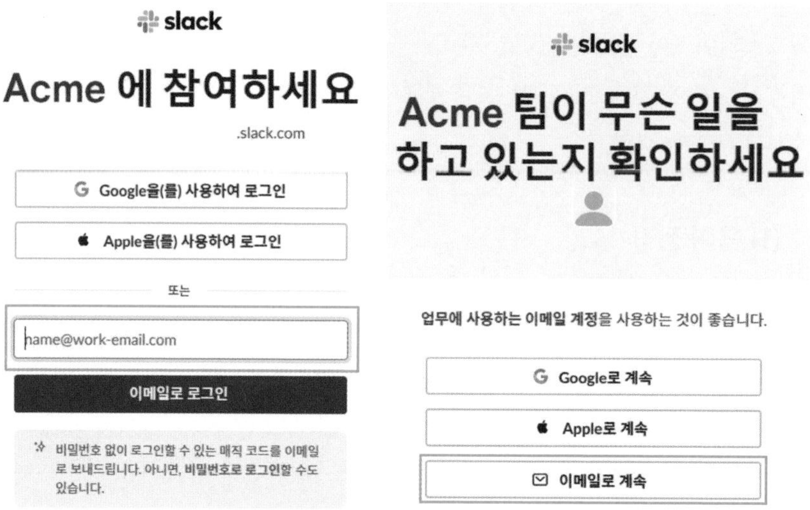

<초대 메일 입장 화면(왼쪽)과 초대 링크 입장 화면(오른쪽)

(출처 : 슬랙)>

초대 메일 입장은 사전에 기업 측에 전달한 메일을 통해 워크스페이스로 초대받는 방식이다. 메일을 받고 링크를 클릭하면 위 예시 왼쪽 이미지와 같이 이메일을 입력하는 칸이 나온다. 여기에 초대받은 이메일을 입력하고 '계속'을 클릭하면 워크스페이스에 입장하게 된다.

공개된 링크가 있는 경우, 해당 링크 클릭으로 워크스페이스에 입장할 수도 있다. 링크 클릭 후 위 예시 오른쪽 이미지의 '이메일로 계속'을 클릭하면 된다. 입장 시 사용되는 이메일은 되도록 해당 기업에서 사용하는 이메일이 좋다. 공개된 링크의 유효기간이 만료되면 참여가 제한된다.

<공개된 링크를 통한 입장 방법>
·링크 클릭 → 이메일로 계속 클릭(오른쪽 이미지) → 이메일 입력 → 이름 입력 → 계속 클릭 → 입력한 이메일에서 확인 코드 확인 → 확인 코드 기재

❷ 슬랙 메인 화면

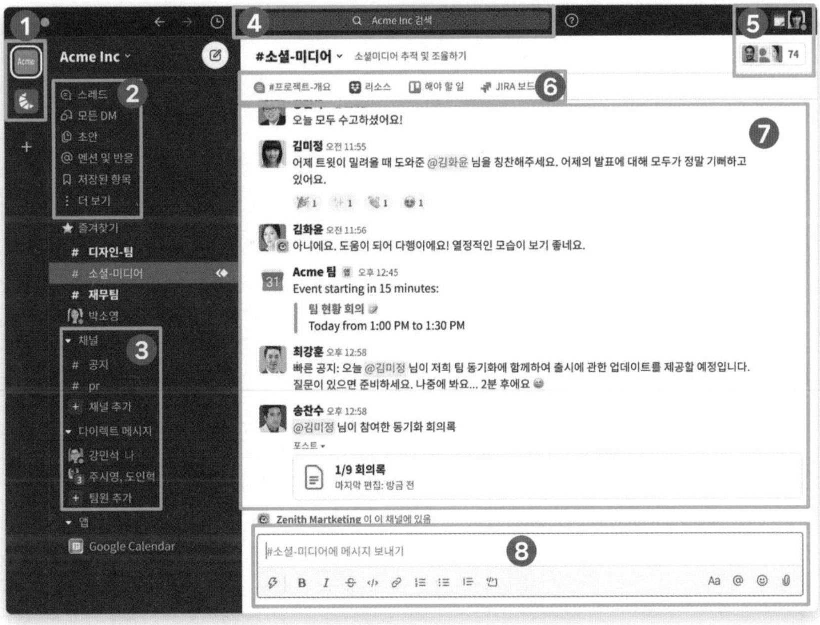

<슬랙 메인 화면(출처 : 슬랙)>

❶ 워크스페이스가 모여 있는 곳이다. 하나의 아이콘이 하나의 워크스페이스다. 프로젝트가 종료되거나 워크스페이스를 나갈 일이 생긴다면 해당 워크스페이스를 우클릭한 후 로그아웃을 누르면 된다. 나가도 다시 로그인 가능하다.

❷ 슬랙에서 스레드와 관련해 활용할 수 있는 다양한 기능이 모여 있는 곳이다.

·스레드 : 워크스페이스 내에서 내가 쓴 스레드나 내가 댓글을 쓴 스레드를 모아 볼 수 있다. 내가 쓴 스레드는 다른 사람이 댓글을 달거나 반응을 해야 표시가 된다.

·멘션 및 반응 : 내가 쓴 스레드나 댓글에 달린 반응, 나에게 온 멘션을 모아 볼 수 있다.

·저장된 항목 : 저장한 스레드를 모아 볼 수 있다. 주로 중요한 가이드나 내용 등을 나중에 모아볼 때 사용한다.

·초안 : 작성하다 멈춘 스레드의 글을 확인할 수 있다.

❸ 워크스페이스의 채널 목록과 DM을 확인할 수 있다.

·채널 : 현재 속해 있는 워크스페이스 내의 채널 목록이다. 공지나 질의응답, 프로젝트별 채널이 분리된 경우가 있으니 스레드 작성 전 채널명을 확인해야 한다.

·다이렉트 메시지 : DM을 확인하거나 보낼 수 있다. DM이 오면 해당 위치에 표시된다.

❹ 워크스페이스 내 스레드를 검색할 수 있다. 궁금한 내용이나 확인이 필요한 사항이 있다면 스레드를 남기기 전 검색으로 원하는 내용을 찾아봐야 한다. 채널별로 검색하고 싶다면 검색창에 '검색어 in : 채널명'을 입력하거나 해당 채널에서 검색어를 입력하면 하단에 위의 명령어가 자동완성 형태로 나오므로 해당 부분을 클릭하면 된다.

❺ 내 프로필을 확인 및 변경하고 프로그램 환경 설정을 할 수 있다(상단). 참여중인 사람들의 목록(하단) 확인도 가능하다. 일부 프로젝트에서 프로필 이름을 특정 형태로 변경해야 하는 경우, 프로필 사진 클릭 → 프로필 편집 → 표시된 이름 옆의 '편집' 버튼으로 변경할 수 있다.

❻ 채널 내 중요한 정보를 고정해 놓은 부분이다. 중요한 공지사항이나 가이드 링크 등이 해당 위치에 있는 경우가 많으니 주기적으로 확인해야 한다.

❼ 스레드 목록이다. 일반적으로 알고 있는 채팅창과 유사하다.

❽ 스레드 입력 창이다. 질문을 위해 화면을 캡처한 경우, Ctrl+V로 캡처한 화면을 바로 붙여 넣을 수 있다. 또, Shift+Enter 키로 줄 바꿈을 할 수 있다.

❸ 반응과 댓글 달기

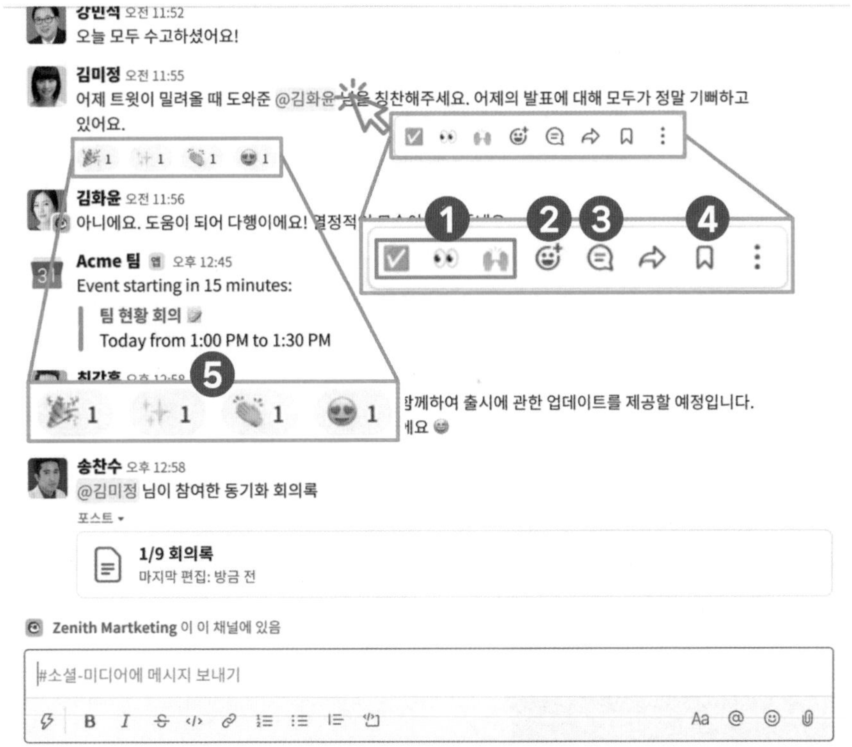

<슬랙의 반응들(출처 : 슬랙)>

스레드에 댓글을 달거나 반응을 표시하려면 원하는 스레드에 마우스를 올린 후 나타나는 팝업창 메뉴를 클릭하면 된다.

❶ 자주 사용하는 반응 아이콘들이다. 해당 아이콘을 누르면 스레드에 반응을 표시할 수 있다.

❷ 입력할 수 있는 모든 반응 아이콘을 확인할 수 있다. 슬랙의 기본 반응 외에도 기업에서 자체적으로 추가한 반응들도 있다.

❸ 스레드에 댓글 쓰는 버튼이다. 이미 스레드에 댓글이 달려 있다면 스레드 바로 아래 '00개의 댓글'이라는 표시가 나오며 해당 부분 클릭 시 스레드의 댓글을 확

인하거나 작성할 수 있다.

❹ 해당 스레드를 저장하는 기능이다. 저장된 스레드는 왼쪽 메뉴의 저장된 항목 메뉴에서 모아볼 수 있다.

❺ 스레드에 달린 반응들이다. 해당 반응을 클릭하면 바로 반응을 남길 수 있다. 카카오톡과 다르게 슬랙은 하나의 스레드에 여러 개의 반응을 남길 수 있다

❹ 알림 설정하기

일반적으로 공지나 프로젝트 모집 채널 등 중요한 채널을 제외한 다른 채널은 알림을 꺼 놓는 경우가 많다. 모든 채널의 알림을 켜 놓으면 너무 많은 알림을 받기 때문이다. 슬랙은 각 채널별로 알림을 설정할 수 있다. 개인 상황에 따라 알림을 설정하는 것이 좋다.

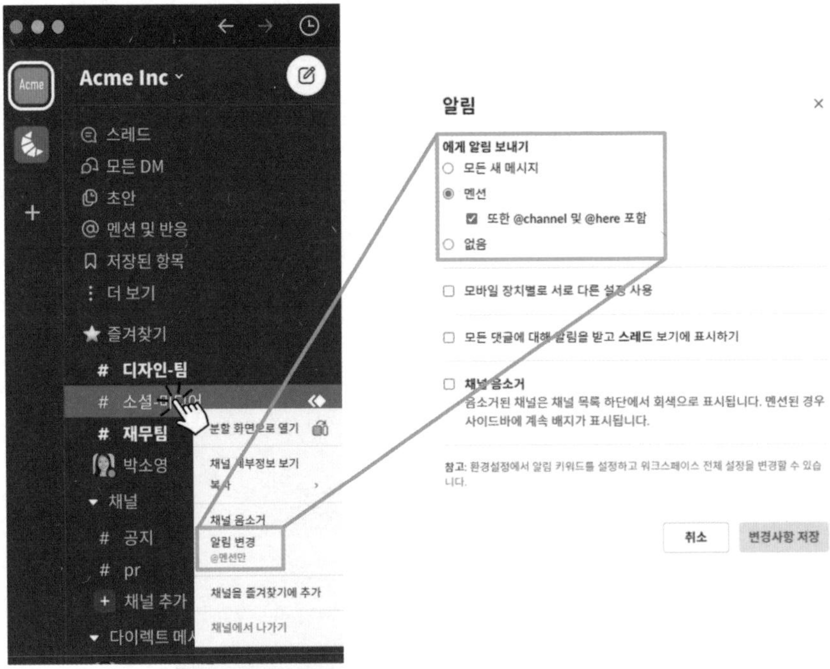

<슬랙 채널 알림 설정(출처 : 슬랙)>

알림 설정을 원하는 채널을 우클릭해 알림 변경 메뉴를 클릭하면 팝업이 뜬다. 팝업창에서 설정하고 싶은 알림 방식을 선택한 후 저장을 누른다. '모든 메시지'는 모든 스레드에 대한 알림이 오며, '멘션'은 멘션으로 나를 태그 한 스레드나 댓글만 알림이 온다.

알림을 꺼둔다는 것은 멘션으로 알림을 설정한다는 의미다. 멘션으로 알림을 설정할 때는 하단의 '@channel 및 @here 포함' 여부를 체크하는 것이 좋다. 슬랙을 사용하는 기업 대부분은 중요한 내용을 전체 멘션으로 공지한다. 이 부분을 고려해야 채널의 중요 사항들을 놓치지 않고 확인할 수 있다. 만약 해당 채널을 전혀 사용하지 않는다면 채널 우클릭 시 나타나는 메뉴 중 채널 음소거 항목으로 모든 알림을 꺼둘 수 있다.

모바일 앱의 알림 설정 방법은 PC와 진입 경로가 다르다. 채널에 입장한 후 스레드 목록의 가장 상단의 채널 이름을 누른다. 이후 나오는 화면 하단 설정 부분에 채널 음소거와 알림을 설정하는 메뉴가 있다.

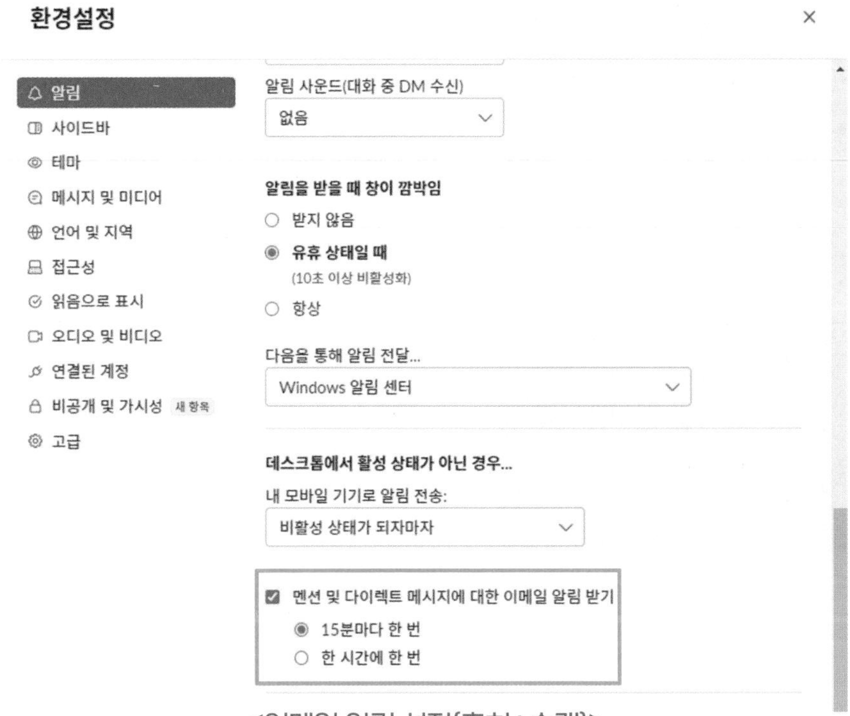

<이메일 알림 설정(출처 : 슬랙)>

슬랙은 멘션이나 DM을 확인하지 않으면 이메일을 보낸다. 중요한 메시지를 놓치지 않게 슬랙에서 제공하는 기능이다. 만약 이런 메일 알림을 받고 싶지 않다면 프로필 사진 클릭 → 환경 설정 → 알림 메뉴에서 '이메일 알림 받기' 체크를 해제하면 된다.

❺ 다른 워크스페이스에 로그인하기

슬랙은 PC와 모바일의 워크스페이스가 공유된다. 하나의 기기에서 워크스페이스에 최초 로그인했다면 다른 기기에서 해당 워크스페이스에 로그인할 것인가 묻는 안내가 나온다. 만약 이때 다른 기기에서 워크스페이스에 로그인하지 않았거나, 로그아웃했던 워크스페이스에 로그인을 하는 경우라면 '다른 워크스페이스에 로그인'을 이용하면 된다.

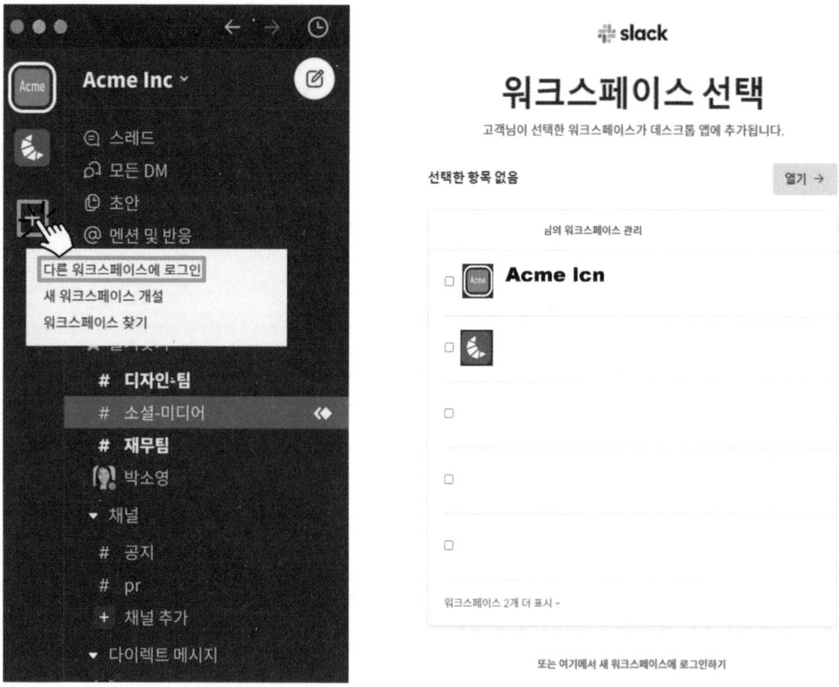

<다른 워크스페이스 로그인 화면(출처 : 슬랙)>

워크스페이스 목록 하단의 +을 누른 후 '다른 워크스페이스에 로그인' 메뉴를 클릭하면 오른쪽과 같은 팝업이 뜬다. 팝업에는 로그인할 수 있는 워크스페이스 목록이 나타난다. 로그인을 원하는 워크스페이스가 있다면 해당 워크스페이스에 바로 로그인하면 된다. 만약 원하는 워크스페이스가 없다면 가장 하단의 '새 워크스페이스에 로그인하기' 버튼을 클릭하면 된다. 이후 안내되는 대로 워크스페이스에서 사용했던 이메일을 입력하면 이메일로 로그인 코드가 발송된다. 발송된 코드를 입력하면 추가로 로그인이 가능한 워크스페이스 목록이 나온다.

5. 데이터 라벨링 주요 플랫폼 따라잡기

국내에는 수많은 크라우드소싱 플랫폼들이 있다. 크라우드소싱 플랫폼은 큰 틀에서 비슷할 수 있으나, 세부 운영방식은 모두 다르다. 갓 입문한 라벨러라면 크라우드소싱 플랫폼에 적응하는 시간도 만만치 않다. 입문 초기 라벨러들의 크라우드소싱 플랫폼 이해를 돕기 위해 각 플랫폼의 특징과 참여 방법, 정산 방식 등을 소개한다. 일부 플랫폼은 운영 기업의 자문을 받아 작성했다. 또, 책에 사용된 저작도구 화면은 모두 사용 허가를 받은 것이다. 허가를 받지 않는 사람이 저작도구 화면을 커뮤니티나 유튜브 등에 사용하면 문제가 될 수 있다.

저작도구는 사용되는 라벨링 기법과 구축되는 데이터 종류에 따라 저작도구의 세부 기능과 구성이 다르다. 여기에서는 몇 가지의 대표적인 저작도구를 알아보고 각 저작도구별 활용 가능 팁을 공개한다. 플랫폼 관련 내용들은 2023년 6월을 기준으로 작성되었으며, 각 플랫폼 운영사의 운영 방침에 따라 세부 내용이 변경될 수 있다.

1) 크라우드웍스(Crowdworks) PC M : 데이터 라벨러를 양성하는 국내 1위 데이터 플랫폼

크라우드웍스는 국내 최초 크라우드소싱을 기반으로 인공지능 데이터를 구축한 인공지능 학습 데이터 수집·가공 플랫폼이다. 2017년에 설립 이후 1,000%의 폭발적인 성장을 달성했으며, 크라우드소싱 작업자 수 또한 국내 최대 규모를 확보하고 있다. '데이터 중심의 인공지능 기술을 통해 사람과 인공지능이 함께 성장하는 새로운 미래를 만들어간다'라는 비전 아래, 모빌리티, 테크, 금융, 법률, 크로스 인더스트리(Cross-Industry) 등 전 산업의 인공지능에 필요한 모든 데이터 솔루션을 제공하고 있다. 2023년 6월 기준, 약 51만 명의 크라우드워커가 활동 중이며 크라우드웍스 아카데미에서 데이터 라벨링 전문 교육을 진행하고 있다.

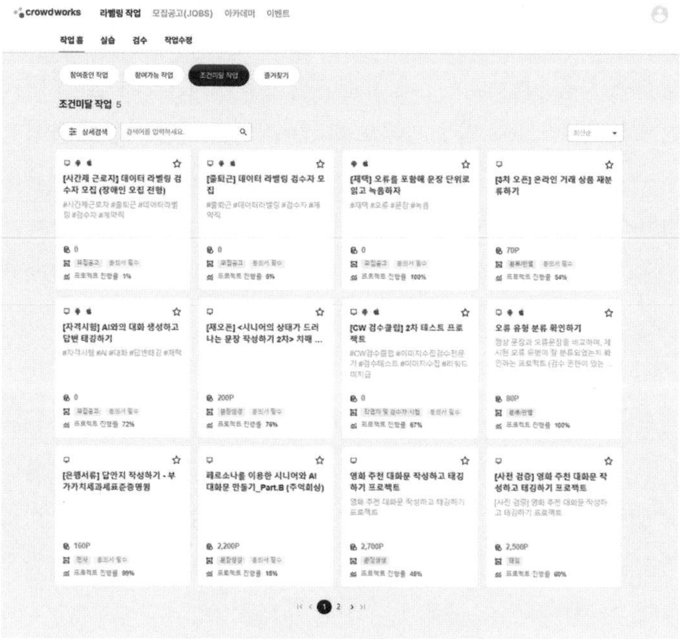

<크라우드웍스 홈페이지>

(1) 특징

배지 시스템이 있다

배지는 크라우드웍스에서 진행하는 교육 과정 이수 시 획득할 수 있다. 배지 획득 방법은 마이페이지 → 내 배지 메뉴에서 각 배지를 클릭하면 확인 가능하다. 대부분의 크라우드웍스 프로젝트는 배지를 참여 조건으로 하고 있다. 따라서 크라우드웍스에서 활발하게 활동하려면 최대한 많은 배지를 확보하는 것이 유리하다. 상당수 배지는 국민내일배움 교육이나 AIDE 데이터 라벨링 교육으로 획득할 수 있으며, AIDE 자격증 획득 배지도 있다.

작업 제출 시간이 정해져 있다

프로젝트에 참여 후 작업을 하다 보면 불가피하게 중간에 작업을 멈춰야 하는 경우가 생긴다. 보통 이런 경우, 작업물을 저장하고 저작도구를 종료하면 작업물이 저장 상태로 유지된다. 하지만 크라우드웍스는 작업물 저장 시간이 정해져 있다. 이 시간까지 작업을 제출하지 않으면 진행했던 작업물이 삭제된다. 작업을 위한 데이터가 특정 작업자에게 할당된 후 미작업 상태에서 프로젝트가 종료되지 않도록, 특정 시간 내에 작업이 제출되지 않으면 다른 작업자에게 데이터를 할당하기 위해서다.

작업 제출 시간은 프로젝트마다 달라 반드시 확인이 필요하다. 다만, 해당 시간 내에 저작도구에 다시 접속하면 작업 제출 시간이 초기화돼 접속한 시점부터 다시 계산된다. 즉, 제출 시간이 늘어나게 된다. 그러니 불가피하게 작업 제출을 하지 못하고 종료했다면 제출 시간 전까지 반드시 한 번 이상 접속해야 한다. 작업 제출 시간은 저작도구 하단의 작업 제출 버튼 위에 "yyyy-mm-dd hh : mm까지 작업한 내용을 제출해 주세요."라는 문구로 안내된다.

검수자로 활동할 수 있는 기회가 많다

기본 검수 자격 인증 배지나 국민내일배움 심화 과정 수료, AIDE 1급 자격증 취득 시 검수자로 활동할 수 있는 자격이 주어진다. 프로젝트별 검수자 선발을 통해 검수 참여가 가능하다. 크라우드웍스의 프로젝트 대부분은 오픈 시 검수자를 함께 모집해 검수자로 활동할 기회가 많다. 다만, 검수자는 작업한 데이터의 품질을 검증하는 중요한 역할을 하기 때문에 작업자보다 더 많은 책임감이 필요하다. 데이터 라벨링에 어느 정도 숙련된 후 참여하는 것이 바람직하다.

길드 시스템이 있다

소규모 프로젝트 진행을 특정 길드에 배정한다. 길드는 길드장 1명과 팀원 2~3명으로 구성되며, 길드장은 기본 검수 자격 인증 배지를 보유해야 한다. 길드 구성이 완료되면 길드 신청을 하고 이후 내부 조건에 따라 선발되면 길드로 활동할 수 있다. 크라우드웍스는 데이터 가공을 희망하는 기업과 선발된 길드를 연결해 준다. 크라우드웍스는 길드 프로젝트에 많은 관여를 하지 않으며 길드가 주도적으로 프로젝트를 진행해야 한다.

길드장은 작업 기준, 주의사항 등에 대한 가이드 교육을 받고, 이를 길드원과 공유하며 프로젝트를 진행한다. 이때 받는 가이드는 일반적으로 생각하는 가이드가 아닐 수도 있다. 데이터 가공을 원하는 기업에서 대략적인 내용만 전달해 줄 수도 있다. 따라서 길드장은 주어진 가이드를 이해하고 길드원에게 설명할 수 있는 능력이 필요하다. 이후 작업과 검수 모두 길드에서 자체적으로 진행하며 수입금 분배도 자유롭게 한다. 크라우드웍스에서는 최종 데이터에 대한 납품 기한 준수 여부와 품질 검증 결과에 따라 인센티브를 지급한다.

일부 프로젝트는 외부 사이트에서 진행한다

크라우드웍스의 일부 프로젝트는 크라우드웍스 플랫폼과 동일한 외부 사이트에서 진행된다. 플랫폼 형태와 저작도구 등은 모두 동일하지만 접속 주소가 다르다. 보통 크라우드웍스 주소 앞에 'SaaS'가 붙으며 일반적으로 '사스'라고 부른다. 사스는 데이터 가공을 원하는 기업이 해당 제품 구매 후 데이터 가공을 진행하는 형태로 대부분의 프로젝트 운영은 해당 제품을 구매한 기업에서 진행한다.

자세한 주소는 프로젝트 참여 시 안내되며 함께 제공되는 아이디와 비밀번호로만 로그인할 수 있다. 그래서 부여된 아이디의 회원 정보는 내 정보가 아닌 임의 회원 정보가 나온다. 프로젝트 참여를 위해 임의로 부여된 아이디이므로 상세한 회원 정보는 신경 쓸 필요가 없다. 이 사이트에서 작업할 경우, 수입금은 크라우드웍스 포인트로 지급되는 것이 아니라 지정된 날짜에 계좌로 입금된다.

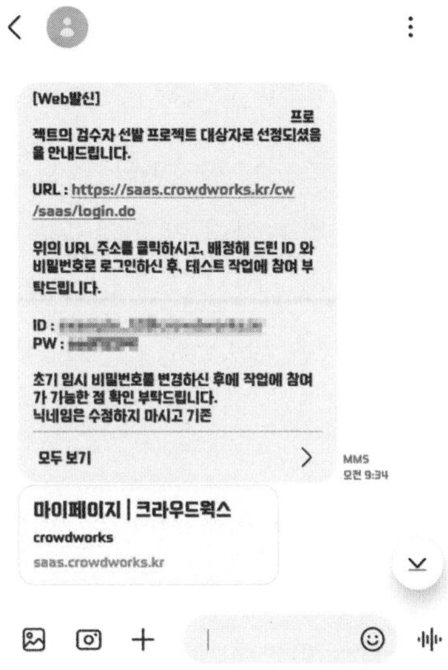

<SaaS 접속 안내 문자>

일부 라벨러들은 해당 사이트 접속 안내를 받으면 스미싱 문자로 오인하거나, 무시하고 기존 크라우드웍스 플랫폼으로 접속하기도 한다. 만약 프로젝트 참여 후 사스 사이트를 안내받았다면 해당 주소로 접속해 주어진 아이디와 비밀번호로 로그인하면 된다. 이때 기존 크라우드웍스에 로그인 돼 있다면 로그아웃한 후 사스로 접속해야 한다.

3개월간의 활동 정지 제도가 있다

크라우드웍스에서 활동하는 라벨러가 가장 주의해야 하는 부분이다. 크라우드웍스는 성실한 작업자를 보호하기 위해 프로젝트 참여 시 일정 수준 이하의 품질을 보이거나 공고에 명시된 할당량을 지키지 못한 경우, 3개월간 활동을 정지시킨다.

이는 과거 일부 라벨러들이 작업물 선점을 위해 품질을 지키지 않은 채로 제출만 빠르게 한 후, 반려 받아 수정해 다시 제출하는 방법으로 자신의 수입을 늘리는 행태를 보였기 때문이다. 또, 할당량이 지정된 프로젝트에 선발되었으나 정해진 할당량을 채우지 않아 프로젝트 운영 일정에 차질을 빚게 하고 다른 라벨러의 프로젝트 참여 기회에 영향을 주었기에 도입된 제도다.

(2) 프로젝트 참여 방법

오픈 프로젝트(크라우드소싱 프로젝트)와 선발 프로젝트(모집 프로젝트), 사전조사 프로젝트가 있다. 오픈 프로젝트는 프로젝트가 요구하는 조건에 부합하면 누구나 참여할 수 있다. 프로젝트 성격에 따라 연령, 성별, 지역, 획득한 배지 등 조건이 있다. 조건에 부합하지 않아 참여가 제한되면 플랫폼의 '조건 미달 작업'에 노출되며 해당 프로젝트 카드 클릭 시 참여에 필요한 조건이 나타난다. 크라우드웍스 오픈 프로젝트의 특징은 1인당 작업할 수 있는 물량이 한정돼 있다는 것이다. 대부분 오픈 프로젝트는 개인별 할당량이 정해져 있으며 할당량은 저작도구 왼쪽 상단 '작업 완료' 버튼을 클릭하면 확인 가능하다. 오픈 프로젝트 특성상 작업물 소진 속도가 빠르니 오픈과 동시에 프로젝트에 참여해야 한다.

선발 프로젝트는 해당 공고에 프로젝트 참여를 위한 필수 조건과 우대 조건이 기재돼 있다. 참여 신청을 하면 공고에 기재된 조건과 내부 조건에 따라 선발이 이뤄진다. 일부 프로젝트에서는 신청 시 테스트를 보기도 한다. 프로젝트에 선발되면 문자로 합격 안내가 온다. 합격 문자를 받았다면 안내에 따라 이후 절차를 진행하면 된다. 불합격을 메일로 안내하는 프로젝트도 있지만, 따로 안내가 오지 않는 프로젝트도 있다. 무작정 기다리기보다 커뮤니티 정보를 확인하는 것이 좋다. 대부분 프로젝트 합격 문자가 온 직후 커뮤니티에 관련 글이 많이 올라온다.

사전조사 프로젝트는 준비 과정에서 실제 프로젝트에 참여 가능한 인원을 사전에 확인하기 위해 오픈된다. 합격 여부가 안내되지 않으며 실제 프로젝트가 오픈될 경우, 사전조사에 참여한 인원에게 우선적으로 연락한다.

크라우드웍스 플랫폼 내에는 '잡스(JOBS)'라는 모집공고 탭이 있다. 잡스는 데이터 라벨링 전문 일자리 플랫폼이다. 크라우드웍스의 모집공고뿐 아니라 다양한 업체 모집공고가 올라오며, 지원 결과는 크라우드웍스의 마이페이지에서 확인할 수 있다.

(3) 반려 시스템

반려 받은 경우, 크라우드웍스 앱으로 안내 메시지가 온다. 반려 메시지와 함께 안내된 기간 안에 재작업을 완료해야 한다. 재작업 시간이 지날 경우, 반려된 작업물은 삭제되며 포인트를 받을 수 없다. 반려 횟수 제한은 없으나 일부 프로젝트는 가이드에 반려 횟수를 명시하기도 한다. 이 경우, 동일 사유 반려가 가이드에 명시된 횟수를 초과한다면 작업물이 삭제될 수 있으며 포인트는 지급되지 않는다.

(4) 수입금 지급 방식

대부분 수입금은 검수 완료 건을 기준으로 플랫폼 내 포인트로 지급된다. 1p는 1원으로 마이페이지 수입금 신청 내역을 통해 작업자 개인 계좌로 입금된다. 포인트 내역은 플랫폼 초기 화면의 오른쪽 상단 혹은 마이페이지의 포인트 내역에서 확인 가능하다. 포인트 내역에서 적립된 포인트 숫자 옆의 '!' 아이콘을 누르면 적립 세부 내역을 확인할 수 있다.

일부 프로젝트는 수입금을 포인트로 지급하지 않으며 계좌로 직접 지급한다. 사스에서 진행되는 프로젝트나 일부 정부 지원 사업 프로젝트들이 이에 해당하며, 지급 기준은 개별 프로젝트 공지로 안내된다. 이러한 프로젝트는 포인트가 0으로 표기되기도 한다. 수입금 신청과 입금에 대한 자세한 내용은 수입금 지급 신청 페이지에서 확인 가능하다.

2) 에이모 라벨러스(AIMMO Labelers) : 우수한 저작도구를 보유한 데이터 가공 플랫폼

2016년에 설립된 인공지능 데이터 전문 기업 에이모(AIMMO)에서 운영하는 크라우드소싱 플랫폼이다. 에이모는 국내 인공지능 데이터 가공 1위 기업으로 자율주행, 스마트 시티, 영상감시 및 보안, 관제, 통신, 패션, 드론, 미디어, 유통 등 다양한 분야의 인공지능 개발에 필요한 학습 데이터를 다룬다. 2023년 6월 기준, 약 6만 명의 데이터 라벨러가 활동하고 있다.

에이모 라벨러스는 누구나 학습 데이터 가공에 참여해 수입을 얻을 수 있어 일반인도 쉽게 접근할 수 있다. 머신러닝 학습 데이터 전문가들이 데이터 특성을 고려해 프로젝트 설계와 검수를 진행하며 저작도구인 라벨러스툴 성능이 좋아 라벨러들이 선호한다.

<에이모 라벨러스 프로젝트 목록 화면(출처 : 에이모 홈페이지)>

(1) 특징

오픈 프로젝트가 많다

크라우드소싱 플랫폼 중 유일하게 많은 오픈 프로젝트를 유지하고 있다. 타 크라우드소싱 플랫폼들이 자사 기준을 통해 선발된 라벨러들만 프로젝트에 참여할 수 있도록 설정한 것과 대조적이다. 물론 프로젝트 지원 시 선착순에 들어야 하며, 일부 프로젝트는 테스트 후 작업에 초대된다. 오픈 프로젝트가 많은 만큼 프로젝트 참여가 비교적 용이하다. 또, 한 사람당 정해진 작업량이 없어 우수한 품질을 유지한다면 작업 물량이 남아 있는 이상 계속 작업에 참여할 수 있다.

저작도구 성능이 우수하다

에이모의 저작도구 성능은 우수하고 라벨러 친화적이다. 다양한 기능과 수많은 단축키는 라벨러의 작업 편의성을 높여주며 작업 효율을 높인다. 에이모의 라벨러 스툴은 보다 효율적인 작업 환경을 위해 업데이트가 지속되고 있다. 다양한 기능을 보유한 만큼 저작도구가 무거운 편이지만 상시 업데이트로 속도 개선에도 힘쓰고 있다. 크롬 브라우저와 마이크로소프트 엣지(Edge)에서 작업할 수 있다.

프로젝트는 할당으로 진행된다

대부분 프로젝트는 관리자가 라벨러에게 일을 할당하는 방식으로 작업을 진행하며, 라벨러는 할당된 작업 완료 후 슬랙으로 추가 할당을 요청한다. 관리자는 좋은 품질이 기대되는 라벨러에게 검수 여부와 상관없이(일부 테스트용 데이터 제외) 정해진 할당 물량을 부여한다. 간혹 추가 할당을 요청하지 않아도 관리자가 확인하고 할당을 주기도 한다.

어느 정도 숙련된 라벨러에게는 '자동 할당' 기능을 열어준다. 자동 할당이란 관리자에 의한 할당 부여 과정 없이 라벨러 스스로가 할당받는 시스템이다. 할당된 물량을 모두 완료한 후 '데이터 추가 요청' 버튼을 클릭하면 사전에 지정된 물량을 받을 수 있다. 자동 할당은 관리자에 의해 할당받는 과정에 소모되는 시간을 단축시켜 프로젝트에 효율적으로 참여할 수 있게 한다. 자동 할당이 가능한 프로젝트에 참여 중이라면 기준에 맞는 작업 품질을 유지해 자동 할당을 받는 것이 유리하다.

수정 검수가 진행된다

검수자는 수정 검수 작업을 많이 하게 된다. 일부 프로젝트는 우수한 품질을 보여준 라벨러를 검수자로 선발한다. 이때 대부분의 검수는 라벨러에게 '반려'를 주는 반려 검수가 아닌, 검수자가 직접 작업물을 수정하는 '수정 검수'를 주로 하게 된다. 직접 수정해서 빠르게 검수를 완료하는 것을 선호하는 검수자라면 에이모의 이런 검수 시스템이 이점으로 다가올 것이다. 수정 검수라 해도 품질에 심각한 이슈가 있는 작업물은 반려 처리한다. 이런 작업자는 검수자가 관리자에게 알리며, 관리자 판단에 따라 작업물이 반려된다. 이런 식으로 지속적인 반려를 받는다면 해당 작업자는 프로젝트에서 제외될 확률이 높아지기 때문에 조심해야 한다.

협업툴은 슬랙을 활용한다

다수 프로젝트는 라벨러와의 소통을 위한 슬랙이 존재한다. 보통 프로젝트별, PM별 워크스페이스가 나눠진 형태로 운영된다. 따라서 에이모의 특정 프로젝트에 참여해 슬랙에 입장했다고 해서 모든 에이모 관련 슬랙에 입장한 것은 아니다.

슬랙 운영방식은 PM에 따라 다르다. 새로운 프로젝트에 들어가면 해당 슬랙의 운영방식을 알아 두는 것도 중요하다. 슬랙에 입장할 때는 라벨러스(에이모)에 가입한 이메일 주소로 입장하는 것이 좋다. 라벨러스 이메일 주소와 슬랙 이메일 주소가 다를 경우, 메일 주소를 따로 기재해야 한다. 그렇지 않으면 프로젝트 초대가 누락될 수도 있다.

소통이 원활하다

관리자와 라벨러의 소통이 원활하다. 메신저 슬랙, 라벨러스 내 Q&A 채널톡, 온라인 교육 등 라벨러와 관리자 간의 소통 채널이 항상 열려 있다. 신뢰할 수 있는 관리자와의 관계 형성이 비교적 쉬운 편이며, 우수 라벨러에게 추가 프로젝트 진행 기회를 제공한다. 휴일과 주말을 막론하고 상대적으로 신속한 질의응답과 작업 할당이 이뤄진다. 작업 시간이 일정하지 않고 휴일에도 작업하는 데이터 라벨러에게 장점으로 작용하는 부분이다. 하지만 이러한 소통은 담당 PM의 환경이나 인력 여하에 따라 다를 수 있다. 별도 Q&A 채널톡도 운영해 평일 오전 10시부터 오후 7시까지 채팅 문의가 가능하다.

(2) 프로젝트 참여 방법

에이모 회원 가입은 에이모 라벨러스 홈페이지에서 해야 한다. 검색엔진에 에이모를 검색하면 보통 에이모 기업 홈페이지가 나오는데, 이곳은 데이터 라벨링을 진행하는 곳이 아니다. 검색 시 나오는 '에이모 데이터 라벨러' 홈페이지에서 라벨러스에 가입해야 한다.

프로젝트는 대부분 라벨러스 홈페이지에서 선착순 모집으로 진행된다. 몇 백 명 단위 모집은 완료까지 어느 정도 시간이 걸리는 반면 몇 십 명 단위 모집은 몇 분 내로 완료된다. 그러므로 에이모 홈페이지를 자주 방문해야 작업 확보가 수월하다. 잦은 방문이 어렵다면 라벨링 관련 커뮤니티에서 정보를 얻어야 한다. 일부 프로젝트는 관리자 슬랙 워크스페이스에서 선착순으로 모집하기도 한다. 프로젝트에 참여하면 공지사항이나 프로젝트 기본 정보를 반드시 확인해야 한다. 해당 부분에 프로젝트 일정이나 참여 방식, 슬랙 주소 등이 언급될 수 있다.

참여를 신청한 프로젝트가 테스트 프로젝트라면 테스트에 통과해야 본 프로젝트 초대를 받게 된다. 프로젝트에 초대되면 라벨러스 홈페이지에 '참여 대기 중'이라는 아이콘이 붙은 프로젝트가 생성된다. 해당 프로젝트를 클릭하고 작업 동의를 체크한 후 수락하면 프로젝트에 참여하게 된다. 프로젝트 초대와 동시에 프로젝트 초대 알림이 메일로 전송되니 메일을 확인하는 것도 좋다.

에이모 프로젝트에 참여하게 됐고, 테스트가 있다면 되도록 빠르게 진행하는 것을 추천한다. 일정이 정해져 있고 일괄적으로 테스트 합·불 여부를 발표하는 경우는 일정 안에만 진행하면 되지만 그렇지 않다면 테스트를 마친 순서대로 검수하기도 한다. 이때는 최대한 빨리 테스트를 완료해 검수 순서를 앞당기는 것이 좋다. 프로젝트에 참여하는 라벨러는 많고 검수 진행 인력은 한정돼 있다. 테스트 완료가 늦어지면 늦어질수록 자연스럽게 검수도 늦어져 본 작업에 투입되는 시간이 더 길어질 수 있다.

제출한 작업은 검수 전까지 수정할 수 있다. 저작도구 내에서 '완료' 체크를 풀면 수정된다. 시퀀스 이미지 저작도구는 제출 후 취소 버튼이 생성되며, 해당 버튼을 누르면 제출이 취소되고 수정이 가능하다.

(3) 반려 시스템

반려 시 이메일로 반려 안내 메일이 온다. 대부분 프로젝트는 슬랙에서 DM으로 반려에 대한 상세 안내를 한다. 일부 프로젝트는 라벨러스툴 내의 메시지로 반려 의견을 전달하기도 한다. 반려 건의 재작업 기한은 따로 정해져 있지 않으나, 프로젝트 일정을 고려해 되도록 빨리 재작업을 하는 것이 좋다.

(4) 수입금 지급 방식

1일과 15일에 계좌로 입금된다. 입금 기준은 최종 검수 완료다. 에이모의 검수는 작업 → 검수 → 최종 검수로 진행된다. 일반적으로 라벨러가 급여를 받을 수 있는 단계는 검수다. 하지만 에이모는 최종 검수까지 완료돼야 수입금이 지급된다. 이번 달에 작업했더라도 최종 검수가 되지 않으면 다음 달 1일과 15일에 수입금이 지급되지 않을 수도 있다. 최종 검수가 길어지면 수입금 지급까지 몇 개월 이상 소요되기도 하니 시간을 갖고 여유롭게 기다리는 것이 좋다.

3) 레이블러(Labelr) PC M : 원활한 소통으로 다양한 기회를 제공하는 플랫폼

2017년에 설립된 딥네츄럴(DeepNatural)에서 운영하는 크라우드소싱 플랫폼으로 2023년 6월 기준, 약 21만 명의 라벨러가 활동 중이다. 레이블러는 API를 호출하는 간단한 방식을 활용해 IT기업이 더 빠르고, 효율적으로 인공지능 제품과 서비스를 개발하도록 지원한다. 인공지능을 개발하는 IT기업이 필요한 작업 유형에 맞는 API를 호출하면 레이블러 플랫폼에 프로젝트가 오픈되고 라벨러들이 작업에 참여한다. 사용 목적과 용도에 따라 일반적인 방식의 의뢰도 가능하다.

레이블러는 작업 유형에 맞게 처리 방식을 최적화하는 방식(레이블러 EWF)으로 작업 환경을 구성한다. 이 때문에 작업에 참여하는 라벨러는 유사한 저작도구를 사용하더라도 프로젝트에 따라 작업이나 검수 방식이 달라진다고 느낄 수도 있다.

<레이블러 홈페이지>

(1) 특징

프로젝트마다 검증 테스트가 있다

레이블러 프로젝트는 라벨러의 가이드 숙지 여부와 작업물의 품질 유지를 위한 자격 검증 테스트를 진행한다. 검증 테스트는 레이블러의 데이터 품질 관리 솔루션 'AQC(Advanced Quality Control)'가 설계한 방식을 기반으로 진행되며, AQC에 탑재된 인공지능이 라벨러별 작업 할당량을 자동으로 결정한다. 작업 할당량은 프로젝트 시작 시 초기 검증 테스트 점수에 따라 달라진다. 초기 검증 테스트 통과 후 본 작업에 들어가도 점수에 따라 제출 가능한 작업 개수가 달라진다.

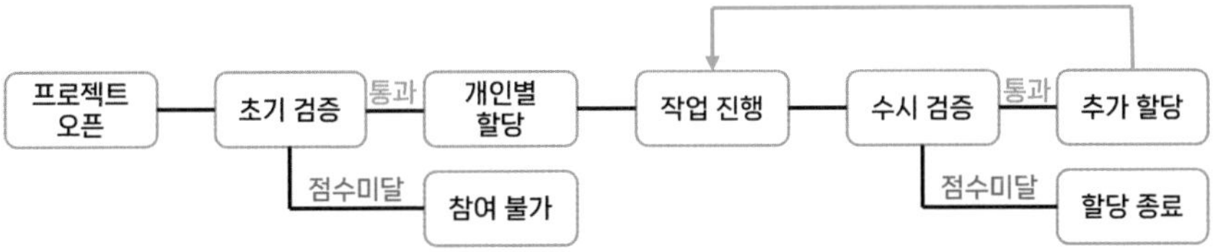

<레이블러 프로젝트 진행 과정>

통과한 초기 검증 테스트 개수가 같아도 라벨러마다 할당량이 달라질 수 있다. 검증 테스트 문항의 중요도에 따라 점수가 다르기 때문이다. 가이드의 핵심 내용에 가까운 중요한 문항은 다른 문제보다 상대적으로 점수가 높아 해당 문제를 통과할 시 더 많은 할당을 받을 수 있다. 반대로 이런 중요한 문제를 틀리면 다른 문제를 틀렸을 때보다 더 많은 페널티를 받게 된다. 이 모든 과정은 레이블러 AQC의 정해진 알고리즘에 따라 자동으로 진행된다. 초기 검증 테스트의 세부 내용은 프로젝트에 따라 다를 수 있으며, 검증 테스트와 본 작업은 형태상 차이가 없다. 따라서 라벨러는 이 두 가지를 구분할 수 없다. 검증 테스트는 본 작업을 위한 라벨러 검증 절차에 해당하므로 별도의 크레디트(수입금)는 지급되지 않는다.

본 작업에 진입해 초기 검증으로 부여된 할당 개수를 거의 다 소진하면 수시 검증 테스트가 등장한다. 초기 검증과 마찬가지로 수시 검증 결과 점수에 따라 다음 작업 할당량이 결정된다. 다만, 수시 검증 테스트에 해당하는 문제를 1개 틀렸다고 바로 작업이 제한되는 것은 아니며 획득한 점수에 따라 추가 할당이 정해진다. 즉, 내가 마지막으로 제출한 작업이 테스트 문항이 아닐 수도 있다. 만약 해당 프로젝트가 작업에 대한 평가(검수)를 함께 진행한다면 본 작업의 평가 결과도 작업 할당량에 영향을 미친다.

할당 종료 여부는 프로젝트 진행률로 확인할 수 있다. 프로젝트 전체 진행률이 아직 100%가 되지 않았는데 "더 이상 작업할 수 없어요!"라는 안내가 나오면 할당이 종료된 것이다. 새로운 작업 대기 안내와 할당 종료 안내는 다르니 다음을 참고해 양쪽을 구분하면 된다.

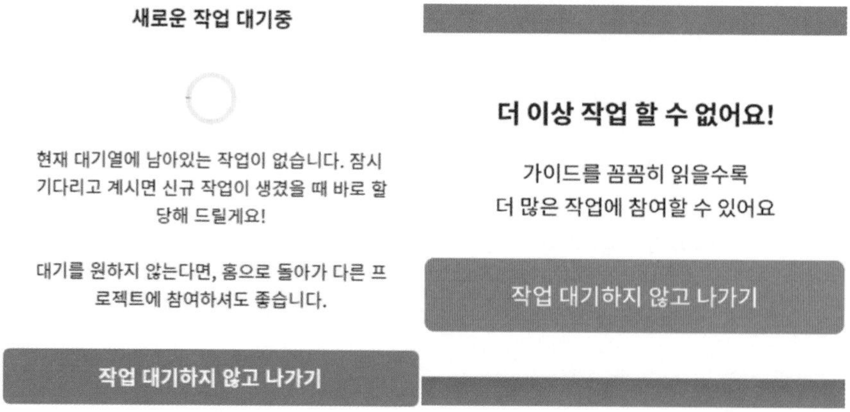

<새로운 작업 대기 화면(왼쪽)과 할당 종료 안내(오른쪽) 화면>

새로운 작업 대기 화면은 평가를 함께 진행하는 프로젝트에서 자주 볼 수 있다. 평가를 진행해야 하나 제출된 작업이 없는 경우에 나타난다. 프로젝트가 종료되거나 할당이 끝난 것이 아니며 화면 설명처럼 대기하면 새로운 작업이 열린다.

레이블러의 프로젝트 시스템은 작업 품질이 좋은 라벨러에게 유리하다. 초기 검증부터 높은 점수를 받으면 많은 할당을 가져갈 수 있으며, 그만큼 검증 테스트를 만날 확률도 줄어든다. 또, 본 작업에서 꾸준히 좋은 품질을 유지하면 프로젝트가 종료될 때까지 작업을 계속 진행할 수 있다. 안정적으로 프로젝트에 참여해 작업 할당량을 확보하려면 모든 작업물의 품질에 신경을 써야 한다.

하나의 프로젝트가 순차적으로 열린다

하나의 프로젝트가 한 번에 열리지 않고 순차적으로 여러 차례에 걸쳐 열린다. 프로젝트 초반일수록 소규모로 진행되며 점차 규모가 커지는 경향이 있다. 혹은 하나의 프로젝트에서 점차 작업 물량을 늘려가는 방식으로 진행되기도 한다. 이러한 이유로 특히 프로젝트 오픈 초반에는 작업량이 빠르게 소진되는 경우가 많다. 따라서 오픈 예정 시기를 정확히 인지하고 프로젝트가 오픈되면 바로 작업에 참여하는 것이 유리하다.

각 프로젝트의 대략적인 오픈 예정 시기는 매주 월요일에 이메일로 발송되는 뉴스레터로 확인할 수 있다.

프로젝트가 열리면 앱이나 브라우저로 알림이 온다. 뉴스레터나 알림을 받으려면 레이블러 홈페이지의 프로필 → 알림 설정에서 원하는 알림을 켜 둬야 한다. 푸시 알림을 선택하면 앱과 브라우저에서 프로젝트 오픈 알림을 받을 수 있다. 프로젝트와 관련된 다양한 안내가 알림 형태로 오니 되도록 켜 두는 것을 추천한다. 다만, 모든 프로젝트의 오픈 소식이 알림으로 오는 것은 아니므로 주기적으로 레이블러 앱이나 홈페이지에 신규 프로젝트가 있는지 확인해 보는 것이 좋다.

작업자 선발을 진행하는 프로젝트가 있다

일부 프로젝트는 작업자 선발 프로젝트를 통과해야 본 프로젝트에 참여할 수 있다. 작업자 선발 프로젝트는 최대 인원이 제한된 경우가 많아 통과 여부와 별개로 참여 자체가 선착순이 될 수 있다. 따라서 최대한 빨리 참여하는 것이 좋다. 일반적으로 본 프로젝트가 열리기 전에 시작해 선발이 마무리되므로 이때 참여하지 않거나 통과하지 못하면 본 프로젝트 참여가 어렵다. 간혹 프로젝트 진행 상황에 따라 추가 작업자 선발 프로젝트가 열리니 초기 선발 프로젝트에 참여하지 못했어도 관심을 갖고 확인하는 편이 좋다.

작업자를 별도로 선발하는 프로젝트는 개인이 최대로 할 수 있는 수량이 정해져 있기도 하다. 이처럼 선발과 본 작업이 완전히 다른 프로젝트로 분리된 경우, 앞서 설명한 검증 테스트에 따라 개인별로 작업 할당량이 달라지는 시스템은 보통 적용되지 않는다.

1인당 최대 작업 수량은 프로젝트마다 다르며, 같은 프로젝트라면 모든 라벨러의 최대 작업 가능 수량은 모두 동일하다. 이는 작업 시작 전 프로젝트 상세 정보에서 확인할 수 있다. 이 수량은 개인이 작업 가능한 최대 수량을 나타낼 뿐이며 해당 수량만큼 작업할 수 있음을 보장하는 건 아니다. 프로젝트 진행 속도에 따라 최대 작업 수량을 다 하지 못해도 프로젝트가 마감될 수 있다.

검수자로 활동할 수 있다

자격 검증 테스트가 있는 프로젝트는 본 작업과 검증 테스트 결과에 따라 자동으로 검수에 해당하는 평가 단계에 참여할 수도 있다. 이 경우에는 작업에 대한 검증 테스트와 검수에 대한 검증 테스트가 따로 존재하는 것이 일반적이다. 혹은 본 작업에서 좋은 평가를 받아서 평가 단계에서 검수를 하게 될 수도 있다.

작업자 선발을 별도로 진행하는 프로젝트는 작업 품질이 우수한 라벨러를 검수자로 선발하기도 한다. 선발 이후에는 레이블러에서 추가 교육을 받거나 프로젝트 운영진과 직접 소통하며 검수자로 활동하게 된다. 검수자로 선발되면 라벨러로 활동할 때보다 더 많은 작업 기회를 얻을 수 있다. 이러한 기회를 확보하려면 참여 중인 모든 프로젝트에서 꾸준히 작업하며 좋은 품질을 유지해야 한다.

라벨러들과의 소통을 중시한다

레이블러는 자체 커뮤니티를 운영하고 있다. 커뮤니티는 레이블러에서 직접적으로 관여하지 않으므로 라벨러들의 자유로운 소통이 가능하다. 레이블러가 관여하지 않을 뿐 지속적인 모니터링으로 라벨러들의 애로사항이나 건의사항 등을 확인하며 개선이 필요한 부분은 반영한다.

레이블러에 처음 방문하는 신규 라벨러라면 FAQ를 전체적으로 살펴보는 것을 추천한다. FAQ는 라벨러가 이해하기 쉬운 글과 영상으로 회원 가입부터 프로젝트 참여 방법, 크레디트 출금, 소득 신고까지 플랫폼 이용을 위해 알아야 할 다양한 정보를 다루고 있다. 레이블러 플랫폼 좌측 메뉴 중 '?' 아이콘을 클릭하면 안내 글과 영상 링크를 확인할 수 있다.

간혹 플랫폼에서 웨비나(웹+세미나)를 운영하며 라벨러들과 소통하기도 한다. 또, 매년 말에는 자체 시상식을 진행해 그해 프로젝트에 참여한 우수 라벨러에게 상을 수여한다.

(2) 작업 참여 방법

회원 가입 후 튜토리얼 프로젝트에 참여하는 것을 추천한다. 튜토리얼 프로젝트를 통해 레이블러에서 사용하는 다양한 저작도구를 경험할 수 있다. 일부 프로젝트는 튜토리얼을 통과해야만 참여할 수 있다.

프로젝트는 열리기 전 '오픈 예정'이라는 문구와 함께 비공개로 플랫폼에 노출된다. 이런 프로젝트를 확인했다면, 프로젝트가 열리기 전까지 수시로 플랫폼에 접속해 오픈 여부를 확인해야 한다. 푸시 알림을 설정한 경우, 알림이 오면 되도록 빠르게 참여하는 것이 좋다. 인기가 많거나 전체 수량이 적은 프로젝트는 빠르게 마감된다. 자격 검증 테스트가 있는 프로젝트는 오픈되면 종료 전까지 언제든 자유롭게 참여할 수 있다. 다만, 앞서 설명한 바와 같이 테스트를 통과해야지만 작업 할당량을 받을 수 있다.

작업자 선발 프로젝트에 참여했다면, 반드시 마지막 문제까지 완료해야 한다. 선발 통과 기준에 최종 승인된 개수뿐 아니라 전체 제출 개수가 포함될 수 있기 때문이다. 정해진 개수 이상 승인을 받았다면 추후 열릴 본 프로젝트에 참여할 수 있다. 선발 프로젝트는 대부분 자동 검수로 진행되며 반려 횟수에 제한이 있는 경우가 많다. 따라서 가이드와 안내 문구를 꼼꼼하게 확인하고 제출하는 것이 좋다. 테스트에 통과했다면 본 프로젝트가 열릴 때 알림을 받을 수 있다.

프로젝트에서 한 번 제출한 작업은 원칙적으로 수정 불가능하다. 따라서 제출 전 작업한 결과물을 다시 한번 확인해야 한다. 제출 후 수정이 가능한 일부 프로젝트의 경우, 검수자가 해당 작업을 확인하기 전까지만 수정할 수 있다. 프로젝트 카드를 클릭하면 나타나는 상세 정보 옆에 '나의 작업' 탭이 있다. 해당 탭에서 리뷰 대기 항목을 체크하면 검수 전 작업물들이 보이며 수정을 원하는 작업을 누르면 수정이 가능하다. 단, 이미 검수자가 해당 작업을 잠깐이라도 열어봤다면 그 작업은 수정할 수 없다. 수정 이후에는 반드시 제출 버튼을 다시 눌러야 한다. 제출 버튼을 누르지 않고 브라우저 창을 닫으면 작업이 사라질 수 있다.

(3) 반려 시스템

자격 검증 테스트가 있는 프로젝트는 한 번 제출한 작업에 대한 반려와 재작업이 이뤄지지 않는다. 반려 → 수정 → 재검수의 과정 없이 반려되면 해당 작업은 삭제되며 크레디트도 지급되지 않는다. 반려가 없으므로 이메일 등의 알림이 별도로 오지 않는다. 승인된 작업 내역은 크레디트 내역에서 확인할 수 있다. 다만, 실제 작업 제출이 크레디트 반영으로 이어지는 과정에서 시간 차이가 발생할 수 있다. 작업은 평가가 끝난 후 승인된 건에 한해 크레디트 내역에 반영된다. 여러 명이 하나의 작업을 교차 평가하는 경우는 모든 평가가 끝난 후 반영된다. 그러므로 실제 크레디트가 적립되는 시점은 작업자의 예상보다 늦어질 수 있다.

자격 검증 테스트가 없으며 라벨러 선발을 별도로 진행하는 프로젝트는 반려 시스템이 존재하며 정해진 검수자에 의해 검수 과정이 진행된다. 재작업 횟수는 1~2회 정도로 제한되며 이를 초과하면 최종 반려 처리돼 크레디트가 지급되지 않는다. 최종 승인되어야만 정해진 크레디트가 지급된다. 반려 비율이 너무 높거나 저품질 작업을 계속 제출할 경우, 작업에서 제외되기도 하니 반려 사유를 꼼꼼하게 읽어보고 제출하는 것이 좋다.

반려 후 재작업 시간도 정해져 있다. 재작업 시간은 프로젝트마다 다르며 반려 시 프로젝트 참여 버튼을 누르면 나타나는 상세페이지에 재작업 가능 횟수와 시간이 명시돼 있다. 레이블러 반려 메시지의 특징은 이미지를 포함한다는 점이다. 반려 메시지에 이미지를 포함한 피드백이 적혀 있어서 이미지로 설명하기 쉬운 프로젝트라면 반려 수정이 한결 수월하다. 반려는 이메일로 안내된다.

(4) 수입금 지급 방식

검수 완료 건을 기준으로 크레디트로 적립된다. 1크레디트는 1원이며, 5천 크레디트 이상부터 천 원 단위로 주 1회 출금 신청할 수 있다. 크레디트 메뉴에서 금액을 정해 출금을 신청할 수 있으며, 신청한 날 기준 다음 주 금요일에 개인 계좌로 입금된다. 수입금 신청과 입금에 대한 자세한 내용은 '레이블러 FAQ 모음'에서 확인할 수 있다.

인공지능 학습용 데이터 구축 사업 프로젝트의 경우, 사업이 종료되는 달 혹은 그전 달부터 해당 프로젝트로 획득한 크레디트가 자동 출금될 수 있다. 만약 특정 기간에 소득이 발생하지 않아야 하는 사정이 있다면 주의가 필요하다.

4) 라벨온(LabelOn) : 많은 라벨러에게 작업 기회를 주는 플랫폼

라벨온(LabelON)은 유클리드소프트에서 운영하는 크라우드소싱 플랫폼이다. 2022년 기준, 약 11만 명 이상의 크라우드워커가 라벨온에서 활동하고 있으며 전문 검수팀을 통해 체계적인 관리가 이뤄지고 있다. 유클리드소프트는 인공지능 학습용 데이터 구축 사업을 3년간 수행했으며 13건의 대규모 프로젝트를 통해 약 4,806만 건의 데이터를 구축했다.

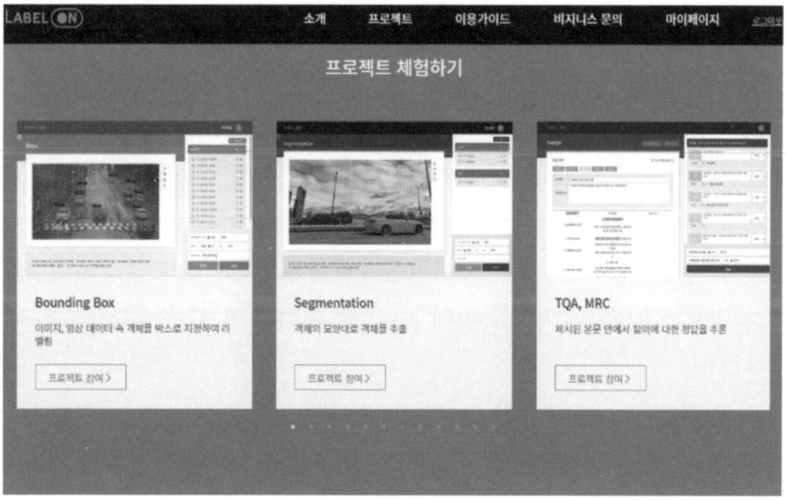

<라벨온 홈페이지>

(1) 특징

작업 참여를 위해 서류를 제출해야 한다

라벨온 프로젝트에 처음 참여하는 라벨러는 프로젝트에서 요구하는 정보를 입력하고 필수 서류를 업로드해야 한다. 마이페이지 내에 정보 및 서류를 업로드하는 항목이 있으며 정산을 위해 꼭 필요하다. 이를 수행하지 않으면 정산 절차를 완료할 수 없다.

프로젝트별 지정된 체험하기가 있다

프로젝트 오픈 전 공지사항으로 해당 프로젝트에 맞는 체험하기 프로그램을 확인한 뒤 프로젝트 체험하기를 완료해야 프로젝트에 참여할 수 있다. 체험하기 진행 시 플랫폼 내 크레디트가 적립되는데 이때 적립된 크레디트는 그날 자정에 삭제된다.

하루 가능 작업량이 정해져 있다

라벨온의 모든 프로젝트는 매일 정해진 수량을 작업할 수 있다. 대개 작업 초기에는 하루 작업량이 매우 적으며 프로젝트에 꾸준히 참여하면 점차 작업량이 증가한다. 하루 작업량은 작업 능숙도에 따라 늘어나며 작업 품질이 좋을수록 작업량 증가에 유리하다. 작업자는 작업 품질에 유의하면서 하루 작업량을 꾸준히 달성하는 것이 좋다.

하루 작업량은 저작도구에서 확인할 수 있는데, 화면에 '일 가능 작업량 0(0)/3'과 같이 표시된다. 여기에서 괄호 앞 숫자는 작업 불가를 포함한 총 작업 개수이며, 괄호 안 숫자는 작업 불가를 제외한 작업량이다. 작업 불가 건은 하루 작업량에 포함되지 않으므로 괄호 안의 숫자가 실제 작업량이라고 할 수 있다. 하루 작업량은 매일 자정에 초기화된다. 라벨온의 특성상 한번 올라간 작업량이 내려가는 경우는 극히 드물어 초반 작업량을 높이는 게 중요하다.

작업 제한 시간이 있다

프로젝트 진입 시 저작도구 화면에 작업 제한 시간이 표시된다. 제한 시간이 지나면 저작도구에 새로운 작업물이 등장하며 이전에 작업한 내용은 삭제된다. 또, 라벨온 저작도구는 작업창을 종료해도 제한 시간이 흘러가도록 설정돼 있다. 중간 저장 기능이 없어 저작도구 종료 전 작업을 제출해야 한다. 만약, 작업자 사정으로 작업 중간에 작업 창을 종료해도 하루 작업량에 반영되지만 않을 뿐 다른 불이익은 없다.

프로젝트별 등급이 있다

등급은 프로젝트별 승인율이나 성실도에 따라 결정되며 초급자, 중급자, 고급자 순으로 분류된다. 프로젝트 시작 단계에서는 대부분 초급자로 시작하며, 일부 프로젝트는 특정 등급만을 대상으로 오픈돼 등급이 높을수록 유리하다. 고급자가 되면 초급자에 비해 작업 단가가 2배 이상 높아질 가능성도 있고 단가가 좋은 보상형 프로젝트에 참여할 수 있는 기회가 주어지기도 한다. 이외에도 신규 프로젝트 우선권이 부여되는 등 등급에 따른 혜택이 있다.

플랫폼 내 게시판 활용도가 높다

플랫폼 내 다양한 게시판이 있으며 활용도가 매우 높다. 작업자가 자주 확인해야 하는 게시판은 공지사항, FAQ, 자료실이다. 공지사항에는 프로젝트 관련 정보, 정산 안내, 일반 공지사항 등이 게시된다. 특히 프로젝트 관련 정보에는 프로젝트 오픈 소식이나 체험하기 프로그램에 대한 참고사항이 나와 있으니 꼭 확인해야 한다.

FAQ는 프로젝트 관련 질문과 답변을 모아 놓은 곳이다. 프로젝트 참여 중이라면 FAQ에 관심을 두고 참여 중인 프로젝트의 FAQ가 게시됐는지 자주 확인해야 한다. 자료실에는 프로젝트 가이드가 게시된다. 저작도구 내에서도 가이드를 확인할 수 있지만 자료실에는 프로젝트 오픈 전 가이드가 올라오는 경우가 있으니 참고해야 한다.

(2) 작업 참여 방법

특징에서 설명한 바와 같이 특정 프로젝트에 참여하려면 프로젝트에 맞는 체험하기 프로그램을 완료해야 한다. 공지사항 내에서 체험하기 프로그램에 관한 안내글을 확인한 후 해당 체험하기를 진행하면 된다. 체험하기 완료 후 프로젝트 참여 신청을 하면 관리자 확인 및 승인 이후 프로젝트 참여가 가능하다.

작업 진행 시 한 번 제출한 작업은 반려 전까지 수정할 수 없다. 따라서 제출 전 작업한 결과물을 재확인해야 한다.

(3) 반려 시스템

작업물은 전문 검수팀이 육안 검수하는 것을 원칙으로 한다. 작업물을 반려해야 할 경우, 검수자는 반려 메시지를 작성해 반려 처리한다. 작업자는 플랫폼에 접속해 반려 내용을 확인하고 재작업한다.

주의할 점은 반려 수정 역시 하루 작업량에 포함된다는 것이다. 만약 하루 작업량을 모두 채웠다면 반려 수정은 다음날 진행할 수 있다. 익일 반려 수정 건 또한 하루 작업량에 포함돼 등급을 올리고 작업 수량을 확보하려면 반려 없이 작업을 진행하는 것이 유리하다. 반려자의 메시지가 이해되지 않는다면 캡처 후 1:1 게시판에 문의하는 것도 좋다.

(4) 수입금 지급 방식

수입금은 크레디트로 적립되며 1크레디트는 1원이다. 적립된 크레디트는 라벨온 메인 페이지나 마이페이지 → 크레디트 내역에서 확인 가능하다. 크레디트는 매월 지정된 날짜에 계좌로 입금되며 자세한 사항은 크레디트 내역에서 확인할 수 있다.

5) 테스트웍스 PC M : 사회적 가치를 실천하는 플랫폼(aiworks)

2015년 설립된 사회적기업 테스트웍스(Testworks)에서 운영하는 크라우드소싱 플랫폼이다. aiworks는 이미지, 영상 등 비정형 데이터를 크라우드소싱 방식으로 수집하며, 사회 문제 해결을 추구하는 소셜 임팩트 플랫폼으로 공익 데이터를 수집하고 무료로 개방한다.

데이터 자동화 관리, 2D, 3D 및 기타 형태 데이터를 가공할 수 있는 솔루션 '블랙올리브'를 서비스하며, 2023년 6월 기준, 약 12만 명의 데이터 라벨러가 활동하고 있다.

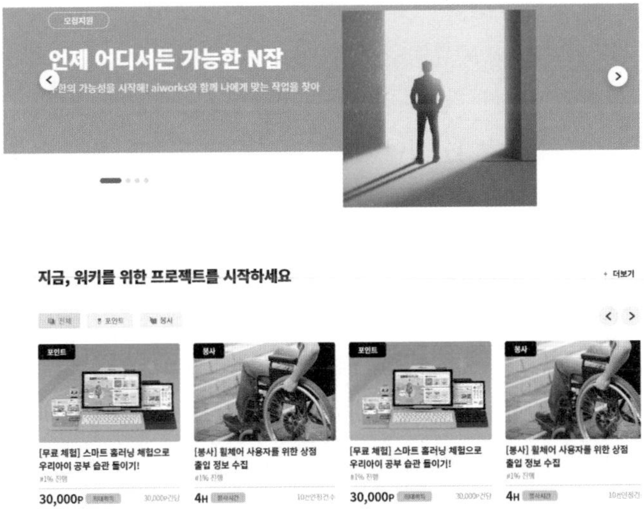

<aiworks 홈페이지>

(1) 특징

플랫폼이 구분돼 있다

aiworks는 다른 크라우드소싱 플랫폼들과는 다르게 작업 난이도와 내용에 따라 플랫폼을 다르게 사용한다. 수집 프로젝트와 단순한 가공은 aiworks에서, 전문적인 데이터 가공은 블랙올리브에서 진행한다.

두 플랫폼 중 라벨러들이 자주 봐야 하는 사이트는 aiworks다. 프로젝트 소식이나 작업자 모집, 교육 정보 등은 모두 aiworks에서 진행된다. 블랙올리브는 가공을 위한 저작도구 사이트이며 다양한 경로로 모집된 작업자들이 블랙올리브에 접속해 작업한다. 즉, 블랙올리브에서 작업자를 모집하지 않기에 구인을 위해 블랙올리브에 접속할 필요는 없다.

검수자로도 활동할 수 있다

aiworks에서 검수자로 활동할 수 있는 방법은 2가지다. 하나는 프로젝트에 작업자로 참여해 우수한 품질을 보이는 것이며, 다른 하나는 검수자 모집공고에 지원하는 것이다. 검수자 수는 프로젝트 규모에 따라 다르고 일정한 비율로 검수자를 선발한다. 다만, 한 프로젝트에서 많은 검수자를 선발하지는 않는다. 검수자로 선발되면 그만큼 더 많은 작업을 할 가능성이 생기므로 기회가 있다면 검수자로 활동하는 것이 좋다.

교육과 연계된 인력 풀을 운영한다

데이터 라벨링 교육을 수료한 사람들을 대상으로 인력 풀을 운영해 교육을 받으면 aiworks에서 꾸준한 작업 참여가 가능하다. 프로젝트 성격에 맞춰 교육받은 이들에게 연락을 주는 형식이다. 따라서 aiwokrs에서 진행되는 교육에 참여할 기회가 생긴다면 참여하는 것이 좋다. 다만, 모든 프로젝트가 교육 대상자에게 열리는 것은 아니며 대규모 프로젝트처럼 작업자가 많이 필요할 때 aiworks를 통해 작업자를 모집한다.

데이터 나눔을 진행한다

공익 데이터를 위한 데이터 라벨링을 진행한다. 데이터를 바탕으로 사회 문제 해결을 시도하는 것과 더불어 온라인 봉사 활동도 지속적으로 한다. 예를 들어, 보행

약자를 위한 노면 사진 수집과 경사로 사진 수집처럼 공익 목적의 데이터를 수집하는 프로젝트를 열고 참여한 작업자들에게는 1365자원봉사포털과 연계해 봉사 시간을 인정해 주는 형식으로 프로젝트를 진행한다. 이렇게 수집된 데이터는 aiworks의 데이터 나눔 페이지에서 누구나 사용할 수 있도록 무료로 공개된다.

<aiworks에 공개된 지역사회 가맹점 경사로 공익 데이터>

(2) 작업 참여 방법

앞서 설명한 것처럼 자사 교육을 수료한 사람들을 대상으로 내부 인력 풀을 운영한다. 많은 프로젝트가 이 인력 풀에서 작업자를 충당하는 만큼 되도록 교육에 참여하는 것이 좋다. 특히 취업 취약계층을 대상으로 한 오프라인 교육이 많아 aiworks나 관련 기관 교육 소식에 귀를 기울이는 것이 좋다.

대규모 프로젝트같이 많은 작업자를 필요로 하는 경우에는 aiworks의 모집 지원을 통해 작업자를 선발하기도 한다. 모집 지원에는 aiworks에서 운영하는 프로젝트뿐만 아니라 다양한 데이터 라벨링 관련 채용공고가 올라오니 수시로 확인해 보는 것이 좋다.

(3) 반려 시스템

aiworks와 블랙올리브의 반려 방식이 다르다. aiworks의 경우, 재작업 기회가 거의 없다. 오픈 프로젝트 형태로 진행되는 만큼 반려 받은 작업물은 다시 프로젝트로 돌아와서 오픈돼 누구나 작업할 수 있다. 제출해야 하는 할당량이 있는 프로젝트는 할당량을 모두 채울 때까지 재작업이 가능하다. 예를 들어, 20건을 제출해야 하는 프로젝트에서 18건은 승인을 받고 2건을 반려 받았다면 2건에 대한 재작업을 할 수 있다. 반면 할당량이 없는 프로젝트는 20건을 제출해 2건을 반려 받았다면 18건에 대한 보수만 지급된다.

블랙올리브는 재작업이 가능하다. 직접 검수자 혹은 관리사와 소통하며 진행돼 반려 횟수에 제한이 없다.

(4) 수입금 지급 방식

검수 완료 건에 대해 포인트로 지급한다. 1p는 1원으로 5,000p 이상 보유 시 계좌로 입금된다. 블랙올리브로 진행한 작업은 프로젝트가 끝난 후 계좌로 일괄 지급하거나 매월 검수 완료 건에 대해 월마다 계좌로 지급한다.

6) AI-STUDIO PC : 프로젝트별 트레이닝을 제공하는 플랫폼

2005년에 설립된 인공지능 데이터 전문 기업 인피닉(INFINIQ)에서 운영하는 크라우드소싱 플랫폼이다. 인피닉의 AI-STUDIO(구 마이크라우드)는 인력과 AI를 결합한 AI 데이터 가공 플랫폼으로, AI 기반의 자동화툴을 도입해 대량의 데이터를 빠르게 처리할 수 있다. 또, 2D뿐만 아니라 3D 작업도 가능해 다양한 분야의 인공지능 데이터셋 구축을 지원한다. AI-STUDIO 저작도구는 사용이 편리하고 기능이 다양해 크라우드소싱 참여자의 작업 속도와 완성도를 높여준다.

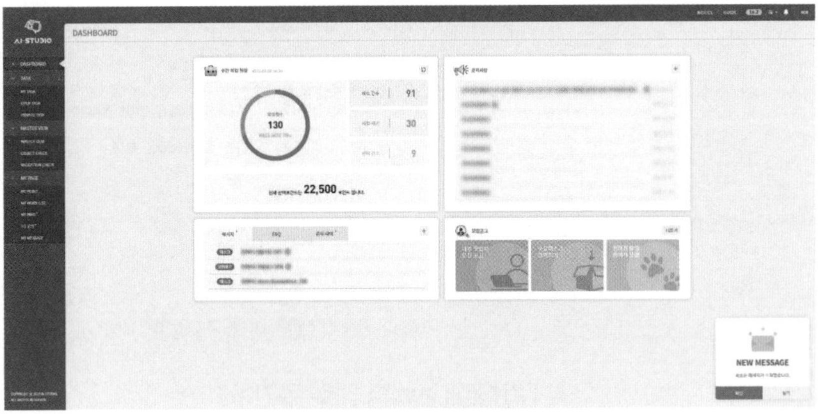

<AI-STUDIO 홈페이지>

(1) 특징

레벨 시스템이 있다

레벨은 승인 건과 반려 건에 부여된 각각의 점수 합산으로 정해진다. 일부 오픈 프로젝트에 레벨 제한이 있는 경우, 프로젝트 참여가 어려울 수 있다. 레벨을 올리려면 오픈 태스크보다는 프라이빗(Private) 태스크(선발 프로젝트)에 참여하는 것이 좋다. 오픈 태스크는 작업물 소진 속도가 빠르고 반려될 확률도 높다. 프라이빗 태스크는 별도의 트레이닝방을 운영해 작업 숙련도를 올리기에 유리한 만큼 레벨 올리기에도 적합하다.

레벨 시스템은 일부 악성 작업자를 선별하기 위해 존재하는 시스템이다. 정상적인 작업 과정에서 레벨이 낮아졌다면 크게 신경 쓸 필요가 없다. 자신의 레벨은 MY POINT 메뉴에서 확인할 수 있다. 레벨은 점수 구간에 따라 반영되며 Pass(승인) 1건당 1점씩 가산, Fail(반려) 1건당 2점씩 감소한다. 리뷰어는 Pass 된 리뷰 건에 대해 인스펙션(최종 검수)에서 통과할 경우, 1건당 1점씩 가산된다.

Level 점수 구간

Aa Lev	최소점수	최대점수	비고
Lev0	-	-	- 튜토리얼 수료 전 - 반려 건수가 많아 마이너스로 떨어진 경우
Lev1	0	1,000	튜토리얼 수료 후, 기본 점수 500점 부여
Lev2	1,001	7,500	
Lev3	7,501	75,000	
Lev4	75,001	750,000	
Lev5	750,001		
			레벨은 새벽3시경 하루에 한번 갱신됩니다.

<AI-STUDIO Level별 점수 구간>

오토 라벨링 기능이 있다

오토 라벨링이란 대상 영역을 지정해 주면 자동으로 해당 객체를 라벨링 해주는 것을 의미한다. 많은 인공지능 기업에서 오토 라벨링을 활용하고 있지만 라벨러가 직접 오토 라벨링을 사용할 수 있는 경우는 드물다. 현재 참여 중인 프로젝트의 저작도구에 해당 기능이 열려 있다면 활용 가능하다.

오토 라벨링은 배경이 단조롭고 객체가 명확한 환경에서 정확도가 높지만 그렇지 않은 경우에선 정확도가 낮아진다. 그러므로 오토 라벨링을 진행한 후 제대로 작업이 진행됐는지 반드시 확인해야 한다. 필요한 부분에 수정을 더한다면 적합한 품질의 결과물을 만들 수 있다. 오토 라벨링 사용은 라벨러의 선택이니 참여 중인 프로젝트 환경에 따라 사용 여부를 결정하면 된다.

Give Up 기능이 있다

말 그대로 작업하기 어렵거나 난해한 작업물을 포기하는 것이다. 주로 오픈 태스크에서 사용하며, 포기(Give Up)하면 다음 작업물로 넘어간다. 포기 기능을 사용해도 페널티는 없다. 프라이빗 태스크는 포기 기능을 지원하지 않는다.

협업툴로 카카오톡 오픈채팅을 활용한다

대부분의 프라이빗 태스크와 일부 오픈 태스크는 오픈채팅방으로 소통한다. 프로젝트 관련 질의응답이나 공지, 프라이빗 태스크의 할당 등이 모두 오픈채팅방에서 이뤄지니 오픈채팅방 안내가 있다면 입장하는 것이 좋다. 오픈채팅방이 익숙하지 않은 라벨러라면 사전에 오픈채팅방 사용 방법을 숙지해야 한다.

트레이닝방을 운영한다

일부 선별된 작업자들이 참여하는 프라이빗 태스크는 오픈채팅방에서 트레이닝 과정을 거친다. 트레이닝은 본 프로젝트에 참여하기 전에 행해지는 일종의 테스트다. 라벨러는 본 프로젝트를 시작하기에 앞서 실제 프로젝트에 참여하고, 관리자에게 피드백을 받아 수정하는 작업을 거친다. 테스트와 프로젝트 훈련을 동시에 진행한다고 보면 된다. 이때 일정 수준 이상의 성과를 내지 못하면 본 프로젝트에 참여할 수 없다. 트레이닝방에서 진행하는 작업도 수입금 지급 대상이나 단가는 본 프로젝트와 다를 수 있다.

(2) 작업 참여 방법

처음 회원 가입 시 튜토리얼 영상을 시청해야 프로젝트에 참여할 수 있다. 튜토리얼은 홈페이지 상단의 헬프 센터(HELP CENTER)의 튜토리얼 메뉴에서 진행한다. 헬프 센터에는 튜토리얼 외에도 기본적인 AI-STUDIO 사용법 안내와 FAQ가 있으니 확인해 보는 것이 좋다.

AI-STUDIO의 프로젝트는 크게 오픈 태스크와 프라이빗 태스크로 나뉜다. 오픈 태스크는 프로젝트에서 요구하는 레벨에 해당한다면 누구나 참여할 수 있다. 오픈 프로젝트 특성상 작업물 소진이 빠르다. 프라이빗 태스크는 모집공고에 지원한 뒤 선발되면 참여할 수 있다. 모집공고는 플랫폼 내 대시보드(DASHBOARD) 혹은 화면 상단의 NOTICE → 모집공고에서 확인 가능하다. 지원 후 합격하면 플랫폼 내 합격 안내 메시지 알림이 온다. 이메일이나 문자로 알림을 주지 않으니 사이트를 수시로 확인해야 한다. 오픈 태스크와 프라이빗 태스크는 작업을 시작하기 위한 접속 경로가 다르다. 홈페이지 왼쪽 메뉴 중 각각의 이름에 해당하는 메뉴에서 프로젝트에 진입할 수 있다.

셀프 리뷰가 가능한 프로젝트를 제외하면 한번 제출한 작업은 반려 전까지 수정할 수 없다. 따라서 제출 전 작업한 결과물을 다시 한번 확인해야 한다.

(3) 반려 시스템

AI-STUDIO에서 반려는 'Fail'로 표현되며 반려 시 따로 안내가 오지 않고 플랫폼 내 대시보드에서 확인해야 한다. 프라이빗 태스크는 오픈채팅에서 반려 안내를 주기도 한다. 반려를 받은 작업은 MY TASK에서 확인할 수 있다. 프로젝트에 따라 재작업 횟수가 1회인 경우와 불가능한 경우로 나뉜다. 재작업 횟수는 프로젝트 진입 시 혹은 저작도구 내 작업 가이드 보기를 통해 확인 가능하다.

(4) 수입금 지급 방식

수입금은 검수 완료 건을 기준으로 포인트로 적립된다. 1p는 1원으로 포인트 내역은 대시보드나 MY POINT에서 확인할 수 있다. 월요일에서 일요일까지 적립된 포인트는 다음 주 수요일에 계좌로 자동 입금된다.

제 4장

데이터 라벨링으로 고수입 창출하기 -이론 편-

1. 꾸준함이 최고, 고수입을 위한 마인드셋

1) 고수입 달성을 위해 필요한 마음가짐

데이터 라벨링에 대한 평가는 크게 두 가지로 나뉜다. 부업 수준의 용돈벌이로 인식하거나 혹은 일반 기업 연봉 이상의 수입 창출이 가능한 수입원으로 보는 것이다. 양자는 데이터 라벨링에 대한 평가가 극명하게 갈리고 있음을 의미한다. 왜 이런 차이가 발생할까?

사람은 어떤 대상을 평가할 때 자신의 경험을 바탕으로 하는 경향이 있다. 데이터 라벨링에 대한 평가도 마찬가지다. 아무리 인터넷에서 고수입을 올리는 라벨러 인터뷰와 사례를 봐도 결국 자신이 그만한 수입을 올리지 못하면 데이터 라벨링에 대한 평가가 박할 수밖에 없다. 데이터 라벨링은 성수기와 비수기가 명확히 구분된다. 비수기에 진입한 라벨러 대부분은 데이터 라벨링에 대해 부정적으로 인식하는 경향이 있다. 가장 일이 없는 시기에 진입해 어렵게 일거리를 구했더니 최저시급에도 못 미치는 금액을 받으며 어쩔 수 없이 일하는 경우도 있다. 혹은 참여할 수 있는 프로젝트를 구하지 못해 성수기가 되기 전 일찌감치 라벨링을 포기하는 라벨러도 많다.

데이터 라벨링은 프로젝트마다 시급 차이도 크다. 워낙 경우의 수가 많다 보니 라벨러가 진입한 시기, 경험했던 프로젝트에 따라 평가도 극과 극으로 나뉠 수밖에 없다. 그렇기 때문에 데이터 라벨링에 대해 평가하려면 최소한 1년 이상 작업을 해 봐야 한다. 직접 성수기와 비수기에 참여해 보고, 다양한 성격의 프로젝트를 경험해 봐야 한다. 이 기간 동안에 중요한 것은 낮은 시급에 좌절하지 않는 것이다. 간혹 시급이 낮은 프로젝트 1~2개에 참여한 후 데이터 라벨링 수입이 이 정도라고 판단하는 경우가 있다. 이런 생각을 하면 높은 수입에 대한 기대가 사라져 더 나은 수입을 위한 노력을 하지 않게 된다. 결국 낮은 시급에 좌절해 데이터 라벨링에 대한 흥미를 잃고, 아주 작고 소소한 부업 정도로 여긴다.

1년 동안 라벨링에 대한 평가는 잠시 접어두고 가능한 많은 프로젝트에 참여해 보는 것이 좋다. 다양한 프로젝트에 참여해 수입을 내보고 그 결과를 바탕으로 데이터 라벨링을 평가해도 늦지 않다. 만약 그 과정에서 만족스러운 수입을 얻는다면 데이터 라벨링을 바라보는 시각이 달라지고 조금 더 적극적으로 고소득을 위해 노력하게 될 것이다.

저자의 지인 중에 1년 이상 꾸준히 데이터 라벨링에 참여한 사람이 있다. 첫 3개월을 최저시급보다 못한 금액으로 작업해 데이터 라벨링 수입이 원래 이 정도라고 단정했다. 저자가 여러 프로젝트를 추천하고 작업 방식을 알려줬지만 큰 반응이 없었다. 그러던 중 2년 차에 꽤 괜찮은 프로젝트에 투입됐고 그동안 해왔던 경험을 바탕으로 한 달 동안 큰 수입을 올렸다. 이를 계기로 데이터 라벨링을 바라보는 시각이 크게 변했다. 이후 더 적극적으로 작업에 참여했고 저자의 조언을 잘 받아들여 꾸준히 높은 수입을 내고 있다.

<저자 지인이 처음으로 큰 수입을 올린 금액(왼쪽)과 1년 후 수입(오른쪽)>

이렇듯 한번 만족스러운 수입을 얻으면 데이터 라벨링을 대하는 자세가 달라지며, 이는 더 높은 수입 창출의 원동력이 된다. 경험하지 못했다면 그 길은 내가 아닌 남들이 가는 길이라 생각되겠지만, 일단 경험해 본다면 나 역시 그 길을 걸어갈 수 있음을 알게 된다. 그리고 투입되는 모든 프로젝트에서 높은 수준의 수입을 올리기 위해 노력하게 될 것이다.

입문이 쉽고 작업 난이도가 높지 않은 것과는 별개로 자신의 노력 여하에 따라 충분히 고수입을 낼 수 있는 것이 데이터 라벨링이다. 그러니 최소한 1년 정도는 데이터 라벨링에 대한 평가를 유보하고 높은 수입을 내기 위해 노력해 보는 것이 좋다. 꾸준히 노력하는 성실함이 있다면 만족할 만한 수입이 따라올 것이 분명하다.

2) 고수입을 만드는 지름길, 명확한 목표 세우는 방법

데이터 라벨러라면 명확한 목표를 세워야 한다. 여기서 말하는 목표는 개인이 작업에 할애할 수 있는 시간이나 자신이 달성하고 싶은 목표 수입을 의미한다. 사람마다 적성과 능력이 다르며 그에 따라 수입도 차이가 있다. 데이터 라벨링 커뮤니티 등에서 고수입을 올린 사람을 보면 괜히 마음만 조급해지는 경우도 많다. 하지만 데이터 라벨링으로 고수입을 버는 사람이 어느 정도 시간을 할애했는지는 알 수 없다. 하루에 20시간씩 작업하는 사람과 그렇지 않은 사람의 수입 차이 발생은 당연하다. 따라서 다른 사람들의 수입을 신경 쓰며 조급해 하지 말고 자신이 작업할 수 있는 시간을 정확히 계산해 그 시간 동안 벌고 싶은 수입 목표를 명확히 세우는 것이 중요하다.

아이를 키우며 부업으로 라벨링을 하는 사람과 투잡, 부업으로 라벨링을 하는 사람, 전업 데이터 라벨러가 작업에 할애할 수 있는 시간은 다르다. 작업 목표 시간은 개인 환경에 따라 정해야 한다. 목표 시간은 자신이 데이터 라벨링에 활용할 수 있는 최대로 설정하는 것이 좋다. 그 시간을 꼭 지키지 못할 수도 있지만, 조금이라도 더 작업하려고 노력할 것이며 노력한 만큼 자연스럽게 수입도 늘어난다.

여기서 말하는 목표 시간은 실제 작업 시간을 의미하지 않는다. 내가 작업에 할애할 수 있는 가용 시간을 말한다. 예를 들어, 작업에 할애할 수 있는 목표 시간을 6시간으로 정하고 6시간 동안 앉아 있었다고 해도 실제 작업 시간은 5시간 정도가 될 수 있다. 6시간 동안 내내 쉬지 않고 작업만 할 수 없다. 이 시간의 간극을 줄여 나가는 것도 높은 수입을 올리는 방법이다. 목표 시간 동안 낭비 없이 온전히 작업에만 집중한다면 더 많은 작업을 할 수 있다.

이렇게 작업 목표 시간을 정했다면 그 시간 동안 되도록 작업에 집중하는 것이 좋다. 특히 라벨링을 갓 시작해 아직 작업 방식이 어색한 적응기에 시급이 너무 낮지 않다면, 목표 시간에 시급을 신경 쓰지 말고 꾸준히 작업하는 것이 좋다. 데이터 라벨링은 경험이 쌓일수록 작업 속도가 오르고 그만큼 효율적으로 일할 수 있다. 즉, 시급이 올라가고 전체 수입이 증가하는 것이다. 절대적인 경험을 쌓기 위해서라도 일단 다양한 프로젝트에 참여해 많은 데이터를 가공하는 것이 중요하다. 목표한 시간 안에서는 되도록 경험을 쌓는다는 생각으로 작업을 이어갈 것을 권한다.

수입 목표를 세우는 것은 작업을 진행하는 원동력이 된다. 높은 금액을 목표로 삼는다면 그 목표를 이루기 위해 더 많은 작업을 하거나, 혹은 더 효율적인 작업을 하기 위해 노력하게 된다. 이러한 이유로 수입 목표는 어느 정도 높게 잡는 것을 추천한다. 예를 들어, 작업 목표 시간이 4시간이라면 일급 5만 원을 목표를 설정할 수 있다. 이 기준은 최저시급보다 약간 높게 일급을 정한 것이다. 기준이 되는 시급은 개인의 경험에 따라 가감할 수 있다.

어느 정도 시간 활용에 여유가 있다면 목표 작업 시간을 정하지 않고 일급을 목표로 설정할 수도 있다. 일급 10만 원을 목표로 하고 그것을 채우기 위해 노력하는 것이다. 이렇게 목표를 잡으면 그 금액에 도달할 때까지 많은 작업을 진행하게 되고 자연히 더 많은 경험을 쌓을 수 있다. 혹은 최대한 단시간에 목표 금액에 도달하기 위해 작업 효율을 높이는 방법을 계속 연구할 수도 있다. 만약 생각보다 빠른 시간에 목표를 채우게 됐다면 휴식시간을 가질 수 있다. 어느 방식으로 목표를 정할지는 개인의 환경과 선호를 고려해 정하면 된다.

자신만의 목표를 정하는 것은 작업 시간 확보와 더불어 작업 효율을 높이기 위함이다. 이러한 것들이 궁극적으로 자신이 만족할 만한 수입을 확보할 수 있게 돕는다. 끝으로 자신이 정한 목표를 다 채웠다면 다른 사람의 수입은 참고 정도만 하고 크게 신경 쓰지 않는 것이 좋다. 자신의 환경에 맞게 정한 목표를 향해 묵묵히 작업하고 목표 수입을 벌었으면 굳이 남을 부러워할 필요가 없다. 이미 자신의 목표를 이뤘음을 상기하고 만족감을 누리면 된다.

3) 높은 수입을 위한 최적의 작업 환경 만들기

데이터 라벨링은 대부분 재택근무라 사람마다 일하는 환경이 다르다. 어떤 환경에서 작업을 하는 것이 효율적인가에 대한 의견도 갈린다. 누구는 집에서 일하는 것이 좋은 반면, 누구는 바깥에서 일하는 것을 선호할 수 있다. 어디에서 일하든 자신이 편하고 집중할 수 있는 공간에서 작업하는 것이 중요하다. 여기서는 재택으로 작업을 할 때 조금 더 효율을 올릴 수 있는 환경을 다룬다.

재택으로 근무하면 자연스럽게 생활 공간과 작업 공간이 겹치게 된다. 이러면 작업 집중도가 떨어질 수 있다. 편안한 공간인 집에 있다 보면 언제든 쉴 수 있다. 가능하다면 생활 공간과 작업 공간을 분리하는 것이 좋다. 물리적으로 공간을 나눌 수 없다면 책상만이라도 침실에서 분리하는 것도 방법이다. 이런 식으로 두 공간을 분리하면 작업 집중도가 올라가고 더 많은 시간을 작업에 할애할 수도 있다. 쉴 때는 온전히 휴식에만 전념할 수 있어 보통의 직장인 같은 생활이 가능하다.

공간을 분리해 사용한다면 되도록 작업 공간에서 작업과 상관없는 물품은 치우는 것이 좋다. 공간을 분리하는 궁극적인 이유는 작업 집중도를 높여 효율과 수입을 높이기 위해서다. 집중에 방해가 될 만한 요소는 되도록 정리하는 것이 좋다.

집에서 아이를 돌보는 등의 이유로 현실적으로 작업 공간을 분리하기 어려운 상황이라면 집에서 자신이 가장 많이 시간을 보내는 장소에 PC를 설치하거나 노트북을 두는 것을 추천한다. 10~20분이라도 자투리 시간을 활용해 언제든 작업을 이어나가기 위함이다. 이렇게 틈틈이 비는 시간에 작업할 수 있다면 그만큼 더 많은 수입을 올릴 수 있다. 선착순으로 작업자를 모집하는 프로젝트 지원에도 즉각 반응할 수 있어 유리하다.

만약 작업 공간을 위해 새로운 물품을 구입하려 한다면 데이터 라벨링으로 일정 수입을 올린 후 구입하는 것을 추천한다. 데이터 라벨링으로 번 돈으로 구입하는 것이 최고의 투자이기 때문이다.

2. 고수입 달성 핵심 포인트, 시급과 작업기록

1) 돈 되는 프로젝트 선별을 위해 반드시 알아야 할 시급 계산법

데이터 라벨링에서 시급은 매우 중요하다. 라벨러 입장에서 수입을 목적으로 하는 프로젝트의 가치를 평가할 때 가장 기초가 되는 것이 시급이다. 라벨러가 수입에 집중해 어떤 프로젝트의 가치를 평가해야 한다면 프로젝트 단가가 아닌 시급에 주목해야 한다. 예를 들어, "A 프로젝트는 단가가 500원이에요."가 아니라 "A 프로젝트는 시급이 1만 원이에요."처럼 말해야 한다.

단가는 표면적인 숫자일 뿐이며 실제 수입과는 다르다. 실제 프로젝트의 금전적인 가치를 표현할 수 있는 가장 정확한 방법이 시급이다. 시급은 절대적인 기준이 되기 때문에 프로젝트 비교에 사용되게 되며, 프로젝트의 금전적 가치를 보여주는 가장 정확한 지표다. 프로젝트 시급을 기준으로 작업을 선별하는 것은 고수입을 올리는 발판이다. 이를 위해선 작업 시간을 측정해 정확한 시급을 계산하는 것이 중요하다.

(1) 시급 계산의 첫걸음, 시간 측정

프로젝트에 참여할 때 작업 시간을 꼼꼼하게 측정하는 것은 매우 중요하다. 시급을 계산하는 첫걸음이며 작업 방식을 효율적으로 바꾸는 기준이 된다. 매번 시간을 측정하는 것이 번거롭고 귀찮을 수 있지만 시간 측정으로 따라오는 이득은 불편함을 충분히 감수하고도 남을 만큼 크다.

여기서 말하는 '시간 측정'은 데이터 라벨링 작업에 소요된 모든 시간을 측정하는 것을 의미한다. 장시간에 걸쳐 작업하거나 한 시간 혹은 몇 십 분의 작업을 할지라도 모든 시간을 측정해야 한다. 마치 시험을 준비하는 수험생처럼 말이다. 타이머로 시간을 체크하며 공부하는 수험생이 있다. 휴대폰 확인 같은 공부 이외의 행동을 할 때는 타이머를 멈춘다. 수험생이 이러한 방식으로 시간을 재며 공부하는 건 자신의 공부 습관을 돌아보고 순수 공부 시간을 정확히 알기 위해서다. 순수 공부 시간을 측정하면 장기적으로 공부 계획을 세울 때 큰 도움이 된다. 하루 중 책상에 앉아 있는 시간과 순수 공부 시간을 비교하면 불필요하게 낭비되는 시간을 파악할 수 있고, 낭비되는 시간이 크다면 시간 사용 방법을 다시 고민해 자신의 습관을 바꿀 수도 있다.

라벨러도 수험생과 동일한 방식으로 시간을 측정해야 한다. 간혹 좋은 단가의 작업을 만나 하루에 8시간 작업을 해도 정작 그날 수입이 얼마 안 되는 경우가 있다. 수입에 영향을 주는 요소는 다양하나 작업 시간 또한 무시할 수 없다. 좀 더 자세히 말하면, 자신의 하루 작업 시간인 8시간 중 실제 작업 시간은 적었기 때문일 수 있다. 만약 시간을 정확하게 계속 측정했다면 실제 작업 시간을 짧게 만드는 요인을 찾아 개선하는 데 도움이 된다.

라벨러에게 도움이 되는 시간 측정을 하려면 데이터 라벨링 작업 및 관련된 행동들에 소비되는 시간만을 측정해야 한다. '관련된 행동들'은 작업에 필요한 가이드 확인, 교육 시간, 프로젝트 관리자와의 질의응답 및 소통, 작업에 도움 되는 정보 검색 등도 포함된다. 작업이 아닌 부가적인 행동 역시 프로젝트에 참여하는 라벨러에게 필요하며 작업의 한 과정이다. 실제 작업 시간에 포함하는 것이 바람직하다.

그러나 단순히 의자에 앉아만 있는 시간은 반영하지 말아야 한다. 실제 작업 시간보다 길게 작업한 것으로 인지될 수 있다. 이렇게 측정하면 정확한 시급이 나오지 않아 차후 프로젝트 간 정확한 시급 비교가 어렵다.

(2) 정확한 시급 계산 방법

시간을 측정하는 최종 목적은 '정확한 시급 측정'을 위해서다. 정확한 시급 측정은 여러 방면에서 다양한 이점을 주며 데이터 라벨링으로 고수입을 올리는 데 중요한 역할을 한다. 앞서 언급한 방법을 참고해 작업 시간을 측정한다면 참여 중인 프로젝트 시급을 쉽게 계산할 수 있다. 라벨러는 자신이 투입된 프로젝트의 시급을 제대로 알고 있어야 한다. 성수기에 여러 프로젝트를 동시에 참여할 수도 있는데 이때 시급은 작업의 우선순위를 결정하는 주요 기준이 된다.

그러나 1~2시간 같이 짧은 시간 동안 작업해 보고 시급을 측정하는 것은 위험하다. 짧은 시간 동안 작업하면 집중력이 높아지고, 시급 역시 높게 측정된다. 이는 정확한 시급이 아닌 최대 집중 시의 시급이다. 사람의 집중력은 한계가 있다. 작업 내내 최대 집중력을 발휘할 수 없다. 게다가 시급 측정 중 작업하는 데이터 난이도에 따라 정확한 측정이 어려울 수도 있다. 동일한 프로젝트라고 해도 데이터에 따라 난이도가 달라지며 속도 또한 차이가 발생한다.

<장당 단가가 지급되는 프로젝트에서 대상의 객체 수는 시급에 영향을 준다.>

예를 들어, 이미지 단위로 단가가 지급되는 프로젝트에 참여 중이라고 가정해 보자. 시급 측정을 위해 작업하는 2시간 동안 작업 대상이 위 예시 왼쪽 사진처럼 1개만 등장했는데, 참여 프로젝트의 이미지당 작업 대상은 오른쪽 사진같이 평균 12개였다. 이 경우, 2시간 동안 작업을 했더라도 정확한 시급이 측정될 수 없다. 단순 계산으로도 왼쪽 예시의 시급은 평균 인스턴스로 계산한 시급보다 12배 높다. 데이터 상태를 고려하기 위해서라도 시급 측정은 장시간 들이는 것이 바람직하다.

인스턴스당으로 단가가 측정되는 폴리곤 프로젝트도 작업 대상 난이도에 따라 제대로 된 시급 측정이 어려울 수 있다. 해당 프로젝트에 여러 종류의 객체가 있는데, 시급 측정 시 단순한 외형의 객체만 등장한다면 당연히 시급은 높게 측정될 수밖에 없다.

<폴리곤 프로젝트에서 객체의 외형과 크기는 시급에 영향을 준다.>

위 예시 왼쪽 사진은 반듯한 직사각형 형태로 폴리곤을 생성하기 쉬운 객체다. 그러나 오른쪽 사진은 형태가 일정하지 않은 깨진 병이라 난이도가 높다. 다양한 형태의 폴리곤을 작업하려면 장시간 작업해야 하고 이러한 과정을 거쳐야만 제대로 된 시급 측정이 가능하다. 따라서 작업하는 모든 시간을 측정하고 이를 시급 계산에 활용해야 정확도가 높아진다. 작업하는 데이터의 양이 많아지고 누적되는 시간이 길어질수록 시급의 평균값이 정확해진다.

(3) 노력의 산물 시급, 제대로 활용하기

프로젝트 판단 시 가장 먼저 고려해야 할 것은 시급이다. 작업 경험이 많아지고, 참여한 프로젝트들의 시급을 측정한 데이터가 쌓이면 프로젝트를 바라보는 안목은 자연스레 높아진다. 자신이 몸담았던 프로젝트들의 시급을 정확히 알고 있다면 새롭게 참여하게 될 프로젝트를 과거 경험과 비교해 시급을 예측할 수 있다. 시급 예측이 가능하다면 프로젝트 참여 여부를 결정하는 데 많은 도움이 된다.

시급을 측정한 데이터가 많아질수록 내가 선호하는 작업이 무엇인가 알게 되며, 시급이 높게 나오는 프로젝트 유형을 파악할 수도 있다. 예를 들어, 폴리곤 기법에서 시급이 높았다면 향후 폴리곤 프로젝트에 적극 지원한다. 특정 저작도구나 특정 기업 프로젝트가 꾸준히 시급이 높았다면 이러한 작업에 지원하는 것이 덜 부담스럽다.

이때 주의해야 할 것이 있다. 데이터 라벨링은 유사한 프로젝트라도 세부 기준에 따라 시급 차이가 발생할 수 있다. 아래 나열된 것들을 고려해 프로젝트를 판단한다면 시행착오를 조금이나마 줄일 수 있을 것이다.

<유사 프로젝트 판단 시 고려 사항>
·작업 시 사용되는 기법과 저작도구가 동일한지 확인한다. 비슷한 프로젝트라도 기법과 저작도구에 차이가 있으면 다른 프로젝트이기 때문이다. ·기법과 저작도구가 같아도 단가 측정 방식이 다르면 꼼꼼하게 확인해야 한다. (1장당 or 인스턴스당) ·대상이 되는 객체의 유사성 여부를 고려해야 한다. 객체의 성격이 다르면 작업 내용이 달라질 수 있다. ·세부 클래스 수가 비슷한 지 고려해야 한다. 클래스 수가 달라지면 고려할 것이 많아진다.

여러 프로젝트를 동시에 진행할 때도 시급은 유용하게 활용된다. 데이터 라벨링을 진행하다 보면 간혹 다수의 프로젝트를 동시에 진행하는 경우가 있다. 이때 어떤 프로젝트에 더 힘을 실어야 하는가를 결정짓는 중요 지표가 바로 시급이다. 한 사람이 작업에 사용할 수 있는 시간은 한정돼 있으며 모든 프로젝트의 시급은 동일하지 않다. 자연스럽게 프로젝트 우선순위를 정해 시간을 분배하게 된다. 이때 시급을 정확히 알고 있다면 프로젝트 우선순위를 결정하는 데 많은 도움이 된다. 우선순위를 정할 때 시급이 전부는 아니지만 시급은 중요 고려 대상 중 하나다. 이에 대한 보다 자세한 내용은 3장 '데이터 라벨러로 수입 활동 시작하기'에서 설명한다.

(4) 시간을 측정하는 프로그램들

시간을 측정할 때 가장 기본적으로 이용하는 것은 스톱워치다. 일반적으로 공부 타이머라는 이름으로 쉽게 구할 수 있으며 가격도 그리 비싸지 않다. 개인이 사용하기 편리한 스톱워치를 사용하면 된다.

저자가 추천하는 스톱워치는 PC 프로그램이다. 데이터 라벨링은 대개 PC로 진행되기에 실상 키보드와 마우스를 사용하기도 바쁘다. 따라서 컴퓨터 프로그램 형태의 스톱워치를 활용하면 실물 스톱워치 조작에 소비되는 시간을 줄일 수 있다. 다음에 소개하는 스톱워치 프로그램은 저자가 실제로 작업에 사용하는 것들이다. 윈도 기반으로 제작된 프로그램들이라 MacOS에서 작동되지 않을 수도 있다. 해당 프로그램들은 2023년 6월을 기준으로 작성됐으며, 프로그램 업데이트 등으로 책의 설명과 실제 사용 방식이 다를 수 있다.

① XNote Stopwatch

저자가 가장 오래 사용했으며 선호하는 스톱워치 프로그램이다. 이 프로그램은 무료로 단축키 기능을 지원한다. 작업 중 저작도구 위에 띄우고 간단한 단축키로 컨트롤하면 시간 낭비를 최소화할 수 있다. 게다가 작업 화면 위에 항상 떠 있어서 스톱워치 작동 여부 확인이 편리하다.

<XNote Stopwatch 실제 사용 예시>

처음 스톱워치를 사용하면 습관이 되지 않아 스톱워치를 멈추거나 재시작하는 것을 잊을 수 있다. 그렇지만 꾸준히 의식적으로 사용하는 습관을 들이면 시간 측정은 더 이상 귀찮은 일이 아니다. 저자도 처음에는 스톱워치를 조작하는 것을 자주 잊어버렸다. 하지만 스톱워치 사용에 점차 익숙해지며 습관으로 굳어졌고, 작업을 시작하고 멈출 때 자연스럽게 단축키를 누르게 됐다. 스톱워치 사용에 익숙하지 않은 라벨러라도 의식적으로 스톱워치를 계속 사용하다 보면 자연스럽게 스톱워치를 실행시키고 멈추는 자신을 보게 될 것이다.

스톱워치 사용이 익숙해진다면 스톱워치 단축키는 데이터 라벨링을 하면서 가장 많이 누르는 키가 될 것이다. 그래서 처음 단축키를 설정할 때 신중해야 한다. 특정 단축키 사용에 익숙해지면 나중에 변경하는 것이 매우 어렵다. 자주 사용하는 단축키라면 그 어려움이 더 크다.

단축키를 설정할 때 두 가지를 고려해야 한다. 최대한 자신의 손에 익숙해질 수 있는 위치의 키를 찾아야 하며, 저작도구의 다른 단축키와 중복되지 않아야 한다. 예를 들어, A 키를 스톱워치 단축키로 설정한다면 누를 때 매우 편하다. 그러나 해당 키를 단축키로 사용하는 저작도구가 많으므로 중복될 확률이 높다. 단축키가 중복되더라도 스톱워치와 저작도구 모두 정상적으로 단축키 기능이 작동되겠지만 저작도구의 A 단축키를 사용할 때마다 스톱워치 시간이 멈추고 시작되는 것이 반복된다. 저자는 시작과 중지 단축키를 F3으로, 리셋 단축키를 Ctrl+F3으로 설정했다. 대부분 저작도구에서 잘 사용하지 않는 키면서 누르기 편한 위치에 있기 때문이다.

XNote Stopwatch 프로그램은 유료 라이선스 구입으로 추가 기능을 활성화할 수 있다. 단순한 스톱워치 기능 사용은 무료 버전으로도 충분하니 각자에게 필요한 부분을 고려하면 된다.

프로그램을 실행시키면 유료 버전 등록 화면이 나온다. 유료 버전을 사용하지 않는다면 'Remind me later' 버튼을 누르고 스톱워치를 사용할 수 있다. 스톱워치 화면을 마우스 우클릭하면 다음과 같은 메뉴가 나온다.

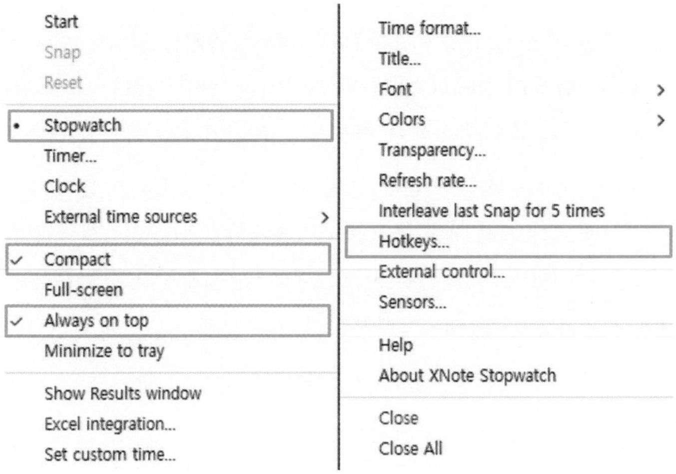

<XNote Stopwatch 메뉴>

XNote Stopwatch는 스톱워치와 타이머, 일반 시계 기능을 모두 지원하나 당장 필요한 기능은 스톱워치이기 때문에 Stopwatch를 체크하고 사용하면 된다. Compact는 프로그램을 조금 더 작게 만들어 준다. 작은 화면을 선호하는 경우, 체크하면 된다. Always on top은 반드시 체크해야 하는 기능으로 스톱워치가 모든 프로그램 위에 항상 표시되게 하는 기능이다. Hotkeys는 프로그램에서 사용할 단축키를 지

정하는 메뉴다.

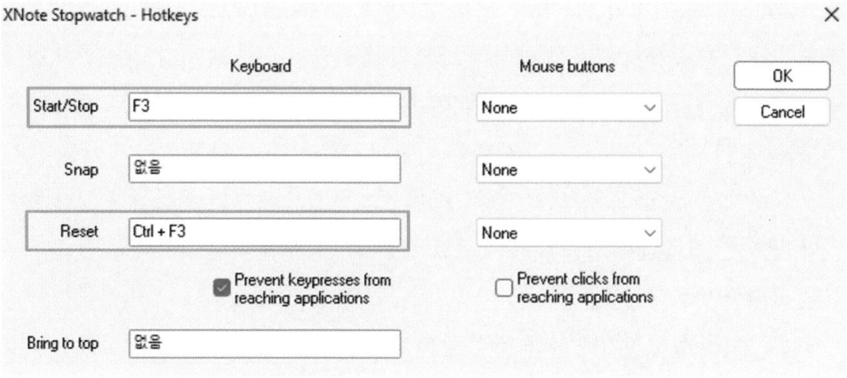

<Hotkeys 설정 화면>

Hotkeys 메뉴를 누르면 위와 같은 설정창이 나타난다. 단축키를 지정해 줘야 하는 부분은 Start·Stop(시작·멈춤)과 Reset(초기화)이다. Reset 설정 우하단의 'Prevent keypresses from reaching applications' 체크 항목은 스톱워치에서 설정된 단축키가 다른 프로그램에서 동작하지 않게 하는 기능이다. 예를 들어, Ctrl+C를 단축키로 설정한 후 해당 기능에 체크하면 다른 응용프로그램에서 Ctrl+C 기능을 사용할 수 없다. 저자의 경우, 일반적으로 여러 응용프로그램에서 F3에 할당된 기능을 사용할 일이 거의 없어 해당 기능을 체크한 후 사용한다. 프로그램은 구글에서 'XNote Stopwatch'를 검색하면 다운받을 수 있다.

② Work work

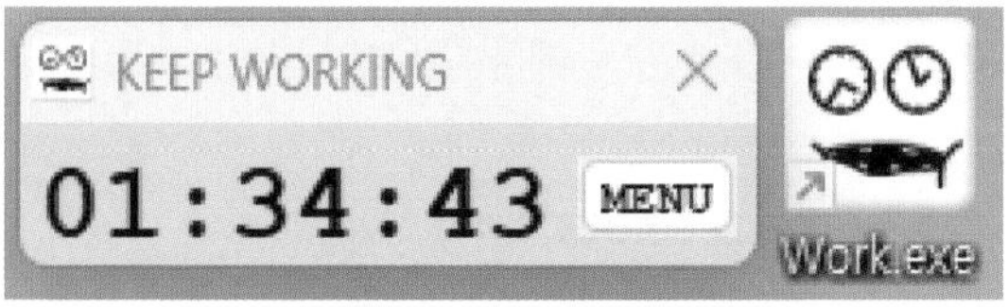

<Work work 프로그램>

포커스(Focus) 기능이 지원되는 스톱워치 프로그램이다. 포커스 기능이란 특정 프로그램이 활성화됐을 때만 스톱워치가 작동되는 것을 말한다. 예를 들어, Labelme에 포커스 기능을 설정했다면 Labelme 프로그램이 활성화됐을 때만 스톱워치가 동작하고, 인터넷 브라우저 같은 다른 프로그램이 활성화되면 스톱워치가 자동으로 멈춘다. 포커스에 설정할 수 있는 프로그램은 최대 3개다. 즉, 3개 프로그램이 활성화되면 스톱워치 시간은 계속 흐른다. 만약 라벨러가 포커스 기능을 사용한다면 하나는 저작도구, 하나는 가이드(PDF, PPT 프로그램 등), 하나는 협업툴을 등록할 것을 추천한다. 이렇게 설정하면 가이드나 질의응답 확인 시 소요 시간이 측정되게 할 수 있다.

Work work의 또 다른 기능은 특정 시간 동안 마우스나 키보드 입력이 없으면 자동으로 스톱워치가 멈추는 것이다. 포커스에 설정해 놓은 프로그램이 활성화돼 있어도 움직임이 없다면 멈춘다. 이러한 기능 등을 종합해 보면 스톱워치를 특별히 조작하지 않아도 내가 작업할 때만 스톱워치가 작동하게 할 수 있다.

기능적인 설명을 봤을 때는 XNote Stopwatch보다 더 편리해 보이지만 Work work는 위에 설명된 두 가지 기능 외에 스톱워치를 컨트롤할 수 있는 방법이 없다. 즉, 수동으로 스톱워치를 작동시키거나 멈추게 하는 기능이 없다.

대부분은 크로미움 기반의 인터넷 브라우저(크롬, 웨일, 엣지)를 통해 저작도구를 사용한다. Work work 포커스 기능에 인터넷 브라우저의 저작도구를 등록하면 저작도구 탭에서만 시간이 흐르는 게 아닌 모든 인터넷 브라우저의 탭에서 시간이 흐른다. 때문에 작업이 아닌 다른 목적으로 인터넷을 사용해도 스톱워치를 멈출 수 있는 방법이 없다. 수동 컨트롤 기능이 없기 때문이다. Work work의 경우, 저자는

PC에 직접 설치하는 형태의 저작도구를 사용하는 경우에만 제한적으로 쓴다. 자동으로 멈추고 재시작되는 기능은 확실히 편리하기 때문이다. 프로그램을 실행시킨 후 메뉴 버튼을 클릭하면 다음과 같은 메뉴가 나타난다.

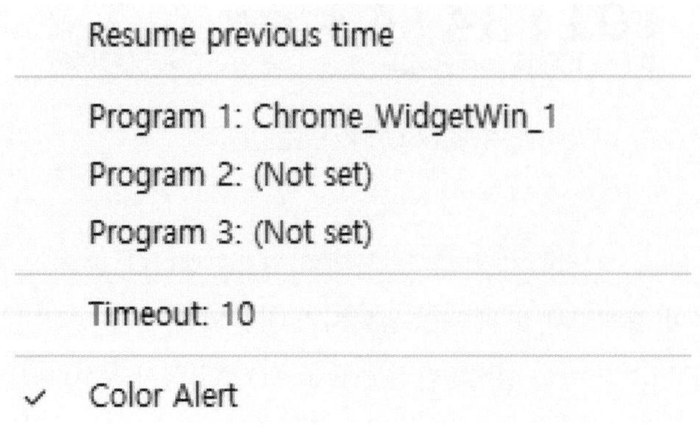

<Work work 메뉴>

Work work 메뉴는 단순한 편이다. Resume previous time은 이전에 기록된 시간을 다시 불러오는 기능이다. 프로그램 실행 이전, 마지막으로 종료되었을 때 기록된 시간을 불러오는 것이다. Program 1~3은 스톱워치가 작동하는 프로그램을 설정하는 기능이다. 등록을 원하는 번호를 누르면 프로그램 화면에 'Awaiting program'이라는 문구가 나타난다. 이 상태에서 원하는 프로그램을 클릭하면 설정이 완료된다. Timeout은 키보드나 마우스 입력이 없을 때 스톱워치를 멈추기까지 걸리는 시간을 설정하는 기능이다. 예를 들어, 10으로 설정하면 10초 동안 입력이 없으면 스톱워치가 멈춘다. 메뉴를 클릭하면 새로운 팝업 창이 나타나며 원하는 시간을 초 단위로 입력하면 된다. 마지막 Color Alert은 스톱워치가 멈췄을 때 프로그램 색상을 변경하는 기능이다. 체크하면 스톱워치가 멈췄을 때 색상이 붉은색으로 변한다. 구글에서 'Work work 타이머'로 검색하면 다운받을 수 있다.

2) 체계적인 프로젝트 관리로 고수입 만드는 작업기록 노하우

데이터 라벨링에 입문해 활발하게 작업하다 보면 여러 업체의 다양한 프로젝트에 참여하게 된다. 그러다 보니 자신의 업무 상황을 제대로 기록해 두지 않으면 문제가 생길 수도 있다. 간혹 자신이 참여했던 프로젝트의 정산이 늦어지는 문제가 생길 수 있는데, 작업 시점에 기록하지 않으면 문제에 대응하기 어려워진다. 매일 작업을 기록하는 것은 손이 많이 가는 일이다. 하지만 꾸준한 기록은 라벨러에게 다양한 이점을 가져온다.

<기록해 두면 좋은 내용들>		
· 날짜 · 작업 시간 · 수입	· 프로젝트 이름 · 작업 수량 · 시급	· 참여한 플랫폼이나 기업명 · 단가 · 기법 종류

(1) 작업 기록을 해야 하는 이유

작업 내역을 매일 기록하는 것의 가장 큰 이점은 타 프로젝트에 지원할 때 경력을 보다 자세히 작성할 수 있다는 점이다. 프리랜서로 활동하는 라벨러는 자신의 경력을 직접 관리해야 한다. 작업을 진행하다 보면 커리어에 적을 수 있는 포트폴리오가 남기 마련이다. 하지만 데이터 라벨링의 경우, 커리어와 관련된 어떤 기록이나 결과물이 남지 않기 때문에 자신이 진행한 프로젝트에 대해 상세히 기록하는 것이 좋다. 이렇게 기록된 자료들이 하나의 포트폴리오가 되는 셈이다. 유사한 프로젝트 참여 경험, 가공한 데이터 수, 참여 기간 등은 차후 다른 프로젝트 지원에 유용하게 사용되며, 프로젝트 성격에 따라 필요한 경력을 부각하는 것도 가능하다.

기록을 시작하면 매일 작업량을 기록하고 이때 측정된 시급을 모두 적어 둘 수 있다. 즉, 자신이 참여하고 있는 프로젝트의 평균 시급을 파악할 수 있다. 이렇게 파악한 평균 시급은 새로운 프로젝트 지원 여부에 큰 영향을 미친다. 그동안 작업해 온 기록이 제대로 쌓여 있다면, 몇 년 전에 진행했던 프로젝트와 유사한 프로젝트를 다시 만나도 대략적인 시급 추측이 가능하다.

또, 평균 시급은 여러 프로젝트에 참여할 때 우선순위 결정에도 활용된다. 처음에 시급이 높았던 프로젝트가 시간이 흐르면서 점차 낮아질 수 있고, 반대로 시급이 낮았던 프로젝트 시급이 급격히 상승하는 경우도 있다. 작업하는 데이터가 항상 일정하지 않기 때문이다.

<주간 이미지(왼쪽)와 야간 이미지(오른쪽)의 작업 속도 차이는 크다.>

위 예시처럼 초반에 주간 데이터 위주로 작업했으나, 후반에 야간 데이터 위주로 작업을 하는 경우가 있다. 야간에는 객체 경계를 정확히 확인하는 데 어려움이 있어 작업 시간이 더 오래 걸린다. 꾸준히 시급을 기록해 놓는다면 그 경향을 파악할 수 있으며 프로젝트 우선순위를 정확하게 결정할 수 있다.

(2) 작업 수량 기록의 중요성

작업 수량을 정확히 기록하면 시급 측정 혹은 급여를 정산 받을 때 활용할 수 있다. 시급은 단순히 시간만 측정해서 나오는 것이 아니기에 수량을 정확히 기록해야 한다. 또, 급여를 정산 받을 때도 기록해 둔 수량과 입금 내역을 비교할 수 있다. 간혹 급여가 누락되거나 과지급될 수 있는데 이때 정확한 금액을 파악하기 좋다.

다수의 플랫폼과 저작도구들은 작업 내역 혹은 통계에서 작업 수량을 확인할 수 있다. 작업 내역이 확인되는 경우는 해당 날짜에 표시되는 수량을 따로 적으면 된다. 작업 내역이 있는데도 굳이 적는 이유는 시급을 기록하는 목적과 더불어 제공되는 통계나 작업 내역이 서버 문제 등으로 사라지는 경우가 있기 때문이다. 전문적으로 데이터 라벨링을 진행하지 않는 몇몇 기업에서 이런 사례가 발생한 적이 있다. 작업 내역이 사라진다는 것은 정확한 수입을 확인할 길이 없어진다는 의미다. 서버에서 작업 내역이 사라지는 것은 간혹 발생하는 사례지만 막상 내가 이런 상황에 처하면 굉장히 답답하고 난감하다. 돈과 관련된 문제라 더 예민할 수밖에 없다. 따라서 개인의 작업 수량은 되도록 따로 적어서 관리하는 것이 좋다.

간혹 수량을 직접 계산해야 하는 경우도 있다. 시스템에 작업 내역이 제공되지 않거나 인스턴스당 단가가 지급되는 프로젝트지만 서버 작업 내역에는 자신이 작업한 이미지 수량만 계산되는 경우다. 후자는 작업한 이미지 개수만 표시돼 있고 인스턴스 개수는 알 수 없어 서버만으로 작업 현황을 파악하는 것이 불가능하다. 이러한 작업 시 수량을 최대한 정확히 계산해 적어 두는 것이 중요하다. 시스템에서 수량이 명확히 계산되지 않는 경우는 수동으로 직접 계산해야 해 손이 훨씬 많이 간다. 하지만 앞서 설명한 바와 같이 이는 돈과 직결된 문제고 그 정도의 노력을 들일 만한 가치가 충분하기에 작업 수량을 기록하는 것이 바람직하다.

<실물 카운터기(왼쪽)와 인터넷 카운터기 화면(오른쪽)>

수량을 계산할 때 가장 많이 활용되는 것이 카운터기다. '계수기'라고도 불리며 실물과 인터넷 사이트, 프로그램 등으로 이용할 수 있다. 실물 카운터기는 가격이 그리 비싸지 않으니 2개 정도 구매해서 사용하는 것이 좋다. 하나의 프로젝트라도 수량을 따로 계산해야 하는 경우가 있기 때문이다. 작업 중 즉각적으로 누를 수 있으며 적당한 소리와 키감으로 작업의 지루함을 조금은 줄여줄 수 있다. 실물이 부담스럽다면 인터넷 계수기나 프로그램을 사용해도 된다. 다만, 단축키를 지원하지 않아 마우스로 직접 눌러야 한다. 사용하는 사람에 따라 실물 카운터기보다 불편할 수도 있다. 구글에서 '카운터기 프로그램'으로 검색하면 다운받을 수 있다.

이외에도 엑셀이나 메모장 같은 컴퓨터 프로그램을 이용해 적을 수도 있다. 저작도구에서 작업한 후 수량을 적어야 할 때 윈도에서 기본으로 지원하는 창 전환 단축키인 Alt+Tab을 이용해 저작도구와 수량을 적는 프로그램을 빠르게 전환해 기록할 수 있다.

(3) 기록 매체

기록을 꾸준히 하는 일은 매우 번거롭기 때문에 되도록 본인이 편한 방법을 이용해야 한다. 다양한 방식으로 기록할 수 있으나, 작업 시간과 수량은 반드시 적어야 한다. 자신이 선호하는 방식이 따로 없고, 앞으로 자신의 작업 내역을 기록하기로 마음먹었다면 컴퓨터 프로그램 혹은 어플, 수기 중 선택해 작성하는 것을 추천한다.

프로젝트 정보						작업정보		
날짜	업체명	프로젝트명	차수	작업금액	시급	단가	수량	작업시간
11월 16일 (수)	기업1	프로젝트1		64,120	29,594	1,300	51	2:10
	기업2	프로젝트2		80,070	40,035	180	460	2:00
	기업3	프로젝트3		83,550	19,814	200	432	4:13
	기업4	프로젝트4		30,410	18,065	40	786	1:41
11월 17일 (목)	기업1	프로젝트1		62,860	22,584	1,300	50	2:47
	기업2	프로젝트2		65,970	59,973	180	379	1:06
	기업6	프로젝트3		110,440	30,258	200	571	3:39
	기업4	프로젝트4		42,240	27,548	40	1092	1:32
11월 18일 (금)	기업1	프로젝트1		62,860	33,978	1,300	50	1:51
	기업2	프로젝트2		130,720	47,535	180	751	2:45
	기업6	프로젝트3		76,400	18,263	200	395	4:11
	기업6	프로젝트3		8,320	12,480	200	43	0:40
11월 19일 (토)	기업1	프로젝트1		62,860	34,287	1,300	50	1:50
	기업2	프로젝트2		475,890	54,491	180	2734	8:44
	기업2	프로젝트2		1,101,280	105,386	180	6327	10:27
11월 20일 (일)	기업2	프로젝트2		543,420	210,356	180	3122	2:35
11월 21일 (월)	기업4	프로젝트4		38,960	22,918	40	1007	1:42
	기업1	프로젝트1		125,710	34,129	1,300	100	3:41
	기업5	프로젝트5		29,450	29,450	150	203	1:00

<엑셀을 이용한 기록>

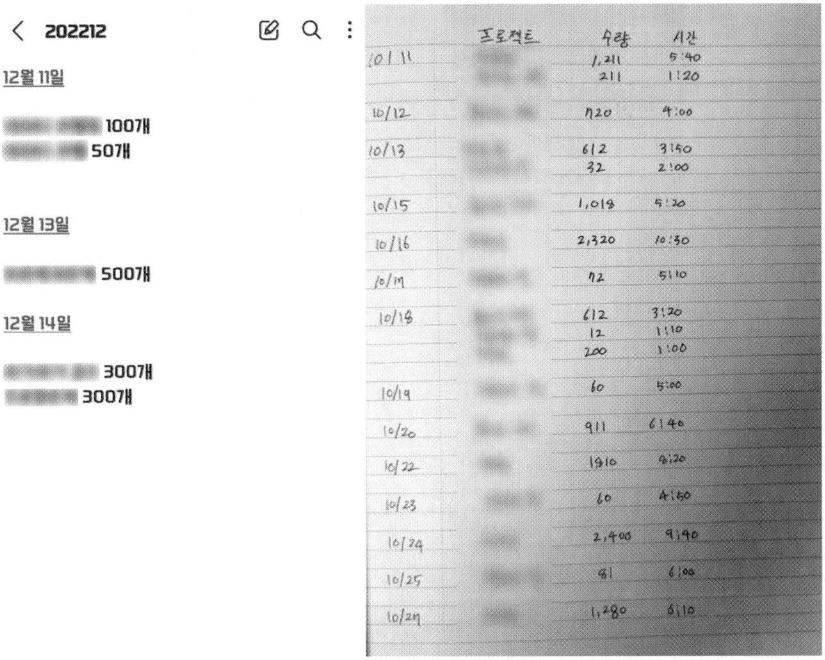

<어플을 이용한 기록(왼쪽)과 수기(오른쪽)를 이용한 기록>

위와 같이 다이어리나 장부에 수기로 작성하기도 하고 프로그램을 활용하기도 한다. 기록에 사용할 수 있는 프로그램은 엑셀, 구글 스프레드시트, 노션 등이 있다. 작업을 진행할 때마다 매일 기록해야 하므로 본인이 접근하기 쉽고 활용도가 높은 매체를 선택하는 것이 좋다.

저자의 경우, 엑셀을 활용해 기록한다. 엑셀은 데이터 관리에 유용한 기능을 많이 제공하므로 사용할 줄 안다면 엑셀로 기록하는 것을 추천한다.

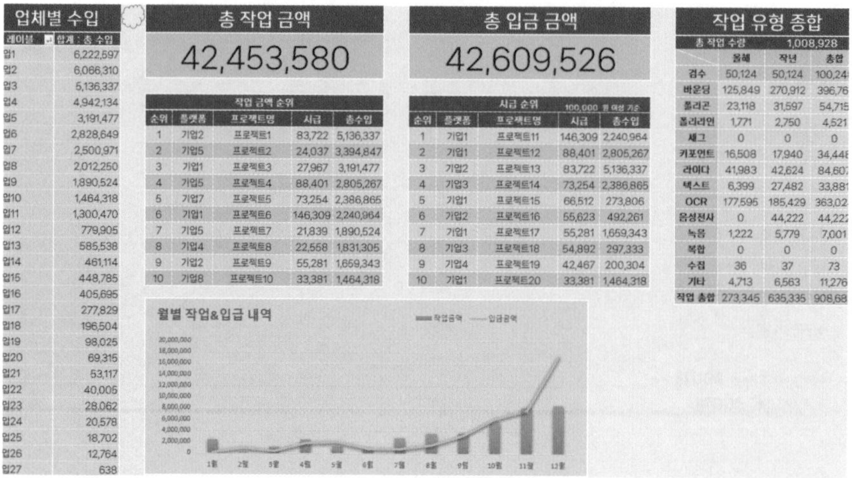

업체별 수입

레이블	합계 : 총 수입
업1	6,222,597
업2	6,066,310
업3	5,136,337
업4	4,942,134
업5	3,191,477
업6	2,828,649
업7	2,500,971
업8	2,012,250
업9	1,890,524
업10	1,464,318
업11	1,300,470
업12	779,905
업13	585,538
업14	461,114
업15	448,785
업16	405,695
업17	277,829
업18	196,504
업19	98,025
업20	69,315
업21	53,117
업22	40,005
업23	28,062
업24	20,578
업25	18,702
업26	12,764
업27	638

총 작업 금액

42,453,580

작업 금액 순위

순위	플랫폼	프로젝트명	시급	총수입
1	기업2	프로젝트1	83,722	5,136,337
2	기업5	프로젝트2	24,037	3,394,847
3	기업1	프로젝트3	27,967	3,191,477
4	기업5	프로젝트4	88,401	2,805,267
5	기업7	프로젝트5	73,254	2,386,865
6	기업1	프로젝트6	146,309	2,240,964
7	기업5	프로젝트7	21,839	1,890,524
8	기업4	프로젝트8	22,558	1,831,305
9	기업2	프로젝트9	55,281	1,659,343
10	기업8	프로젝트10	33,381	1,464,318

총 입금 금액

42,609,526

시급 순위 100,000 원 이상 기준

순위	플랫폼	프로젝트명	시급	총수입
1	기업1	프로젝트11	146,309	2,240,964
2	기업1	프로젝트12	88,401	2,805,267
3	기업2	프로젝트13	83,722	5,136,337
4	기업3	프로젝트14	73,254	2,386,865
5	기업1	프로젝트15	66,512	273,806
6	기업2	프로젝트16	55,623	492,261
7	기업1	프로젝트17	55,281	1,659,343
8	기업3	프로젝트18	54,892	297,333
9	기업4	프로젝트19	42,467	200,304
10	기업1	프로젝트20	33,381	1,464,318

작업 유형 종합

총 작업 수량	1,008,928		
	올해	작년	총합
검수	50,124	50,124	100,24
바운딩	125,849	270,912	396,76
폴리곤	23,118	31,597	54,715
폴리라인	1,771	2,750	4,521
세그	0	0	0
키포인트	16,508	17,940	34,44
라이다	41,983	42,624	84,60
텍스트	6,399	27,482	33,88
OCR	177,595	185,429	363,02
음성전사	0	44,222	44,22
녹음	1,222	5,779	7,001
복합	0	0	0
수집	36	37	73
기타	4,713	6,563	11,276
작업 총합	273,345	635,335	908,68

<저자가 실제 사용하는 엑셀 통계(기업명과 프로젝트명은 비식별화 처리)>

위 예시처럼 엑셀을 활용한다면 작업 기록과 시급을 기록함을 넘어 작업 통계를 활용할 수 있다. 어느 업체에서 수입이 높았는지, 어느 시기에 일이 많았는지, 어떤 라벨링 기법의 프로젝트가 나에게 적합했는지 등의 자료를 만드는 것이 가능하다. 이런 자료를 참고하면 더 높은 수입을 얻을 수 있는 기반이 된다. 효율성이 높은 만큼 가능하다면 엑셀을 활용해 작업 내역을 기록하길 추천한다.

3. 본격적인 고수입 만들기, 프로젝트 선택과 진입

1) 수입 높은 프로젝트를 선택하는 기준 잡기

(1) 참여해 봐야 알 수 있다

데이터 라벨링으로 높은 수입을 올리기 위해서는 라벨러 실력도 중요하지만 어떤 프로젝트에 참여하는지도 중요하다. 아무리 실력이 좋아도 시급 낮은 프로젝트에서 높은 수입을 가져오긴 어렵다. 라벨러는 소위 돈 되는, 양질의 프로젝트를 잘 찾아서 지원해야 한다.

이러한 프로젝트를 찾는 것은 결코 쉽지 않다. 데이터 라벨링 작업은 대개 플랫폼 혹은 구인 사이트 공고를 보고 지원하는데, 공고 내용이 매우 간략한 경우가 대부분이다. 그래서 어떠한 성격의 프로젝트인지, 어떠한 작업 기법이 적용되는지, 난이도는 어느 정도인지 등을 알아보려면 직접 참여해 봐야 제대로 알 수 있다.

시급이 높게 나오는 좋은 프로젝트를 찾으려면 생각보다 많은 프로젝트에 지원하고 참여해야 하며 직접 경험한 것을 바탕으로 판단해야 한다. 데이터 라벨링 경력이 아무리 많아도 프로젝트명과 채용공고 설명만 보고 정확한 시급을 예측할 수 없다. 동일 유형의 프로젝트라도 라벨링 기준, 사용하는 저작도구, 작업 방식에 따라 시급이 천차만별이다. 작업자 역량에 따라서도 시급이 크게 달라져 타인 경험담을 참고하는 대신 자신이 직접 경험한 뒤 프로젝트 참여 여부를 결정하는 것을 추천한다.

가공 기준과 대상, 라벨링 기법이 모두 같은 두 프로젝트가 있다고 가정해 보자. 두 프로젝트는 연속된 프레임으로 구성돼 이전 프레임의 인스턴스를 다음 프레임에 붙여 넣으면 빠르게 작업이 가능하다. 이 두 프로젝트의 차이점은 단 하나, 저작도구다. 만약 A라는 저작도구는 복사와 붙여넣기를 지원하고, B라는 저작도구는 이를 지원하지 않는다면 작업 속도에서 큰 차이가 난다. 이는 결국 시급의 차이로 이어진다. 서로 같은 프로젝트임에도 저작도구의 기능, 단축키 지원 여부, 화면 구성 방식, 최적화 여부 등에 따라 차이가 발생한다. 채용공고에 저작도구명을 명시하는 경우가 매우 적어 저작도구 차이는 직접 작업에 참여하기 전까지는 대부분 알 수 없다.

프로젝트 세부 사항 외에 개인의 실력과 적성도 시급에 영향을 미친다. 다른 라벨러가 시급이 괜찮다고 추천해 준 프로젝트에 참여했는데 생각보다 낮은 시급이 나오는 경우가 많다. 라벨러마다 적성에 맞는 기법이나 라벨링 스킬이 달라 차이가 발생한다. 많은 사람들이 추천하는 프로젝트가 반드시 나와 잘 맞으리라는 보장은 없다. 어떤 프로젝트에 대해 파악할 때는 직접 참여해 보는 것이 가장 중요하다.

(2) 기록을 이용해 프로젝트 선택하기

이상과 현실은 항상 차이가 발생하듯이 데이터 라벨링도 모든 프로젝트에 참여해 볼 수 없다. 전업으로 라벨링을 해도 프로젝트가 많이 나오는 성수기에 모든 프로젝트에 참여하는 것은 현실적으로 불가능하다. 이미 참여 중인 프로젝트 작업만으로도 시간이 부족하다. 부업으로 데이터 라벨링을 하는 경우는 더욱 그렇다. 퇴근 후 작업할 수 있는 시간은 한정돼 있다. 프로젝트 참여를 위한 필수 교육이나 테스트 참여조차 버거울 수 있다. 어떤 프로젝트에 지원하고 참여할 것인가를 고민하는 순간이 반드시 찾아온다. 프로젝트 지원을 선택해야 하는 경우를 위해 고려해야 할 몇 가지 비교 기준은 다음과 같다.

가장 중요하게 여겨야 할 것은 그동안 라벨러 개인이 적어 놓은 프로젝트 기록과 경험이다. 앞서 설명한 바와 같이 자신이 참여한 모든 작업 내역을 적어 놓았다면 이때 참고 자료로 활용할 수 있다. 완전히 동일한 프로젝트가 다시 열리는 경우라면 정확한 비교가 가능하다. 당시 참여했던 프로젝트가 업무 강도 및 시급 면에서 괜찮았다면 다시 참여하는 것이 유리하다. 일반적으로 어떤 프로젝트를 꾸준히 참여했다면 프로젝트가 종료될 즈음에는 해당 프로젝트에 대한 이해도나 작업 속도가 많이 향상된다. 즉, 동일한 프로젝트에 다시 참여한다면 과거 경험을 바탕으로 보다 효율적인 참여가 가능하고 높은 수입도 기대해 볼 수 있다.

정보				
날짜	사이트	종류	프로젝트명	시급
5월 26일 (목)	기업	바운딩	프로젝트	7,605
5월 27일 (금)	기업	바운딩	프로젝트	8,018
	기업	바운딩	프로젝트	9,520
5월 28일 (토)	기업	바운딩	프로젝트	8,338
5월 30일 (월)	기업	바운딩	프로젝트	9,474
5월 31일 (화)	기업	바운딩	프로젝트	8,879
	기업	바운딩	프로젝트	7,026
6월 1일 (수)	기업	바운딩	프로젝트	9,483
6월 2일 (목)	기업	바운딩	프로젝트	13,066
	기업	바운딩	프로젝트	11,269
9월 7일 (수)	기업	바운딩	프로젝트	16,770
9월 8일 (목)	기업	바운딩	프로젝트	10,500

프로젝트 정보				
날짜	업체명	종류	프로젝트명	시급
3월 5일	기업	바운딩	프로젝트	11,025
3월 6일	기업	바운딩	프로젝트	13,254
3월 7일	기업	바운딩	프로젝트	12,540
3월 10일	기업	바운딩	프로젝트	16,750
3월 12일	기업	바운딩	프로젝트	14,520
3월 13일	기업	바운딩	프로젝트	14,397
3월 14일	기업	바운딩	프로젝트	15,510
3월 15일	기업	바운딩	프로젝트	16,547

<저자가 실제 다시 참여한 동일 프로젝트(기업명 · 프로젝트명은 비식별화)>

위 예시는 실제로 저자가 참여했던 프로젝트 기록이다. 완전히 동일한 프로젝트가 1년 후 다시 진행됐다. 기존 기록에서 해당 프로젝트가 최저시급 이상이었다는

사실을 확인하고 지원했다. 이미 작업해본 프로젝트라 다시 참여했을 때는 시급이 더 높았다.

간혹 동일한 프로젝트라도 세부적인 사항이 변경되는 경우가 있다. 만일 프로젝트 작업 방식이 변경됐다면 이 부분을 고려해 참여 여부를 결정해야 한다. 단가가 변동됐다면 기존 자료를 바탕으로 변경된 단가를 적용해 시급을 다시 계산하면 된다. 간혹 오토 라벨링 된 데이터를 수정하는 작업으로 작업 방식이 변경되는 경우도 있다. 기존 프로젝트에서 초기 학습용 데이터를 확보했기 때문에 그 데이터를 바탕으로 오토 라벨링을 진행한 것이다. 이러한 데이터는 전체적으로 수정해야 하는 경우가 많다. 심지어 라벨링을 새로 해야 하는 경우도 있고, 라벨링 데이터를 삭제하는 경우도 있다. 따라서 전체적으로 신경 써야 하는 부분이 많다. 처음부터 새로 작업하는 것보다 약간 손이 더 간다고 생각하면 된다.

동일한 프로젝트가 아닌 경우에는 프로젝트 진행 기업, 라벨링 기법, 대상을 비교하면 된다. 프로젝트 비교에서 기법은 가장 중요한 요소다. 라벨링 기법이 다른 프로젝트 간의 비교는 작업 방식이 완전히 달라 무의미하다. 라벨링 기법이 같다면 다음 요소들을 고려해 봐야 한다.

프로젝트 진행 기업이 같다면 프로젝트 운영방식이 비슷할 확률이 높고, 저작도구가 같아 비교가 가능하다. 특히 저작도구가 같으면 새로운 저작도구에 적응하는 시간을 줄일 수 있고 기능이 비슷해 조금 더 정확하게 비교할 수 있다.

라벨링 대상은 지원 시 명확히 알지 못하는 경우가 많다. 어떤 객체를 라벨링 해야 할지 공개하는 경우는 거의 없다. 만약 예외적으로 공고에 대상이 명시된 경우라면 두 가지를 고려할 수 있다. 대상의 카테고리가 같은 지와 대상의 형태가 무엇인지다. 카테고리 유사성이란 예를 들어, 자율주행 관련 대상이거나, 음식 대상이거나, 혹은 동물 대상인 경우다. 대상의 카테고리가 같다면 실제 대상이 되는 객체가 동일할 확률이 높으며 가이드도 비슷할 것이다. 대상의 형태는 크기와 외관의 복잡성이다. 바운딩이면 대상의 크기가 클수록, 폴리곤은 형태가 복잡할수록 작업 시간이 더 오래 걸린다. 이런 부분을 고려해 참여 여부를 결정하면 된다.

다른 모든 것이 다르고 라벨링 기법만 같은 경우라면 자신의 적성이나 실력을 정확히 파악해야 한다. 적성에 맞는 기법은 사람마다 다르니 자신의 적성을 찾아야 한다. 누구는 바운딩 박스를 빠르게 작업할 수 있으며, 누구는 검수를 빠르게 할 수 있고, 누구는 텍스트 프로젝트에 강점을 보이기도 한다. 자신이 잘하는 라벨링 기법을 정확히 안다면 프로젝트 지원 시 우선순위를 정하기 편하다.

총 작업 현황		
종류	수량	평균 시급
바운딩	125,849	24,391
폴리곤	23,118	18,621
키포인트	16,508	28,952
라이다	41,983	27,316

<저자의 기법별 평균 시급(단위: 건, 원)>

혹시 자신의 적성을 정확히 모르겠다면 위 예시처럼 그동안 기록해 둔 자료에서 기법별 평균 시급을 계산해 보는 것도 하나의 방법이다. 계산해 보면 나에게 맞는 라벨링 기법을 금방 찾을 수 있을 것이다.

(3) 프로젝트 선택 시 다른 확인 사항

프로젝트는 직접 참여해 봐야 정확한 시급을 알 수 있지만 어느 정도 예상을 해 볼 수 있는 몇 가지 핵심 내용이 있다. 다만, 다음에 열거되는 내용이 절대적인 것은 아니다. 워낙 다양한 프로젝트가 있고 사람마다 느끼는 바가 다르니 데이터 라벨링에 이러한 경향이 존재한다는 정도로만 참고하면 된다.

데이터 라벨링은 시급제나 월급제 형태로 급여를 지급하는 경우도 있으나 대부분 건당으로 급여를 지급한다. 작업 시간에 따라 정해진 돈을 받는 것이 아닌 자신이 작업한 수량만큼 급여를 받는다. 이때 건당으로 정해지는 금액을 단가라고 부른다. 건당 단가는 하나의 데이터(한 장의 이미지, 하나의 텍스트 등)를 기준으로 계산하는 방식과 인스턴스 단위로 계산하는 방식이 있다. 예를 들어, 이미지 한 장을 모두 작업했을 때 100원, 이미지와 관계없이 작업한 인스턴스 1개당 20원과 같은 식이다.

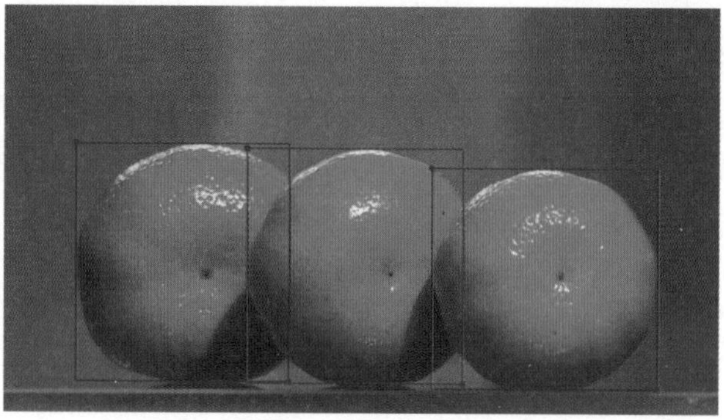

<위 이미지에서 데이터 기준 산정 시 이미지당 100원,

객체당 60원이 지급된다.>

프로젝트에 따라 차이가 있지만, 대개 데이터보다 인스턴스 단위로 계산할 때 시급이 더 높다. 특히 이미지 프로젝트에서 이러한 경향이 두드러진다. 어떠한 이미지를 작업 대상으로 받는가에 따라 시급 편차가 심하게 발생할 수 있다. 어떤 라벨러는 객체가 적은 이미지 위주로 분배 받고, 어떤 라벨러는 객체가 많은 이미지 위주로 분배 받을 수도 있다. 이 경우, 객체가 적은 쪽의 작업이 빨리 끝나며 상대적으로 시급도 높게 측정될 것이다. 이미지 단위로 단가가 지급되는 프로젝트의 경우에는 라벨러 실력보다 운이 더 중요한 요소로 작용한다.

일부 프로젝트에서는 이미지의 객체 수에 따라 데이터를 나눠 분배하기도 한다. 예를 들어, 객체를 3개 이하, 4~9개, 10개 이상, 혹은 적음, 보통, 많음 등으로 분류해 작업자에게 분배하는 것이다. 모든 작업자에게 최대한 균등하게 작업을 분배하기 위한 방법이다. 이러한 방식을 사용해도 앞서 설명한 대로 모든 이미지의 객체 수를 정확히 파악할 수 없어 모든 작업자에게 균등하게 데이터를 배분하기는 어렵다.

그래서 많은 라벨러가 데이터 단위보다 인스턴스 단위의 단가를 선호한다. 데이터 내 대상 수와 관계없이 실제 작업한 개수만큼 돈을 받을 수 있기 때문이다. 하지만 이는 라벨러들의 경향성에 근거한 것이며, 데이터 단위로 단가를 계산해도 높은 시급을 보이는 프로젝트도 존재한다. 프로젝트 구인공고 시 데이터 단위로 단가를 책정하는 프로젝트는 '이미지당', '장당'이라는 표현을 많이 사용하며, 인스턴스 단위로 단가를 책정하는 프로젝트는 '인스턴스당', '오브젝트당', '객체당'이라는 표현을 사용한다. 건당으로 표시된 경우는 두 방식 모두 사용되는 표현이라 자세히 확인할 필요가 있다.

표면적인 단가는 시급에 영향을 미치지 않는다. 단가가 인스턴스당 20원인 A 프로젝트와 인스턴스당 200원인 B 프로젝트가 있다고 가정해 보자. 표면적으로 보이는 200원이라는 숫자 때문에 B 프로젝트 단가가 높고 시급이 더 괜찮다고 생각할 수도 있다. 하지만 막상 두 프로젝트를 직접 해보니 B 프로젝트의 객체 하나를 작업하는 시간에 A 프로젝트는 20개를 작업할 수 있었다. 그렇다면 A 프로젝트의 시급이 B 프로젝트보다 2배 이상 높은 것이다. 이렇게 오직 단가만으로 고려하면 자칫 더 좋은 프로젝트를 놓칠 수도 있으니 주의해야 한다. 단가는 비슷한 라벨링 기법 간의 비교 정도로 사용되며, 실제 시급은 단가의 높고 낮음과 상관없을 수도 있다.

음성 프로젝트와 영상 프로젝트는 단가 계산 방식을 꼼꼼히 확인할 필요가 있다. 이런 프로젝트는 '1시간당 3만 원'처럼 단가를 표현한다. 이때 주의해야 할 점은 '1시간'이 실제 작업 시간이 아닐 수도 있다는 점이다. 여기서 말하는 1시간은 '1시간짜리 파일을 작업 완료하는 것'을 의미한다. 즉, 음성파일 1시간 분량 작업을 모두 완료했을 때 3만 원이 지급된다는 것이다. 그러나 실제 작업 시간은 음성 파일 시간보다 몇 배나 긴 경우가 대부분이다. 1시간의 음성 파일을 전사하는데 실제 작업 시간은 3시간 이상 소요되기도 한다. '1시간당 3만 원'의 음성 프로젝트 시급을 계산하면 최저시급 혹은 그 이하가 될 가능성이 높다. 이러한 종류의 공고에 지원하는 경우에는 명시된 시간이 실제 작업 시간인지, 가공해야 하는 파일의 시간인지를 꼭 확인해야 한다. 또, 가공해야 하는 파일의 시간보다 실제 작업 시간이 몇 배 이상 길다는 점도 기억해야 한다.

이렇듯 데이터 라벨링 프로젝트들은 시급과 관련한 변수가 많다. 개인의 능력, 프로젝트 가이드, 저작도구 활용성 등 다양한 요소가 실제 시급에 변수로 작용할 수 있다. 단순히 채용공고나 프로젝트 안내에 적힌 글만으로 시급을 예상할 수 없으며, 공고에 나와 있는 시급을 맹신해서도 안 된다. 프로젝트의 시급을 알고 싶다면 직접 참여해 보는 것이 가장 정확하다.

(4) 프로젝트 지원 시 유의사항

채용공고나 프로젝트에 지원했다면, 합격·불합격에 지나치게 신경 쓸 필요는 없다. 합격이라면 어떤 형태로든 연락이 온다. 불합격이라고 연락이 오지 않으면 그 프로젝트는 잊고 다른 프로젝트를 찾으면 된다. 모든 프로젝트의 합격과 불합격 여부를 신경 쓰는 것은 자신의 마음만 소모할 뿐이다. 프로젝트는 계속 있다는 것을 잊지 말아야 한다.

여러 프로젝트에 지원하면 자연스레 불합격되는 공고나 프로젝트도 많아진다. 프로젝트 목적이나 채용하는 기업의 인재상에 따라 경력이 있는 라벨러도 불합격하는 경우가 무수히 많다. 간혹 불합격 여부가 안내되지 않을 때는 커뮤니티에서 정보를 확인하면 된다. 저자 또한 많은 공고와 프로젝트에서 떨어진 경험이 있다. 불합격 후 새로운 프로젝트들을 찾고 지원해 더 나은 프로젝트를 만나기도 했다. 데이터 라벨링 경력이 쌓일수록 불합격은 필연적으로 따라오는 익숙한 경험이 된다. 지원한 프로젝트 혹은 공고의 불합격 통보로 실망하거나 좌절할 필요가 없다.

2) 고수입 필수 조건! 여러 프로젝트에 동시 참여하는 법

(1) 여러 프로젝트에 동시에 참여해야 하는 이유

데이터 라벨러로 활동한다면 여러 프로젝트에 동시에 참여하는 것이 좋다. 참여 중인 프로젝트가 중단되거나 조기 종료될 수도 있기 때문이다. 인공지능 학습용 데이터 구축은 계획부터 시작해 데이터 수집, 정제, 가공, 검수, 데이터 적용 등 일련의 단계가 유기적으로 조화롭게 진행돼야 한다. 이 과정 중 어느 한 부분에 문제가 생긴다면 전체 과정이 지연된다.

프로젝트에 참여하다 보면 가공에 필요한 데이터가 부족하거나 같은 프로젝트인데 순차로 나눠서 가공을 진행하는 경우를 많이 접한다. 데이터 가공은 대상 데이터 확보 및 수집과 정제를 한 상태에서 시작하는 경우가 드물다. 초기 데이터만 확보한 상태에서 가공을 시작한 후, 가공이 진행되는 동안 데이터를 추가하는 방식으로 진행하는 경우가 많다. 이는 구축 과정의 효율성을 추구함과 더불어 인공지능이 구축 계획에 따른 올바른 방향으로 작동하는지를 검증하기 위함이다. 검증에서 인공지능이 계획한 방향대로 학습한다면 데이터 구축은 계속 진행된다. 그렇지 않은 경우에는 구축 과정의 문제점을 찾고 수정하며, 위의 과정을 다시 한번 거친다. 검증을 통과하지 못하면 계획을 수정하느라 가공이 지연될 수 있다. 검증에 통과했어도 이후 추가 데이터 확보가 늦어진다면 가공 또한 지연된다.

가공된 데이터에 지속적인 품질 문제가 발생하면 이 역시 프로젝트 지연을 가져오며 심한 경우에는 프로젝트가 조기 종료되기도 한다. 이는 대규모 크라우드워커를 활용하는 프로젝트에서 종종 일어나는 상황이다. 가공해야 하는 데이터는 많고 작업 속도는 더딘 상황에서 작업자 수를 늘리면 품질이 계속 저하될 수 있다. 참여 인원이 워낙 많은 탓에 일정 수준 이상의 품질 유지가 어려워지는 것이다. 이런 상황이 반복되면 가이드를 재정비하거나 교육을 추가하는 등의 방법으로 품질을 끌어올리기 위해 프로젝트를 잠시 중단시키기도 한다. 그럼에도 품질이 나아지지 않으면 프로젝트를 조기 종료하고 다른 방법을 모색한다. 중지된 프로젝트의 가공 작업을 내부 프로젝트로 바꿔 사무실로 출퇴근하는 계약직 데이터 라벨러를 구하거나, 꾸준한 품질을 유지해 온 소수의 라벨러를 선별해 프로젝트에 참여시키는 형태로 진행하기도 한다. 데이터 구축 과정에서 계획 변경으로 가공 데이터 수량 자체가 줄어들 거나 예상보다 작업이 빠르게 진행될 수도 있다. 이런 경우, 처음 공지했던 마감 시점보다 빠르게 프로젝트가 종료된다.

건당으로 급여를 지급받는 라벨러 입장에서 데이터가 부족하거나 참여했던 프로젝트의 조기 종료는 결코 바람직한 상황이 아니다. 작업할 수 있는 데이터가 없다면 수입에서 손해를 보게 된다. 따라서 되도록 여러 프로젝트에 동시 참여하는 것이 바람직하다. 이미 다른 프로젝트에 참여 중이라도 여유 시간이 있다면 다른 프로젝트를 찾아보고 계속 지원해야 한다.

프로젝트에 참여하려면 가이드를 숙지해야 하고, 일부 프로젝트는 교육을 듣거나 테스트를 봐야 한다. 프로젝트 참여 과정은 귀찮으며 생각보다 많은 시간이 소요될 수도 있다. 하지만 지속적이고 안정적인 작업을 하려면 계속 지원해야 한다. 여러 프로젝트를 동시에 진행한다면 수입에 유리한 프로젝트에 힘을 더 쏟을 수도 있고, 다른 프로젝트가 잠시 중단돼도 작업을 끊김 없이 할 수 있다.

(2) 다수 프로젝트 참여 시 고려할 사항

여러 프로젝트를 동시에 진행할 때 고려해야 하는 사항은 다음과 같다. 우선 자신의 작업 시간을 정확히 파악해야 한다. 프로젝트에 최대한 많이 참여한 후 시급이 좋고 꾸준한 데이터 수량이 있는 프로젝트를 선별해 참여하는 것은 바람직한 일이지만, 자신이 할 수 있는 것 이상으로 과도하게 많은 프로젝트에 참여하는 것은 경계해야 한다. 프로젝트를 운영하는 기업이 제시한 목표 수량을 채우지 못하면 프로젝트 운영에 차질을 빚게 된다.

데이터 라벨링은 직접 참여하지 않으면 작업에 어느 정도 시간이 소요되는지 정확한 파악이 힘들다. 가용 시간은 여유를 갖고 계산하는 것이 좋다. 예를 들어, 자신의 실제 가용 시간이 4시간이라면 앞뒤로 한 시간 정도의 여유를 두고 계산하는 식이다. 프로젝트가 갑자기 중단되는 경우까지 고려해 타이트하게 시간을 잡는 것이 좋다.

다음으로 고려해야 할 것은 할당량이다. 할당량은 실제 작업 시간과 직접적으로 연결되는 부분이기에 이 두 가지를 복합적으로 고려해야 한다. 프로젝트 공고에 직접적인 할당 수량이 적혀 있거나 최소 작업 시간을 명시하는 경우도 있다. 이 정보를 바탕으로 매일 꾸준히 작업을 할 수 있는지 고려해야 한다. 할당량이 없는 프로젝트는 할당량이 존재하는 프로젝트보다 비교적 자유롭게 진행할 수 있지만, 적은 수량이라도 매일 작업할 수 있어야 한다. 이 두 가지를 잘 고려해 프로젝트에 꾸준히 지원해야 한다.

프로젝트에 지원한다고 해서 무조건 합격하는 것이 아니다. 반대로 다수의 프로젝트에 동시 합격하면 생각보다 참여 프로젝트가 많아질 수도 있다. 여러 프로젝트가 순차적으로 꾸준히 열린다면 이러한 문제가 발생하지 않겠지만 대부분 프로젝트는 비슷한 시기에 열린다. 이 때문에 자신이 계획했던 것보다 많게, 혹은 적게 프로젝트에 참여할 수도 있다. 변수가 많은 만큼 시간 활용을 효율적이고 융통성 있게 할 수 있도록 계획을 잘 세우는 것이 중요하다.

(3) 안정적으로 프로젝트를 동시에 진행하는 방법

다수의 프로젝트를 참여하는 데 있어 가장 중요한 것은 언제든 작업할 수 있는 프로젝트를 확보하는 것이다. 데이터 수량이 많고, 할당 방식이 자유로우며, 할당량이 적고, 작업 기간도 어느 정도 긴 프로젝트가 여기에 해당한다. 이러한 프로젝트에 참여하는 라벨러는 언제든 작업에 참여할 수 있을 것이다. 다른 프로젝트가 중단되거나 종료돼도 작업 공백이 발생하지 않는다. 이런 프로젝트는 시급이 높지 않아도 되도록 꾸준히 참여하는 것이 좋다. 이런 프로젝트를 확보해 두면 다수의 프로젝트를 안정적으로 운용할 수 있다.

또, 프로젝트 우선순위를 정하고 작업하는 것이 좋다. 작업에 할애할 수 있는 시간은 한정돼 있으며 프로젝트마다 시급도 다르다. 정해진 시간 안에 시급 높은 프로젝트 위주로 작업하는 것은 당연하다. 하지만 데이터 라벨링은 프로젝트가 갑자기 중단될 수도 있으니, 다른 프로젝트들을 소홀히 해서는 안 된다. 프로젝트의 우선순위를 정하고 모든 프로젝트를 매일 꾸준히 작업하는 것이 중요하다. 우선순위를 정하는 데 있어 고려해야 하는 사항은 다음과 같다.

<우선순위 고려 사항>
·시급 ·작업 수량 ·할당 방식 ·프로젝트 기간 ·개인 선호도

우선순위에서 가장 큰 비중을 차지하는 것은 시급이다. 시급은 수입과 직접적으로 연결되는 부분인 만큼 항상 최우선 고려 사항이다. 그다음으로 작업 수량이다. 아무리 시급이 높아도 할당되는 데이터의 양 자체가 적다면 높은 수입을 올릴 수 없다. 작업자별로 할당되는 양이 많은 프로젝트를 우선순위에 두는 것이 좋다.

할당 방식은 작업의 연속성을 확보할 수 있는 매우 중요한 부분이다. 할당 방식은 크게 자율 할당, 관리자 할당, 할당량 제한이 있다. 자율 할당은 말 그대로 프로젝트가 열려 있으면 할당량 제한 없이 작업을 할 수 있음을 의미한다. 이 방식은 여러 작업자가 전체 수량을 함께 작업해 경쟁이 치열하다. 관리자 할당은 관리자가 작업자에게 할당을 주는 방식이다. 할당된 작업을 모두 완료하면 관리자에게 요청해 추가 할당을 받는다. 작업을 모두 완료한 후 바로 할당을 받는 것이 아니라 정해진 기간마다, 예를 들어, 3일 또는 일주일마다 할당받는 방식도 있다. 할당량 제한은 개별 작업자별로 최대 작업 수량을 정해 놓은 것이다. 최대 작업 수량이 정해져 있다고 해서 반드시 그 수량을 다 작업할 수 있다는 것은 아니다. 이 경우, 작업을 빠르게 하는 게 좋다. 할당 방식에는 다양한 방법이 있는 만큼 고려 사항이 많다. 되도록 안정적으로 할당되는 프로젝트를 작업 우선순위 상위권에 올려 둬야 한다.

프로젝트 기간은 말 그대로 프로젝트 운영 기간이다. 이 기간에 반드시 작업할 데이터가 있는 것은 아니지만, 프로젝트 운영 기간이 길면 길수록 안정적으로 프로젝트에 참여할 수 있는 가능성이 크다. 따라서 운영 기간이 긴 프로젝트를 우선순위에 두는 것이 좋다.

개인 선호도 중요하다. 여러 사항을 고려해 우선순위를 정해도 이 부분을 완전히 무시하기는 힘들다. 시급도 높고 데이터 수량이 충분해도 작업이 힘들고 재미없다면 오랜 시간 하기 어렵다. 선호도를 고려해 작업 시간을 적절하게 조절하는 것이 중요하다.

위 사항들을 종합해 프로젝트 우선순위를 정하고 매일 꾸준히 작업해야 한다. 그렇다면 어느 프로젝트가 중단돼도 다른 프로젝트로 안정적이고 꾸준한 수입을 올릴 수 있다. 안정적으로 프로젝트에 참여하려면 최소한 프로젝트에서 제시한 할당량은 모두 채워야 한다. 할당량을 다 채운 후 작업 시간이 남는다면 우선순위에 따라 작업을 이어 나가면 된다. 할당량이 있다 해도 관리자 소통으로 할당량을 조절하거나 며칠 정도 미룰 수 있는 여지가 있다. 그러니 할당을 채우는데 너무 큰 부담을 갖지 않아도 된다.

여러 프로젝트를 진행할 때 가장 이상적인 형태는 다음과 같다. 데이터가 충분하고 할당이 자유로워 언제든 참여할 수 있는 프로젝트 1~2개를 기본으로 진행하며 작업 안정성을 확보한다. 그리고 시급 높은 프로젝트들에 참여한다. 할당이나 데이터 수급이 불안해도 시급이 높으면 작업 시간 대비 높은 수입을 확보할 수 있다. 이를 바탕으로 신규 프로젝트를 1~2개 추가한다. 신규 프로젝트는 현재 진행 중인 프로젝트들보다 작업 기간이 더 길 가능성이 높아 타 프로젝트가 종료되었을 때를 대비해서 참여하는 것이다. 게다가 새로운 프로젝트가 더 안정적이거나 시급이 높을 수도 있기 때문에 꾸준히 참여하는 것이 좋다. 이는 가장 이상적인 형태일 뿐이며 개인의 가용 시간이나 참여 중인 프로젝트 상황에 따라 융통성 있게 프로젝트 개수를 가감하면 된다.

<다수 프로젝트 참여 시 이상적인 형태>
·데이터 수량이 많고, 할당 방식이 자유로우며, 할당량이 없거나 적은 프로젝트를 기본으로 한다. ·시급 높은 프로젝트 여러 개를 확보한다. ·신규 프로젝트에 꾸준히 지원한다.

아래는 저자가 실제로 여러 프로젝트에 참여하며 프로젝트를 운영했던 방식이다.

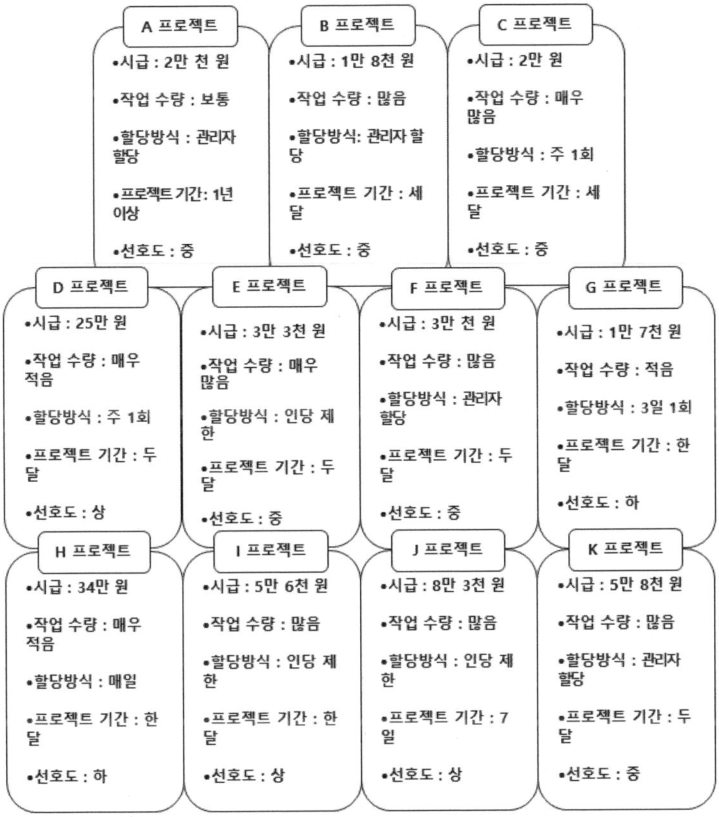

<2022년 11월에 저자가 참여한 프로젝트들>

2022년 11월에 참여한 프로젝트는 총 11개로 모든 프로젝트를 매일 작업한 것은 아니다. 중간에 갑자기 시작한 프로젝트도 있고, 종료된 프로젝트도 있다. A~D는 10월부터 꾸준히 작업을 해오던 프로젝트다. E~G는 최소 수량만 작업해 타 프로젝트가 종료되었을 때를 대비한 프로젝트다. H~J는 할당이 있을 때마다 최우선으로 작업한 프로젝트다. K는 11월 말에 신규 투입된 프로젝트다.

A 프로젝트의 경우, 작업 기간이 길고, 할당량은 없었으며 관리자에게 요청해 할당받는 방식이었다. 시급은 2만 원으로 비슷한 시기에 참여했던 프로젝트들에 비해 낮은 편이었다. 그러나 작업 기간이 길고 할당량이 없어서 프로젝트 참여가 자유로운 편이었다. 다른 프로젝트 작업이 없을 경우를 대비해 최소한의 수량만 작업하며 프로젝트를 유지했다. 이러한 방식이 가능했던 이유는 작업할 데이터 수급이 일정하지 않아서 자주 중단되던 프로젝트였기 때문이었다. 데이터 수급 기간이 몇 주 정도 소요돼 주기적으로 프로젝트가 중단된 후 다시 시작된 덕분에 최소한의 작업 수량으로도 지속 참여가 가능했다.

B 프로젝트의 경우, 3달의 작업 기간 중 마지막 달이었고 할당량이 없었으며 이 프로젝트 역시 관리자에게 요청해 할당받는 방식이었다. 9월부터 시작된 작업으로 시급이 높지 않아 다른 프로젝트가 있으면 언제든 작업량을 줄였다. 11월에 시급 높은 다른 프로젝트들이 많아지면서 기존에 할당받은 양을 마무리한 후 더 이상 작업하지 않았다. 11월이 프로젝트 마지막 달이라 자연스럽게 프로젝트를 정리할 수 있었다.

C 프로젝트는 관리자가 주 1회 할당을 주고 할당된 양을 그 주 안에 작업을 마치는 방식이었다. 이 프로젝트는 12월까지 진행이 예정돼 있었고, 할당량을 채우기 위해 매일 꾸준히 작업했다. 시급이 높은 편은 아니었지만 12월까지 작업이 예정돼 있어서 작업 수량을 유지했다. 간혹 할당량을 채우기 어려운 경우에는 관리자 소통으로 할당량을 약간씩 조절했다.

D 프로젝트는 시급이 매우 높았으며, 적은 양의 데이터가 주 1회 할당됐다. 할당량이 많지 않았고, 작업 내용에 비해 시급이 높아 할당받으면 최우선 순위로 작업했다.

E 프로젝트는 11월에 투입됐으며 인당 제한이 있는 프로젝트였다. 따로 관리자에게 할당받지 않아도 돼 원하는 시간에 작업이 가능했다. 시급이 괜찮았고 작업도

원하는 시간에 언제든 할 수 있어서 작업 환경은 괜찮았으나, 인당 제한을 모두 채우지는 않았다. 저작도구와 기법이 선호도에 맞지 않았으며 참여할 수 있는 다른 프로젝트들이 많이 있었기 때문이다.

F 프로젝트는 시급이 나쁘지 않았고 작업 수량도 많았다. 다만, 관리자가 할당하는 방식은 일정하지 않았다. 작업을 모두 완료하면 특별한 요청을 하지 않고 관리자가 할당을 주는 방식이었으나, 간혹 1주일이 지나도 할당을 주지 않는 경우가 있었다. 관리자와 소통할 수 있는 창구도 없어 할당이 있을 때 최소한으로 작업했다.

G 프로젝트는 주기적으로 할당을 주며 요청 시 추가 할당을 주는 프로젝트였다. 비슷한 시기에 작업하던 여타 프로젝트들에 비해 시급이 낮은 편이라 최소 할당 수량만큼 작업을 진행했다.

H~J 프로젝트는 시급은 높았지만 할당이 꾸준히 있었던 것은 아니어서 할당이 주어진 시기에 먼저 작업했다. K 프로젝트는 11월 말에 새롭게 투입된 프로젝트로 다음 달에 작업할 수 있는 프로젝트 확보를 위해 지원한 것이었다. 시급이 높아 12월에 주요 프로젝트로 작업했다.

저자는 A와 C, E 프로젝트를 기본으로 작업했다. 이 프로젝트들은 비교적 할당이 많았으며, 언제든 작업을 할 수 있도록 프로젝트가 항상 열려 있었다. 이중 C 프로젝트는 할당이 정해져 있어서 3개 프로젝트 중 우선순위가 가장 높았다. D 프로젝트의 데이터가 할당되면 가장 최우선으로 작업했다. I와 J 프로젝트의 경우, 시급이 높았지만 작업 기간은 그리 길지 않았다. 그래서 두 프로젝트가 진행되는 동안에 C 프로젝트 할당량을 줄이고 I와 J 프로젝트에 모든 시간을 할애했다. F~H 프로젝트는 다른 프로젝트가 갑자기 중단되거나 종료되는 경우를 대비해 보험 형식으로 참여한 프로젝트로 최소 수량만 유지했다. K 프로젝트의 경우, 12월을 대비하는 프로젝트라서 최소한만 작업했다.

<저자의 프로젝트 운용 핵심 요약>

·기본적으로 작업을 진행할 프로젝트를 선별해 할당량만큼 작업하거나 작업할 데이터가 없는 경우에 작업했다.(A, C, E)
·시급이 높은 프로젝트의 할당이 배정된 경우, 최우선으로 작업했다.(D, I, J)
·안정적으로 작업을 유지하기 위해 신규 프로젝트에 지원했다.(K)
·기타 다른 프로젝트들은 타 프로젝트 중단을 대비해 최소한의 작업을 했다.

데이터 라벨러가 안정적으로 고수입을 올리기 위해서는 다수의 프로젝트에 참여하는 것이 중요하다. 여러 프로젝트를 운용하며 시급을 비교하고 최대한 효율적으로 작업해야 고수입을 올릴 수 있다. 다수의 프로젝트를 운용하는 것은 많은 경험과 노하우가 필요하다. 그 경험과 노하우가 쌓이기 전까지 위에서 설명한 방식으로 프로젝트를 운영해 보고 그 과정에서 얻은 경험을 바탕으로 자신만의 프로젝트 운용 방식을 만들어 간다면 높은 수입을 거둘 수 있을 것이다.

4. 프로젝트 완료 후 놓치지 말아야 할 노하우들

1) 시급 높이고 작업 속도 올려주는 가이드 분석법

다양한 프로젝트에 투입되다 보면 수많은 가이드를 만나게 된다. 가이드 길이는 천차만별이다. 짧은 가이드는 몇 페이지에 불과하지만 간혹 100페이지가 넘는 것도 있다. 프로젝트마다 비슷한 유형의 가이드는 있어도 완전히 동일한 가이드는 없다. 그렇다 보니 프로젝트에 새로 투입될 때 가이드를 익히는데 많은 시간이 걸린다. 새로운 작업을 시작하려면 가이드는 일정 수준 이상으로 숙지해야 한다. 가이드를 조금 더 쉽게 숙지할 수 있는 몇 가지 팁을 제시한다.

(1) 가이드 큰 틀 먼저 확인하기

가이드를 확인할 때 가장 먼저 해야 할 일은 프로젝트 목적을 확인하는 것이다.

대부분의 가이드는 앞부분에 해당 프로젝트가 어떤 목적으로 데이터를 가공하는지에 대해 간략하게 소개한다. 프로젝트 목적을 이해하면 이후 가이드를 숙지하고 실제 작업에 들어갈 때 많은 도움이 된다. 새롭게 시작할 프로젝트와 유사한 프로젝트를 과거에 경험했어도 프로젝트 목적을 이해하는 단계를 생략하는 것은 좋지 않다. 오히려 과거의 작업 경험 때문에 새로운 프로젝트를 잘못된 방향으로 이해하고 잘못 작업하다 반려되면 문제를 깨닫는 경우가 종종 있다.

프로젝트 목적을 이해했다면 가이드를 전체적으로 훑어보는 것이 좋다. 목차를 확인한 후 가이드 구성을 유심히 봐야 한다. 가이드 구성을 전체적으로 살펴보며 중점적으로 봐야 할 내용이 어떤 것인가를 머릿속으로 미리 정리한다. 이러한 정리 과정 없이 상당한 분량의 가이드를 그저 읽기만 하면 이해에 많은 시간이 걸리며, 정작 중요하게 숙지해야 하는 부분을 놓칠 수 있다. 처음 시작하는 프로젝트인 만큼 먼저 이해해야 할 부분을 확인하고, 나에게 필요한 내용을 고민하며 가이드를 효율적으로 이해할 준비를 해야 한다.

가이드의 큰 틀을 확인한 후 작업을 시작하기에 앞서 미리 준비해야 하는 부분이 있는지 확인한다. 저작도구 사이트 가입 혹은 프로그램 설치 방법, 협업툴 입장 안내, 정산 처리를 위한 서류 안내, 정산 방법 등이 이에 해당한다. 특히 저작도구 접속이나 프로그램 설치 등은 가이드 확인과 동시에 진행하는 것이 좋다. 접속이 안 되거나 프로그램 설치에 어려움이 있다면 프로젝트 참여 자체가 되지 않는다. 뒤늦게 문제를 알고 관리자와 소통하기 시작하면 이를 해결하느라 데이터 할당이 늦어질 수도 있다.

이런 방식으로 가이드를 확인하며 필요한 것들을 준비했다면 실제 작업 과정에 적용되는 가이드를 확인하며 본격적인 작업 준비를 한다. 우선 가이드의 '공통 사항'을 학습한다. 이는 프로젝트 전체를 관통하는 하나의 공통된 규칙이다.

<가려진 객체에 대한 작업 방식은 공통 사항이다.>

바운딩 박스 작업을 예를 든다면, 프로젝트에 따라 위 예시 상단 사진처럼 가려진 객체를 보이는 부분만 작업할 수도 있고, 아래 사진처럼 가려진 부분을 예측한 작업을 할 수도 있다. 이는 객체의 가려짐과 관련이 있기 때문에 클래스와 상관없이 프로젝트 전체에 공통으로 적용되는 사항이다. 이외에도 라이다 프로젝트의 바닥 포인트 제외 여부, 텍스트 프로젝트의 문장부호 사용 여부, 글자 수 제한 등은 각 프로젝트의 공통 사항으로 등장할 수 있다.

공통 사항은 프로젝트 작업 시 가장 기초가 되고 중요한 부분이라 먼저 숙지하는 것이 좋다. 프로젝트 전체에 영향을 주는 공통 사항을 놓친다면 작업물 전체가 반려로 돌아올 수 있으니 주의해야 한다.

(2) 세부 내용 확인

세부 사항을 통해 클래스별, 상황별 작업 방식을 구체적으로 알 수 있으며 작업 예시와 특이 케이스 등이 제시돼 있어 프로젝트 실무를 파악할 수 있다. 대부분 가이드는 세부 사항 분량이 많으며, 설명도 길어 라벨러 입장에서 이해하기 까다롭다. 가이드 숙지에 있어 가장 많은 시간을 할애하는 부분이 바로 세부 특징이다.

세부 사항 중 중점적으로 확인해야 하는 사항은 클래스별 세부 사항이다. 예를 들어, 자율 주행 프로젝트라면 트럭에 실린 짐 포함 여부, 자전거에 탄 사람 포함 여부, 특수 차량의 경광등 포함 여부 등이 있을 수 있다. 이외에도 세부 속성별 자세한 설명이 있는 경우가 많으니 가이드를 꼼꼼히 읽어볼 것을 추천한다. 가이드 내용을 외우는 것이 작업 효율 면에서 좋으나 내용이 많으면 가이드를 외우는데도 상당한 시간이 소요된다. 가이드를 접하는 시간도 작업 시간에 포함되는 만큼 프로젝트 시작 단계에서 모든 내용을 애써 외울 필요는 없다. 예를 들어, 클래스 세부 사항 체크를 위해 가이드를 한쪽에 열어놓고 작업 중간중간 해당 내용을 확인하며 작업할 수 있다. 다만, 어떤 클래스에 어떤 세부 내용이 실려 있는지 정도는 미리 외우고 있어야 수월하게 작업할 수 있다.

(3) 기타

작업 예시들은 작업 전 모두 확인하는 것이 좋다. 작업을 하는 데 있어 실제 작업 사진만큼 좋은 예시는 없다. 상황별 작업 방식이나 특이 케이스는 한 번 훑어본 후 이런 내용이 있다 정도로만 이해하면 된다. 대략 기억해 두면 작업 중 해당 내용이 나왔을 때 가이드를 통해 손쉽게 비교할 수 있다.

모든 가이드를 확인했다면 작업을 시작하기 전 저작도구 사용 방법을 숙지한다. 대부분의 가이드는 프로젝트에 사용되는 저작도구 사용 방법을 알려준다. 저작도구의 원활한 사용은 작업 효율 면에서 가장 중요한 부분이니 익숙해져야 한다. 특히 저작도구에서 자주 사용되는 단축키는 외우거나 따로 기록해 두는 것이 좋다.

가이드는 프로젝트 참여에서 매우 중요한 부분으로 데이터 품질을 결정짓는 요소다. 품질이 좋다는 것은 반려가 적다는 것을 의미하며 이는 곧 수입 상승으로 이어진다. 따라서 가이드를 잘 숙지하고 작업하는 것이 매우 중요하다.

작업 시작 전 가이드를 완벽하게 외울 필요는 없다. 작업 초반에는 앞서 설명한 정도로 가이드를 숙지해도 충분하다. 대신 작업할 때 가이드를 실행하고, 작업 과정에서 조금이라도 의문점이 생긴다면 바로 찾아봐야 한다. 가이드는 대부분 파일 형식으로 제공돼 찾기 기능을 사용할 수 있다. 가이드를 가까이하며 작업하면 자연스레 가이드가 머릿속에 들어오고 작업 효율이 높아진다.

<가이드 확인 요약>
·프로젝트 목적 확인 → 프로젝트 참여를 위한 준비 사항 확인(저작도구 등) → 공통 적용 사항 확인 → 클래스(속성)별 특이사항 확인 → 기타 사항 확인 → 저작도구 사용방법 숙지

2) 작업 효율을 극대화하는 전략적인 질문 방식

프로젝트에 참여하다 보면 필연적으로 관리자에게 질문하는 경우가 생긴다. 애매한 케이스가 많은 프로젝트라면 질문은 더 많아진다. 질문하고 답변 받는 시간조차 작업 시간에 포함된다. 명확한 질문으로 관리자가 문의사항을 정확히 인지할 수 있게 해야 한다. 관리자가 질문 내용을 명확히 알지 못하면 엉뚱한 답변을 줄 수도 있다. 문의 요지를 파악하기 위해 재질문과 답변을 하게 될 수도 있다. 이러면 원하는 답변을 받는 시간이 길어지며, 더 많은 작업 시간을 잃게 된다. 질문을 작성할 때 보다 정확한 질문을 하기 위한 방법을 소개한다.

프로젝트 진행 시 의문점이 생긴다면 우선 가이드를 다시 한번 꼼꼼히 살펴보자. 가이드로 해결되지 않는다면 협업툴에 올라온 공지나 가이드 변경 사항 등이 없는지 확인해 봐야 한다. 그래도 원하는 정보를 얻지 못했다면 검색으로 이전에 유사한 질문이 올라왔는지 찾아본다. 모든 협업툴은 검색 기능을 지원해 의문 사항과 관련 있는 키워드로 검색하면 대부분 원하는 답을 찾을 수 있다. 키워드로 검색할 때는 질문과 관련된 다양한 단어로 검색한다. 이전에 올라온 질문에 어떤 단어가 사용됐는지 알 수 없기 때문이다. 그래도 필요한 정보가 나오지 않는다면 질문을 작성한다.

<질문 전 확인 사항>
·의문 사항 발생 → 가이드·공지 확인 → 다양한 키워드로 협업툴 검색 → 질문 작성

질문은 자신의 의문 사항이 명확히 전달될 수 있도록 최대한 자세하게 작성한다. 예를 들어, 차량을 라벨링 할 때 차종이 애매한 경우가 있다. 이때 "이거 뭔가요?" 혹은 "이 차종 뭔가요?"처럼 단순하게 질문을 하는 것보다 구체적으로 내용을 작성하는 게 좋다. 기업에서 제시하는 질문 양식이 있다면 해당 양식을 지켜 작성하며 핵심 키워드를 포함해 작성하는 것이 좋다. "이 차는 SUV 같기도 하고 벤 같기도 한데 정확한 차종이 뭔가요?" 혹은 "차량 상단의 얇은 안테나도 포함해야 하나요?" 정도로 핵심 키워드를 꼭 포함한다. 예시 질문에서 핵심 키워드는 'SUV', '벤', '차종', '얇은', '안테나'다. 기업에서 제시하는 특별한 양식이 없다면 아래 형태로 질문을 작성하는 것을 추천한다.

<질문 시 포함돼야 하는 항목>
·캡처 이미지 ·데이터 ID(혹은 파일명) ·핵심 키워드

DataID: 53adckg03cd8dsc

아래 표시한 차량의 차종이 대상이 맞나요?
대상이 맞다면 차종이 SUV일까요, 아니면 승용차일까요?

<질문 예시. 핵심 키워드를 포함해 질문해야 한다.>

캡처 이미지는 질문을 더욱 명확하게 해주므로 되도록 포함한다. 위 예시와 같이 질문 대상을 표시해 질문하면 답변 받기가 한결 수월하다. 여기에 이미지를 보다 명확하게 확인하기 위한 데이터 전체 화면 캡처와 질문 대상을 확대한 캡처를 함께 첨부하면 더 좋다. 화면 캡처는 윈도에서 기본 기능으로 지원하므로 다음 방법으로 하면 된다. 캡처 후 캡처 도구가 실행되지 않는다면 윈도 알림 설정에서 알림을 켜면 된다. 캡처는 윈도 기본 기능 외에도 알캡처 같은 프로그램도 있다. 다른 프로그램을 사용하는 경우, 캡처 단축키를 확인하는 것이 좋다. 간혹 저작도구 단축키와 캡처 프로그램 단축키가 중복되는 경우가 발생한다. 윈도 기본 기능 단축키는 저작도구와 중복되지 않는다.

<이미지 캡처 방법>
·이미지 캡처 후 전송 : 윈도 키+Shift+S → 캡처 영역 지정 → 협업툴에 붙여넣기 ·이미지 편집 후 전송 : 윈도 키+Shift+S로 캡처 → 우하단 캡처 도구 클릭 (캡처 도구가 나오지 않으면 그림판 실행 후 붙여넣기) → 편집 → 저장 후 전송 or 편집된 이미지 다시 캡처 후 붙여넣기

데이터 ID는 캡처 이미지만으로 질문에 대한 명확한 판단이 어려운 경우, 관리자가 직접 데이터를 확인하는 데 필요하다. ID가 노출되지 않는 프로젝트는 제외해도 된다. 핵심 키워드는 질문 전달력을 높이고 유사 질문에 대한 검색 편의를 제공한다.

좋은 질문은 프로젝트 진행에 긍정적 영향을 준다. 가이드 문제점이나 작업 이슈 등을 기업에서 파악할 수 있기 때문이다. 이러한 방식으로 질문을 작성하면 관리자가 질문 요지를 이해하기 쉬우며 명확한 답변을 줄 수 있다. 특히 핵심 키워드를 통해 검색이 활성화되면 유사 질문이 줄어 질의응답에 들어가는 관리자의 피로도 역시 감소한다.

3) 고수입 가르는 결정적 디테일, 작업 효율 높이는 법

데이터 라벨링은 시간과의 싸움이다. 20원, 100원인 단가로 높은 수입을 창출해야 한다. 낮은 단가로 높은 수입을 얻으려면 작업 효율을 최대한 높여야 한다. 이를 위해 실제 작업 시 사소하게 지나칠 수 있는 부분들을 좀 더 세밀하게 신경 써야 한다.

(1) 저작도구 연구하기

프로젝트에 참여할 때 작업 효율과 직접적으로 연결되는 것은 바로 저작도구다. 저작도구를 얼마나 자유자재로 다루는가에 따라 작업 효율이 달라지며 수입에도 큰 영향을 미친다. 라벨링을 진행하는 기업마다 사용하는 저작도구가 다르다. 이러한 이유로 사전에 모든 저작도구를 익히는 것은 한계가 있다. 라벨러는 새로운 저작도구를 만났을 때 사용법을 빠르게 익히고 단기간에 능숙하게 사용할 수 있는 능력이 길러야 한다.

새로운 프로젝트에 투입됐는데 처음 사용하는 저작도구를 만났다면 하나하나 뜯어보며 익숙해져야 한다. 일반적으로 가이드에 저작도구 기능과 사용법, 단축키 등의 대략적인 설명이 나와 있다. 하지만 간혹 가이드에 나와 있지 않은 기능 혹은 단축키가 있으니 작업 시작 전 자세히 살펴보는 것이 좋다. 새로운 저작도구를 실행한 후 가장 먼저 화면에 보이는 모든 기능을 확인한다. 대부분의 저작도구는 마우스를 각각의 도구 아이콘 위에 가져다 놓으면 이름과 같은 설명이 뜬다.

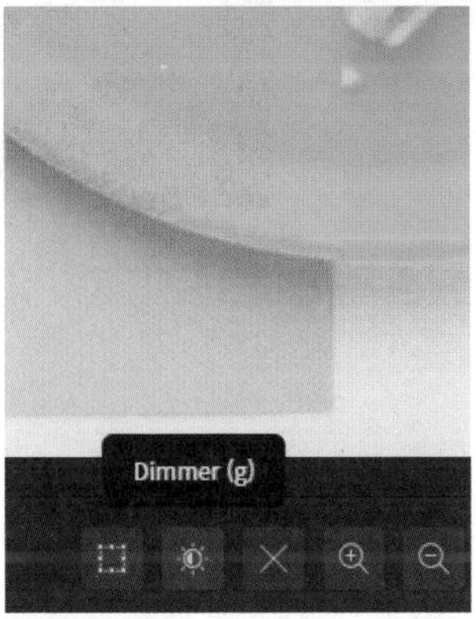

<(윗줄 왼쪽부터)크라우드웍스, 에이모, 레이블러의 도구 설명>

앞 예시처럼 대략적인 설명이 뜨는데, 이를 바탕으로 실제 작업에서 어떻게 사용 가능한지를 고민해 보는 것이다. 단순하고 직관적인 UI를 가지고 있는 저작도구라면 기능을 쉽게 익힐 수 있고 저작도구 사용 능력에 따른 작업 효율에도 큰 차이가 없다. 반면 기능이 다양한 저작도구는 기능을 찾거나 익히는 데 시간이 많이 소요되며, 활용 능력에 따른 작업 효율 차이도 크다. 따라서 저작도구를 처음 접하는 경우, 저작도구가 어떤 기능을 지원하는지를 정확히 파악해 작업 효율을 높여야 한다.

어느 정도 저작도구를 둘러보고 기능을 익혔다면 단축키를 외워야 한다. 저작도구 핵심은 단축키 사용이다. 도구들을 마우스로 직접 클릭하는 것보다 키보드 단축키를 즉각적으로 누르는 것이 효율적이다. 단축키는 가이드에 자세히 설명돼 있거나 저작도구상에서 단축키 안내 메뉴가 따로 있는 경우도 있다.

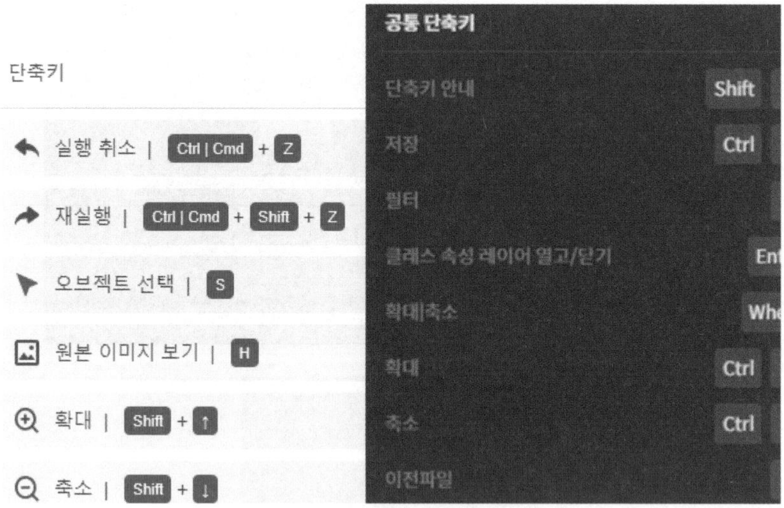

<크라우드웍스(왼쪽)와 에이모 단축키(오른쪽) 안내>

저작도구상에서 이와 같이 단축키 안내를 지원하는 경우, 대개 키보드 모양 아이콘으로 표시되니 해당 아이콘이 있는지 확인해 보는 것도 좋다. 혹은 앞서 설명한 대로 각 도구 위에 마우스를 올려놓으면 도구 설명과 함께 단축키가 함께 표시되기도 한다. 이렇게 단축키를 확인하고 자주 사용하는 단축키는 손에 익히는 것이 좋다.

간혹 저작도구 단축키 안내가 없거나, 안내가 있어도 설명이 없는 단축키들이 있는 경우도 있다. 화면 이동, 확대·축소같이 기본적인 단축키나 복사·붙여넣기(Ctrl+C·V), 실행 취소(Ctrl+Z) 같은 윈도의 기본 단축키와 동일한 단축키들은 설명되지 않는 경우가 있다. 이럴 때는 저작도구에서 직접 다양한 키를 눌러보며 단축키를 찾아봐야 한다. 기본적으로 윈도에서 사용되는 단축키들은 저작도구에서도 많이 사용되니 직접 눌러보며 확인하는 것이 좋다. 다음에 나와 있는 단축키들은 여러 저작도구에서 많이 사용되는 단축키들로 관련 안내가 없다면 확인해 보는 것을 추천한다.

<화면 이동 단축키>	
·M ·좌클릭+드래그 ·우클릭+드래그 ·Space+드래그 ·Shift+드래그	·스크롤바가 있는 형태의 저작도구에서 : 마우스 휠(세로)과 Shift+마우스 휠 혹은 Alt+마우스 휠(가로) ·폴리곤 등의 작업 중 : Alt+드래그

<폴리곤 단축키>		
작업 완료	찍은 점 취소	점 삭제
·Enter ·ESC ·시작점 좌클릭	·Ctrl+Z	·마우스 우클릭 ·Backspace ·Alt+좌클릭

<기타 단축키>			
선택	확대&축소	삭제	화면 맞춤
·마우스 좌클릭 ·S ·V ·전체선택 ·Tab	·마우스 휠 ·Shift+휠 ·Ctrl+휠 ·'+', '-'	·Delete ·Backspace ·D	·F ·Ctrl+F ·Ctrl+1 ·Ctrl+9

저작도구를 능수능란하게 사용하는 것은 데이터 라벨링으로 고수입을 내는 데 중요하다.

처음에는 새로운 저작도구를 익히는 것이 낯설고, 어렵게 느껴질 수도 있다. 하지만 저작도구를 연구하는 습관을 들이고 많이 접하다 보면 저작도구를 익히는 것이 한결 수월해질 것이다. 저작도구는 다양하지만 각각 지원하는 기능의 많고 적음과 작업 방식, 단축키 정도가 다를 뿐 기본적인 원리는 같다. 경험이 쌓일수록 새로운 저작도구를 익히는 시간이 줄어들고, 더 능숙하게 사용할 수 있게 된다. 책의 다음 장에서 많이 사용되는 저작도구들의 기본 기능과 활용 팁들을 다루니 해당 부분을 참고하면 저작도구를 익히는 게 조금 더 수월해질 것이다.

(2) 작업 방식 효율적으로 바꾸기

데이터 라벨링은 개인 능력이 중요한 만큼 같은 프로젝트라고 해도 고소득을 버는 라벨러의 작업 방식은 특별하다. 여기서 말하는 '특별한 작업 방식'은 사람들이 무심코 넘길 만한 사소한 부분에서 차이를 만드는 것을 말한다. 사소한 부분의 차이를 대수롭지 않게 여길 수도 있다. 하지만 이런 차이가 결국 시급 차이를 만든다. 분명 같은 프로젝트에 참여 중인데 어떤 사람은 나보다 훨씬 높은 시급을 받는다. 이는 저작도구 사용 능력 차이에서 기인한 것일 수도 있고, 작업 방식에서 차이가 발생하는 것일 수도 있다. 여기서는 후자에 집중해 소소하지만 효과 있는 작업 방식 변화에 대해 자세히 알아본다.

신규 프로젝트에 투입되면 빠르게 적응하는 것이 가장 중요하다. 저작도구와 가이드를 숙지한 뒤 자신이 작업하기 편한 작업 방식을 찾아야 한다. 작업 방식이 손에 완전히 익었다면 그 프로젝트에 성공적으로 정착한 것이다. 그러나 효율을 극대화해 더욱 높은 수입을 추구한다면 끊임없이 더 나은 방식을 찾아야 한다. 익숙함 속에서 계속 의문을 던져야 한다. 조금 더 시간을 단축할 수 있는 방법이 없는지, 불필요하지만 습관적으로 하는 행동은 없는지 등을 고민해야 한다.

예를 들어, 트랙 ID를 맞춰야 하는 프로젝트라면 하나의 객체를 추적하며 작업하는 것과 이미지 전체를 한 번에 다 하고 다음 이미지로 넘어가는 것 중 어느 쪽이 나은지를 고민해 볼 수 있다. 또, 세그멘테이션이라면 작은 객체부터 진행하는 게 효율적인지, 큰 객체부터 진행하는 게 효율적인지 비교해 볼 수 있다. 혹은 불필요하게 프레임을 넘기고 있거나, 폴리곤 점을 너무 많이 찍고 있지는 않은지를 체크해 볼 수도 있다.

다른 사람의 작업 방식을 참고하는 것도 좋다. 라벨러마다 작업 방식이 다르며 어느 방식이 우위에 있다고 단정할 수 없다. 다양한 라벨러의 방식을 경청하고 직접 많은 시도를 하며 가장 잘 맞는 방법을 찾는 것도 좋다. 다양한 작업 방식을 참고하면 새로운 방식에 대해 알 수 있고, 작업 방식을 효율적으로 개선하는 데 큰 도움이 된다. 커뮤니티 등에서 같은 프로젝트를 하는 사람이 있다면 작업 방식을 공유하며 자신의 방식과 비교해 더 나은 쪽으로 작업하는 것도 방법이다.

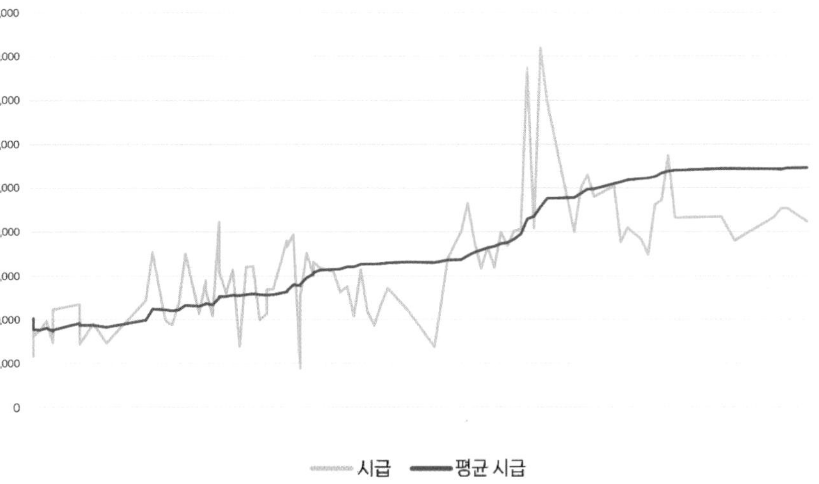

<저자의 시급 변화 그래프(단위:원)>

위 그래프는 실제로 저자가 참여한 프로젝트의 시급 변화를 표현한 것이다. 이 프로젝트는 약 3개월간 진행됐으며, 약 400만 원의 수입을 거뒀다. 기법은 바운딩 박스로 연속된 이미지에서 트랙 ID를 맞추는 작업이었다. 전체적으로 시급이 들쭉날쭉한 이유는 할당받은 데이터의 난이도 때문이다. 작업이 쉬운 데이터와 그렇지 않은 데이터가 섞여 있었다. 야간 이미지같이 객체 판별이 어려운 경우는 작업 속도가 느려져 시급 편차가 큰 편이었다. 하지만 평균 시급을 보면 최저시급 수준에서 시작해 프로젝트가 진행됨에 따라 점차 상승해 최종 시급은 약 2만 7천 원으로 마무리됐다. 프로젝트 참여 기간이 길어지면서 자연스럽게 가이드를 외웠고, 작업 방식이 익숙해져 시급이 상승한 측면도 있다. 하지만 작업 방식을 꾸준히 고민하며 변화시킨 것이 시급 상승의 결정적 요인이었다. 시급 상승에 큰 변화를 준 작업 방식 변화는 다음과 같다.

우선 새롭게 발견한 단축키가 큰 도움이 됐다. 이 단축키는 실제 작업에서 많이 사용하는 기능이었으나 가이드에 안내되지 않았고, 저작도구에도 따로 표기되지 않았다. 그래서 해당 도구를 직접 클릭하는 방식으로 작업을 진행했다. 자주 사용하는 기능을 편하게 실행시킬 수 있는 단축키가 없어서 불편하다는 생각이 계속 들었고 관리자에게 단축키에 대해 문의했으나 단축키가 없다는 답변을 들었다. 간혹 관리자도 모르는 단축키나 저작도구 기능이 있는 경우도 있어 다양한 조합으로 단축키를 찾아봤다. 그러던 중 생각지도 못한 키가 해당 기능 단축키로 배정된 것을 발견했다. 단축키는 앞서 설명한 것과 같이 작업 효율에서 가장 중요한 부분을 차지한다. 이 단축키를 사용함과 동시에 시급이 올랐다.

다음으로 객체를 추적하는 방식을 변경했다. 초기에는 첫 프레임부터 끝 프레임까지 순서대로 작업했다. 이렇게 작업하다 보니 객체의 최소 크기를 맞추는 것에 어려움이 있었다. 이 프로젝트는 차량을 이용해 도로의 고정된 객체를 촬영하는 방식의 연속 이미지였다. 사진 순서대로 작업을 진행하면 대상이 되는 객체는 촬영 차량에서 가장 먼 위치에서 처음 등장한다. 가장 먼 위치에서 등장하다 보니 객체 크기도 가장 작게 나타났고, 객체가 처음 등장했을 때는 객체의 최소 크기에 미달되는 경우가 많았다. 그러다 보니 객체가 최소 크기에 도달할 때까지 계속해서 박스를 그렸다가 삭제하기를 반복해야만 한다.

이렇게 작업하다 보니 최소 기준을 맞추는데 시간이 너무 많이 소비됐다. 이 시간을 줄이기 위해 작업 순서를 맨 뒤에서 앞으로 진행하는 방식으로 바꿨다. 작업 방식을 바꾸니 객체가 이미지에 처음 등장할 때 크기가 가장 큰 상태가 됐다. 작업을 할수록 객체의 크기는 점점 작아져서 객체가 최소 크기 기준보다 작아지게 됐다. 기존 작업 방식과 다르게 최소 크기에 미달된 객체를 해당 프레임에서 바로 삭제할 수 있었다. 이 방식으로 작업하자 최소 크기 확인을 위해 박스를 만들고 다시 삭제했던 불필요한 과정이 생략됐고, 작업 시간도 단축됐다.

끝으로 새롭게 등장하는 객체를 작업하는 방식에 변화를 줬다. 기존에는 가장 뒤 프레임부터 작업하며 새로운 객체가 등장하는지를 프레임마다 확인했다. 기본적으로 확대해서 작업을 진행해 전체 이미지 확인을 위해 한 단계를 더 거쳐야만 했다. 예를 들어, 3개 객체를 작업하고 있으면, 객체의 경계가 잘 보이도록 확대한 상태로 단축키를 이용해 객체 사이를 움직이며 박스 위치와 핏을 조정한다. 객체를 단축키로 이동시키면 작업 화면이 해당 객체 중앙에 자동으로 맞춰져 화면을 축소할 필요가 없다. 그다음 해당 프레임에서 새로운 객체가 등장했는지를 확인하기 위해 축소해 전체 이미지를 확인한다. 전체 이미지를 확인해야 신규 객체를 찾을 수 있기 때문이다. 만약 새로운 객체가 없다면 다음 프레임으로 넘어가 다시 화면을 확대해 위와 동일하게 작업을 진행했다.

<기존 작업 방식>
·객체 작업 → 화면 축소 → 신규 객체 확인 → 프레임 넘김 → 화면 확대 → 객체 작업

이 방식은 새로운 객체를 확인하기 위해 모든 프레임에서 확대와 축소를 반복해야 한다. 축소는 화면 맞춤 기능을 활용해 전체 이미지를 파악하는 게 쉽다. 하지만 확대는 마우스 휠을 돌려 적정한 수준까지 확대해야 해 모든 프레임에서 이런 방식으로 계속 작업하면 확대하는 데 너무 많은 시간이 소모된다. 이렇게 소모되는 시간을 줄이기 위해 고민하던 중 새로운 방법을 찾았다. 작업 시작 전 모든 프레임을 확인해 새로운 객체를 표시하는 것이었다. 표시는 객체 위에 임시로 바운딩 박스를 생성하는 방식으로 했고, 프레임을 빠르게 넘기며 새롭게 등장하는 객체에 박스를 그렸다.

<새로운 작업 방식>
·(작업 전 모든 프레임 확인) → 객체 작업 → 프레임 넘김 → 객체 작업

작업 시작 전 미리 전체 프레임을 확인하고 객체를 표시한 후 작업하니 이미지를 확대하고 축소하는 데 시간을 들이지 않아도 됐다. 모든 프레임을 확인한 상태에서 객체 간 이동으로만 작업이 가능해졌기 때문이다. 이미 새로운 객체에 대한 표시를 모두 해 둬 객체 누락 위험도 없었다. 전체 프레임을 미리 확인하는 것이 전체 프레임에서 확대와 축소를 반복하는 것보다 시간이 훨씬 더 적게 소모돼 결과적으로 작업 시간을 크게 단축하고 시급을 극대화할 수 있었다.

이렇듯 작업을 진행하며 불편하거나 사소한 부분들을 조금만 변경해도 시급이 크게 오른다. 더욱 효율적인 작업 방식을 찾는 것은 온전히 개인의 노력과 경험에 달렸다. 작업 경험이 점점 쌓일수록 계속 고민하고 생각하면서 조금 더 효율적인 방식을 찾는 것이 가능해진다. 이러한 발전은 결국 수입 극대화로 이어진다. 다음 장에서는 저자가 사용하는 기법별 노하우들을 소개한다. 사소해 보이는 팁들이 시급을 드라마틱 하게 상승시킬 수도 있다는 사실을 기억하고 자신에게 적용할 수 있는 것들이 있는지 확인해 보자.

제 5장

데이터 라벨링으로 고수입 창출하기 -실전 편-

1. 고수입을 위해 꼭 써야 하는 필수 프로그램들

데이터 라벨링으로 높은 수입을 얻으려면 반드시 프로그램을 활용해야 한다. 다양한 프로그램이 작업 편리성을 높여주기 때문이다. 예를 들어, 작업에 자주 사용되는 Ctrl+C를 묶어서 하나의 키로 사용할 수 있다면 Ctrl 키를 누르는 번거로움을 없앨 수 있다. 텍스트 프로젝트에서 '웨않되' 같은 맞춤법 검사기를 사용한다면 맞춤법 검사를 위해 글을 복사해서 검사기에 붙여 넣는 시간을 줄일 수 있다. 두 예시에 적용된 사소한 방법으로도 작업 시간을 상당 부분 줄일 수 있다. 아주 사소한 변화지만 작업 시간 감소는 곧 시급 상승으로 이어진다. 시급이 높아지면 총수입도 증가한다. 프로그램 활용 능력은 데이터 라벨러의 중요한 능력 중 하나다.

작업 대부분이 PC로 진행되는 만큼 활용 가능한 프로그램 종류는 많다. 나에게 어떤 프로그램이 적합한지, 작업에서 어떻게 활용해야 하는지 등을 고민한다면 적합한 프로그램을 찾을 수 있다. 만약 어느 프로젝트에 참여 중인데 시스템적으로 불편한 사항이 있다면, 이를 해결할 수 있는 프로그램을 찾아보는 것이 좋다. 다음은 저자가 자주 사용하며 활용도가 높았던 프로그램들이다. 해당 프로그램들은 2023

년 6월을 기준으로 작성됐으며, 프로그램 업데이트 등으로 책의 설명과 실제 사용 방식이 다를 수 있다.

1) 작업 속도를 높이는 가장 손쉬운 방법, 한 손 키보드

<한 손 키보드 사용 예시>

한 손 키보드 혹은 매크로 키보드라고 불리는 이 키보드는 키 맵핑을 변경할 수 있는 프로그램을 지원한다. 매크로는 본래 자주 사용하는 여러 명령어를 하나의 키로 사용하는 것을 의미한다. 사람에 따라 생소해 배우기 어려울 수도 있다. 데이터 라벨링에 활용하기 위한 목적이라면 단순히 키 맵핑을 변경하는 수준이면 충분하다. 키 맵핑을 변경한다는 것은 키보드 A 키를 누르면 B가 입력되는 식으로 키보드의 키 입력값을 변경하는 것이다.

기존에 사용하던 키보드에 키 맵핑 기능이 있어도 되도록 한 손 키보드를 따로 구입해 사용하는 것이 좋다. 일반 키보드에서 지원하는 키 맵핑 변경 프로그램을 사용하면 키보드를 제대로 사용하기 어려워진다. 예를 들어, C 키에 Ctrl+C를 맵핑하는 경우, C를 입력할 수 없다. 이와 같이 키 맵핑을 변경하면 기존 키를 사용하지 못한다. 또, 저작도구에서 제공하는 단축키를 사용하지 못하는 경우가 생길 수도 있다. 보통은 단축키를 피해 매크로를 설정하지만 간혹 해당 단축키를 잊어버리거나 업데이트로 새로 단축키가 추가됐는지 모르고 키 맵핑을 변경해 해당 단축키를 활용하지 못하는 경우가 생기기도 한다. 만약 모르고 넘어가는 단축키가 작업 중 많이 사용되는 것이라면 작업 효율 면에서 손해라는 점을 염두에 둬야 한다. 한 손 키보드는 기존에 있던 키를 변경하는 것이 아니라 한 손 키보드에 있는 추가 키에 키 맵핑을 하는 것이다. 추가로 사용할 수 있는 키가 생기는 거라 기존 키는 계속 사용할 수 있다.

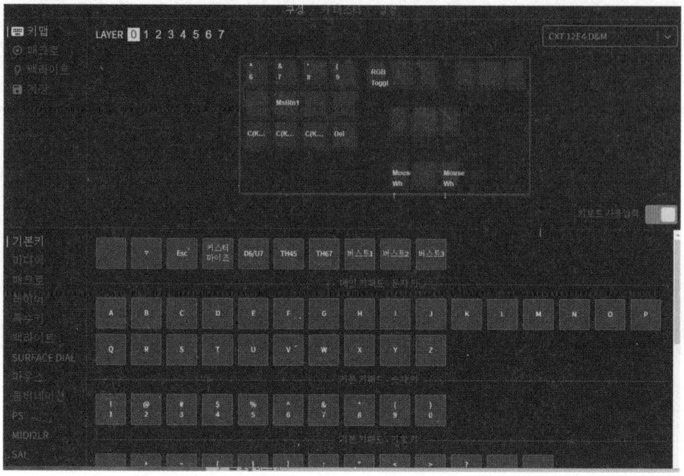

<한 손 키보드에서 지원하는 키 맵핑 프로그램>

아주 사소한 부분일지라도 한 손 키보드를 활용할 수 있다면 자주 사용하는 습관을 들여야 한다. 예를 들어, 자주 사용하는 단축키가 A와 M인데, 두 키는 키보드 내에서 상당히 떨어져 있다. 자주 사용하는 단축키가 멀리 떨어져 있다면 한 손 키보드로 인접한 키로 맵핑해서 사용할 수 있다. 단축키는 되도록 한 손으로 편하게 모두 누를 수 있는 위치에 있어야 한다. 그래야 작업 효율 면에서 월등히 뛰어나다. 혹은 앞서 말한 것과 같이 Ctrl+C, Ctrl+V, Ctrl+Z와 같이 두 개 이상의 키를 조합해 사용해야 하는 단축키를 하나의 키로 변경하면 작업 효율성을 높일 수 있다. 폴리곤 작업이라면 클릭 버튼을 키보드 키로 눌리게끔 키 맵핑해 사용할 수도 있다.

한 손 키보드는 '한 손 키보드' 혹은 '매크로 키보드'로 검색하면 다양한 제품이 나온다. 키 개수가 다양하며 여러 제조사가 있으니 비교해 보고 자신에게 맞는 것을 구매하면 된다.

2) 폴리곤의 친구 Numpad 클릭

플리곤 같이 점을 많이 찍어야 하는 라벨링 기법은 마우스로 하나하나 클릭하는 것보다 키보드로 클릭하는 게 유리하다. 이런 작업을 마우스로만 하면 손가락 통증이 생길 수 있다. 마우스와 비교해 상대적으로 손가락에 힘이 덜 들어가는 키보드로 작업하는 것을 추천한다. 작업하는 손가락에 무리를 덜 주며 통증을 감소시켜 작업 속도도 향상된다.

키보드로만 작업하는 것은 생소할 수 있다. 마우스를 움직이는 손과 키보드 버튼을 누르는 손이 달라 적응 시간이 필요하지만 익숙해지면 키보드로 클릭하는 것이 더 편하다는 것을 알게 된다. 한 손 키보드로 클릭하거나 윈도 기본 기능을 활용하면 된다. 윈도 기본 기능은 다음 방법을 참고해 설정을 손쉽게 바꿀 수 있다.

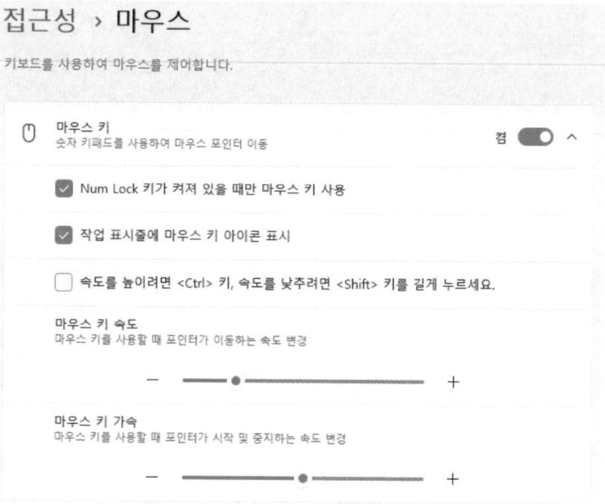

<윈도11의 마우스 키 설정 화면>

<키보드 클릭 설정>
·윈도 설정 → 접근성 → 마우스 → 마우스 키 켬

마우스 키를 활성화하면 키보드 숫자 패드 5번으로 클릭할 수 있다. 만약 텐키리스 키보드라 숫자 패드가 없거나 숫자 패드 위치가 불편하다면, 숫자 패드를 구매해 원하는 위치에 놓고 사용하면 된다.

<키 패드 실제 사용 예시>

숫자 패드는 유선과 무선 모델 중 무선 모델을 사용하는 것을 추천한다. 무선 모델은 PC와 연결되는 선이 없어 원하는 위치에 놓고 사용할 수 있다.

3) 아는 만큼 작업 시야가 넓어지는 브라우저 확장 프로그램

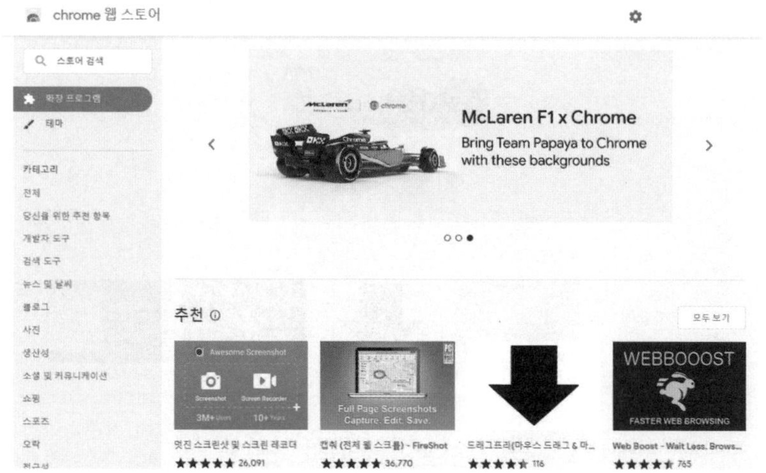

<크롬 웹 스토어>

크롬, 웨일, 엣지 등 인터넷 브라우저는 자체 확장 프로그램을 지원한다. 확장 프로그램으로 브라우저에 다양한 기능을 추가할 수 있다. 예를 들어, 확장 프로그램으로 광고를 차단하고 브라우저 밝기 조절 등의 부가 기능을 사용할 수 있다. 여러 기능을 가진 확장 프로그램이 많아 작업할 때 다양하게 활용할 수 있다. 확장 프로그램은 각 브라우저 스토어에서 설치할 수 있다. 웨일과 엣지는 크롬 스토어도 지원해 사실상 크롬과 동일한 확장 프로그램을 사용할 수 있다.

<스토어 접속 방법>
·크롬 : 오른쪽 상단 3점 → 도구 더 보기 → 확장 프로그램 → 왼쪽 삼선 → Chrome 웹 스토어 열기 ·웨일 : 오른쪽 상단 3점 → 확장 앱 → 원하는 스토어 선택 ·엣지 : 오른쪽 상단 3점 → 확장 → Microsoft Edge용 확장 가져오기 혹은 Chrome 웹 스토어

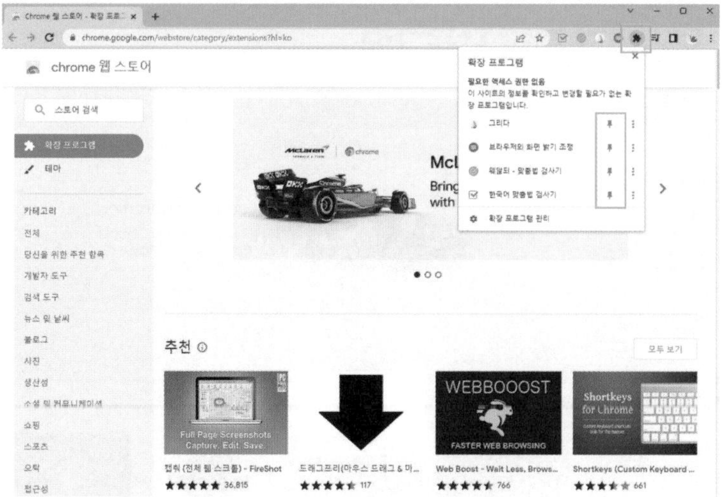

<확장 프로그램 고정 방법>

스토어 검색으로 원하는 확장 프로그램을 찾았다면 설치를 클릭한 뒤 브라우저 우상단 퍼즐 조각 아이콘을 클릭하고 설치한 프로그램 오른쪽의 핀 버튼을 눌러 고정한다.

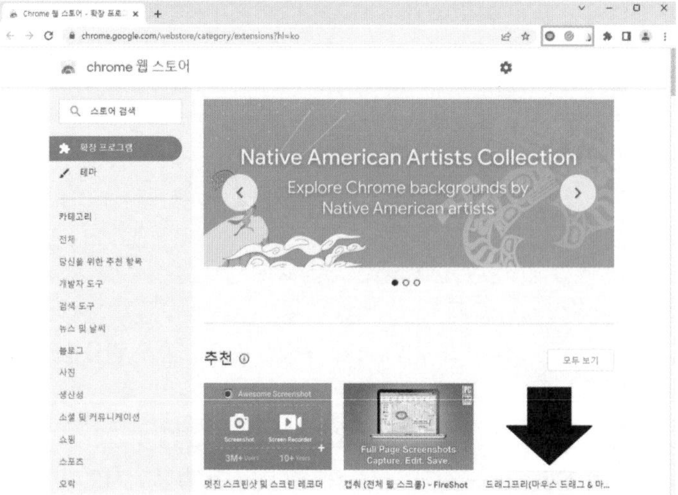

<브라우저 오른쪽 상단에 아이콘이 추가된 모습>

고정하면 예시처럼 주소창 옆에 해당 프로그램 아이콘이 나타난다. 이후 아이콘을 클릭해 실행 혹은 설정할 수 있다.

확장 프로그램은 브라우저 한정으로 사용 가능하다. 따라서 PC에 직접 설치하는 형태의 저작도구에서는 사용할 수 없다. 웹 기반 저작도구는 브라우저를 통해 실행하므로 확장 프로그램을 사용할 수 있다. 대부분의 저작도구는 웹 기반이라 브라우저 확장 프로그램은 활용도가 높다. 저작도구를 사용하다가 불편한 부분이 생기면, 문제를 해결할 수 있는 확장 프로그램이 있는지를 찾아볼 것을 추천한다. 예시로 작업에 도움이 되는 몇몇 확장 프로그램을 소개한다.

(1) 웨않되 - 맞춤법 검사기

<맞춤법 검사기 확장 프로그램 '웨않되'>

텍스트 프로젝트에서 널리 사용되는 맞춤법 검사기다. 네이버 맞춤법 검사기를 기반으로 웹에서 글을 쓸 때 즉각적으로 맞춤법을 검사해 준다. 웨않되를 실행하면 맞춤법 검사기 사용을 위해 직접 글을 복사해서 붙여 넣는 과정을 생략할 수 있다. 또한 글을 쓰는 것과 동시에 검사가 진행돼 맞춤법 검사가 자동으로 된다. 텍스트 프로젝트는

제출 전 맞춤법 검사가 필수인 만큼 맞춤법 검사 없이 작업을 제출하는 것을 방지할 수 있다.

<웨않되 사용 예시(왼쪽)와 설정 화면(오른쪽)>

텍스트 저작도구에 글을 작성하면 위 예시 왼쪽 이미지처럼 맞춤법을 검사해 주며 수정을 원하는 글자를 클릭하면 바로 수정된다. 클릭 시 팝업 되는 메뉴의 가장 하단의 '일괄 수정하기'를 누르면 모든 오류가 한 번에 수정된다. 오른쪽 하단에 맞춤법 확인이 필요한 대상 개수가 나온다.

프로그램 아이콘을 클릭하면 오른쪽 이미지 같은 팝업이 나타난다. 이곳에서 원하는 문장을 직접 붙여 넣어 검사할 수도 있다. 특정 사이트에서 OFF 버튼을 ON으로 바꾸면 해당 사이트에선 맞춤법 검사를 차단할 수 있다.

(2) 화면 밝기 조정 프로그램

<확장 프로그램 '브라우저의 화면 밝기 조정'>

브라우저 밝기를 조절해 주는 확장 프로그램이다. 이 프로그램은 주로 이미지 프로젝트에서 사용되며, 작업 대상 이미지가 너무 어두워 객체의 경계를 명확히 파악하기 힘들 때 유용하다.

<원본 사진(왼쪽)과 밝기를 조절한 사진(오른쪽)>

위 예시를 보면 말의 왼쪽 뒷다리가 밝기 조절 후 보이는 것을 볼 수 있다. 이와 같이 브라우저의 밝기를 조절해 어둡거나 그림자가 져서 확인이 어려운 객체의 경계를 정확히 확인하는 데 사용할 수 있다.

대부분의 저작도구는 자체적으로 밝기 조절 기능을 탑재하고 있지만 그렇지 않은 것도 있다. 저작도구가 제공하는 밝기 조절 기능을 활용해 밝기를 최대로 올려도 대상이 명확히 구분되지 않을 때 활용 가능한 프로그램이다.

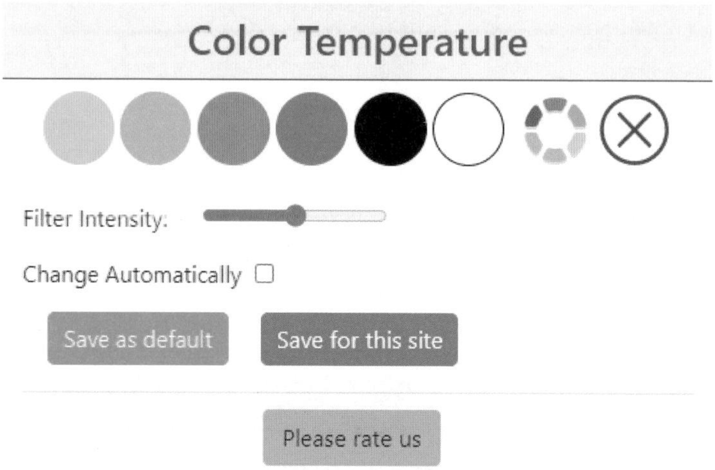

<밝기 조정 설정 화면>

프로그램 아이콘을 클릭하면 위와 같은 설정 화면이 나온다. 하얀색 원을 클릭 후 Filter Intensity를 좌우로 움직여 밝기를 조절하면 된다. 브라우저에 하얀색 필터를 씌운다고 생각하면 된다. 해당 사이트에서 계속 같은 설정을 사용하려면 하단의 Save for this site를 클릭해 설정을 유지할 수 있다.

(3) 그리다 프로그램

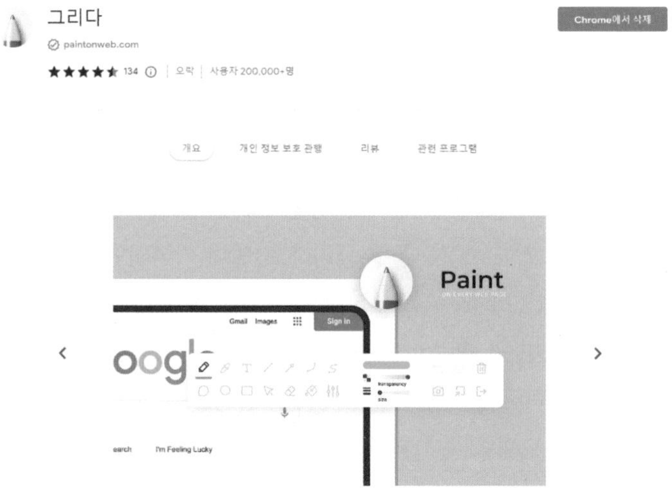

<그리다 프로그램>

그리다 프로그램은 브라우저에 그림을 그리거나 글을 쓰게 해주는 프로그램이다. 화면 위에 그림을 그린 상태로 마우스를 사용할 수 있어 표시를 해 둔 상태로 작업이 가능하다. 예를 들어, 키포인트에서 관절 위치를 추측하기 위해 사용하거나 반드시 확인해야 하는 사항에 표시해 두고 확인하는 용도로 이용 가능하다.

<키포인트의 정확한 위치를 확인하기 위해 그리다 프로그램을 활용한 모습>

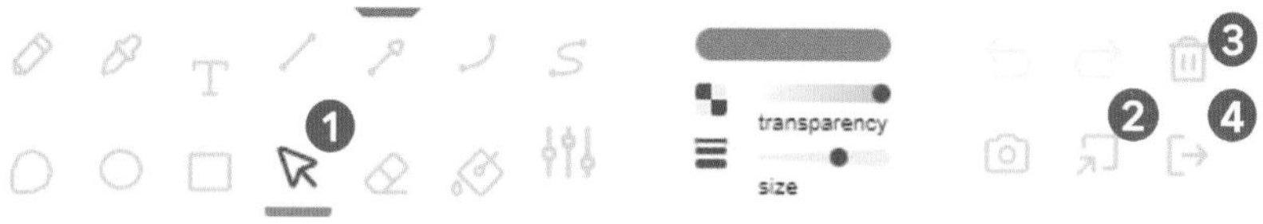

<그리다 프로그램 화면>

브라우저에서 프로그램 아이콘을 클릭하면 위와 같은 화면이 나온다. 왼쪽 도구들은 대부분 그림 그릴 때 사용되는 것들이다. 연필이 기본적인 도구이며, 그 옆에 글을 쓰거나 도형을 만드는 도구들이 모여 있다. 화면에 원하는 표시를 한 후 다시 마우스로 작업하고 싶다면 ❶번 아이콘을 클릭하면 된다. 이때 ❷번 아이콘을 클릭하면 프로그램 팝업창이 닫혀 더 넓은 화면에서 작업을 이어갈 수 있다. ❸번 아이콘은 화면 위에 그린 모든 것을 삭제하는 것이며 ❹번은 프로그램을 완전히 나가는 아이콘이다.

이와 유사한 프로그램으로 판서 프로그램이 있다. 판서 프로그램은 브라우저 확장 프로그램이 아닌 일반 프로그램이라 설치 형태의 저작도구에서도 활용할 수 있다. 인터넷 검색창에 '판서 프로그램'을 치면 다양한 무료 프로그램들이 나온다. 확인 후 자신에게 필요한 기능이 있는 프로그램을 사용하면 된다.

4) 바운딩 박스 정확도 높이는 십자선 프로그램

<십자선 프로그램 실행 모습>

십자선 프로그램이란 마우스 주변에 十자 모양 가이드라인을 생성해 주는 프로그램이다. 십자선 가이드는 바운딩 박스 작업 시 시작점을 정확히 잡을 수 있게 도와준다. 일부 저작도구에서 지원되지 않는 경우가 있다. 이럴 때 십자선 프로그램을 사용할 수 있다. 프로그램은 관리자 권한으로 실행시켜야 한다.

<십자선 프로그램 관리자 권한 실행 방법>
·방법 1 : 프로그램 아이콘 마우스 우클릭 → 관리자 권한으로 실행 ·방법 2 : 프로그램 아이콘 마우스 우클릭 → 속성 → 호환성 → 관리자 권한으로 이 프로그램 실행 체크 → 확인 *방법 2의 경우, 한번 설정해 놓으면 이후 더블클릭으로 실행 가능

프로그램이 실행되면 시작 표시줄의 시계 옆에 빨간색 격자 모양 아이콘이 생긴다. 해당 아이콘을 마우스 우클릭해 설정으로 이동하면 다음과 같은 화면이 나온다.

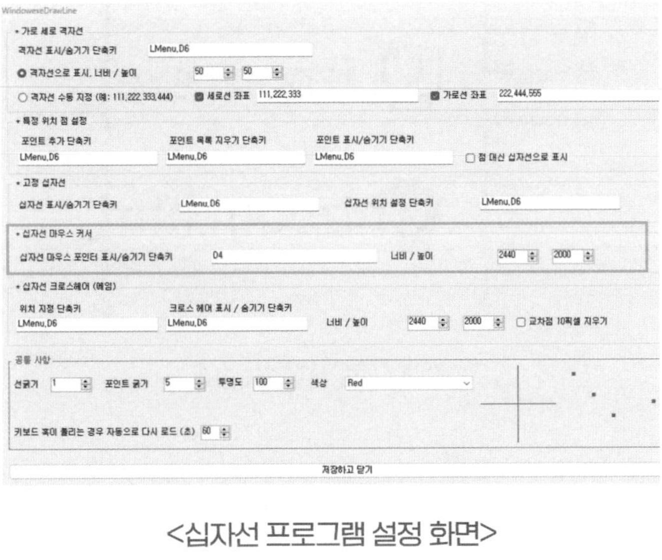

<십자선 프로그램 설정 화면>

십자선과 관련된 설정은 파란색 박스 부분이다. 단축키창을 클릭해 원하는 단축키를 누르면 단축키가 설정된다. 바로 옆 너비와 높이는 자신의 모니터 해상도 이상으로 설정하는 것이 좋다. 해상도보다 높게 설정해야 마우스가 어느 위치로 이동해도 십자선이 모니터 끝까지 표시된다. 설정이 완료되면 저장 후 닫기를 클릭한다. 이후 설정에서 지정한 단축키를 누르면 마우스를 따라다니는 십자선 가이드가 생성된다. 가이드 실행 시 십자선이 눈에 잘 띄지 않는다면 설정의 가장 하단에 있는 공통 사항 부분에서 굵기와 투명도 색상을 변경하면 된다. 구글에서 '십자선 프로그램'으로 검색하면 다운받을 수 있다.

5) 다양한 프로젝트에서 활용 가능한 효과 만점 확대 프로그램

<확대 프로그램 'izoom'>

마우스 커서가 위치한 곳을 원하는 배율로 확대할 수 있는 프로그램이다. 마우스 위치에 따라 실시간으로 화면을 확대할 수 있으며, 특정 일부분만 확대할 수도 있다. 프로젝트에서 확인해야 하는 대상이 너무 작을 때 주로 사용한다.

<실제 작업에서 'izoom' 프로그램 활용 예시>

혹은 확인해야 하는 정보가 화면 한쪽에 치우쳐 있어 한눈에 확인이 어려울 때도 이용한다. 이때는 시야가 닿는 곳에 고정 모드, 1배율로 화면에 띄우면 조금 더 빠르게 작업할 수 있다.

<듀얼 모니터에서 'izoom' 프로그램 활용 예시>

만약 듀얼 모니터를 사용 중이라면 위 예시와 같은 방식으로 활용할 수 있다. 보통 정밀한 작업을 위해 이미지 확대 후 작업을 진행하는데, 이 경우, 이미지의 확대·

축소에 상당한 시간이 든다. 한쪽 모니터에 izoom을 띄운 뒤 확대 화면을 보며 작업하면 확대·축소에 드는 시간을 줄일 수 있다.

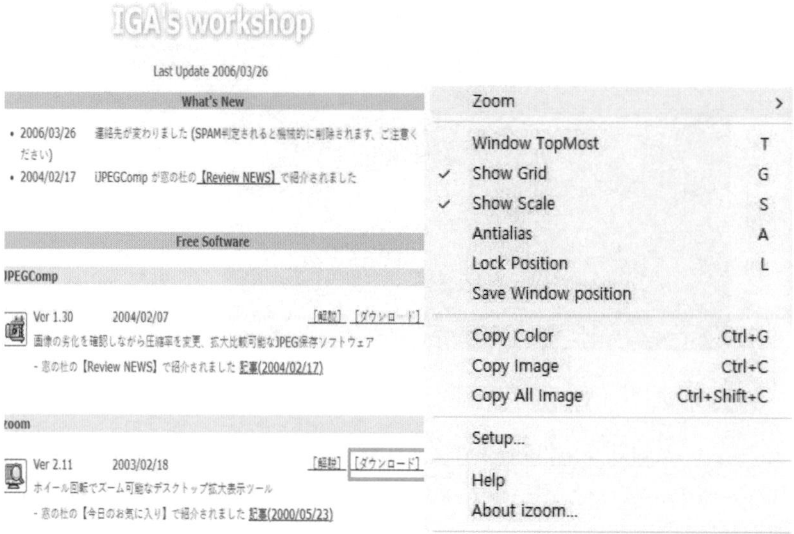

<izoom 프로그램 다운로드 사이트(왼쪽)와 메뉴(오른쪽)>

izoom 다운로드 사이트 접속 후 왼쪽 이미지의 파란 버튼을 누르면 다운로드 된다. 압축을 풀고 프로그램을 실행시킨 뒤 프로그램을 마우스 우클릭하면 오른쪽 이미지 같은 설정 메뉴가 나온다. Zoom 메뉴에서는 배율을 선택할 수 있으며, 프로그램 위에서 마우스 휠을 돌리는 것으로도 조절할 수 있다. 특정 위치만 확대하고 싶다면 Lock Position을 체크하면 된다. izoom은 기본적으로 마우스 위치를 실시간으로 확대한다. 특정 위치만 확대되는 것을 원한다면 따로 체크해야 한다. Setup에서 Auto Refresh를 10ms로 수정하면 실제 마우스 위치와 프로그램에서 확대되는 위치의 시간 차이를 줄일 수 있다.

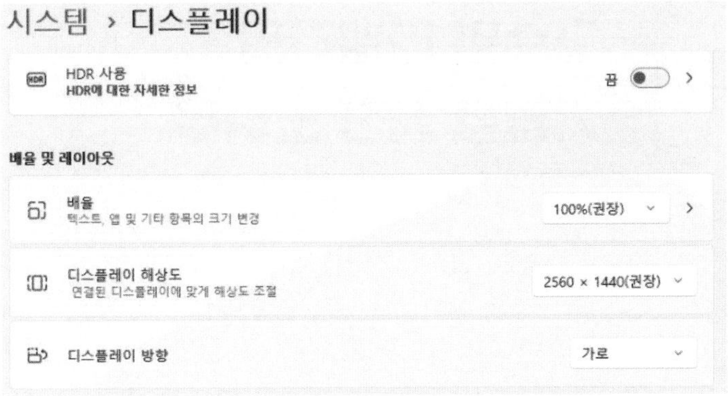

<윈도11 디스플레이 설정>

프로그램을 정상적으로 사용하려면 윈도의 디스플레이 배율을 100%로 설정해야 한다. 디스플레이가 확대된 경우, 실제 마우스 위치와 다른 곳이 확대된다. 디스플레이 배율은 윈도 설정에서 할 수 있다. 프로그램은 구글에서 'izoom' 으로 검색하면 다운받을 수 있다.

2. 고수입 라벨러의 기법별 실전 노하우

데이터 라벨링은 단순 반복 작업이 많으며, 능숙해지면 누구나 할 수 있는 작업이 대부분이다. 작업 속도가 빠를수록 수입 창출 면에서 유리하다. 대개 마우스와 키보드 사용이 능숙한 사람의 작업 속도가 더 빠르며, 그렇지 않은 경우는 속도가 더디다. 이 부분은 반복된 연습으로 개선 가능하다. 이와 더불어 데이터 라벨링 기법을 이해하고 작업 노하우를 익히면 보다 많은 수입을 얻을 수 있다.

앞서 설명한 것처럼 작업에 유용한 프로그램을 적극 활용하고 작업 시 시간을 단축하고 능률을 향상시키는 방법들을 적용하면 작업 속도를 더욱 향상시킬 수 있다. 이러한 방법들에 익숙해지기까지 일정 시간이 소요되지만, 익숙해지면 작업 속도가 향상되는 것을 느낄 수 있다. 이제부터 소개하는 기법별 노하우들은 저자가 주로 사용하는 방법들이다. 소개한 방법들을 익힌다면 머지않아 자신만의 새로운 기법별 작업 노하우를 발견할 수 있을 것이다. 이 단계로 발전한다면 고수입을 올리는 데이터 라벨러로 발전할 가능성이 더 높아진다.

1) 바운딩 박스(Bounding Box) 빠르게 작업하는 비결

바운딩 박스는 가장 쉬우면서도 단순한 기법인 만큼 기계적으로 작업하는 경우가 많다. 난이도가 낮아 초보 데이터 라벨러도 도전할 수 있으며, 아주 작은 부분들을 조금만 신경 쓰면 금방 작업 속도를 향상할 수 있다.

바운딩 박스는 십자선 가이드가 가장 중요하다. 대부분의 저작도구에서 십자선 가이드를 지원하니 사용하면 된다. 십자선 가이드가 지원되지 않으면 십자선 프로그램을 활용하자. 저자의 경우, 처음 박스를 그릴 때 한쪽 모서리를 십자선으로 맞춘 후 그리기 시작해 반대쪽 모서리에 한 번에 맞춰서 바운딩 박스를 완성한다.

<한쪽 모서리를 십자선으로 맞춘 후 반대쪽 모서리에 박스를 맞춘다.>

만약 사용하는 저작도구가 키보드로 박스를 조정하는 기능을 지원한다면 객체 근처에 박스를 빠르게 생성한 후 키보드를 활용해 디테일을 맞출 수도 있다. 이 방법은 키보드 활용에 익숙한 사람들에게 추천한다. 한쪽 모서리에 십자선을 맞춘 후 바운딩 박스를 그릴 때는 객체 상하좌우의 최외곽 중 인접한 두 지점이 가까운 곳에 맞춰 박스를 그리는 것이 좋다.

<가장 근접한 두 지점을 시작점으로 해야 시간이 단축된다.>

위 예시 객체의 경우, 왼쪽과 하단의 최외곽이 가장 가까우므로 좌하단에 십자선을 맞춰 박스를 그리기 시작하는 것이 좋다. 객체가 작은 경우에는 이렇게 하는 것이 큰 차이는 없으나 객체가 큰 경우는 속도의 차이가 크다. 두 지점의 거리가 멀 경우, 두 지점이 한눈에 들어오지 않아 두 지점의 경계를 맞추는 데 시간이 더 소요되며, 확대했을 때 한 화면에 들어오지 않는다면 시간은 더 오래 걸린다.

<객체가 큰 경우, 확대하면 최외곽 두 점이 한 화면에 보이지 않을 수 있다.

(오른쪽 하단 이미지)>

작업 속도는 정확도와 매우 관련 높으니 작업자는 이 부분을 신경 써서 관리해야 한다. 바운딩 박스의 정확도를 높이려면, 확대를 많이 하면서 세심하게 작업해야 한다. 바운딩 박스 작업 방식이 쉬워 보여 확대하지 않고 빠르게 작업해 제출하는 경우가 종종 있다. 이렇게 작업한 결과물을 확대해 보면 바운딩 박스가 객체 경계에 정확히 위치하지 않은 경우가 대부분이다.

<확대 후 작업하지 않으면 객체의 외곽에 정확한 작업이 어렵다.>

위 예시 이미지는 확대하지 않고 바운딩 박스를 그린 후 확대한 모습이다. 확대하기 전에는 경계에 잘 맞춰져 있는 것처럼 보이나, 확대해 보니 객체의 경계를 침범했다. 이런 작업은 반려된다. 작업 속도가 빠르더라도 정확도가 낮으면 결국 반려

되고 재작업을 해야 해 전체 작업 시간이 늘어난다. 당장 시간이 더 걸리고 손이 가더라도 모든 객체를 확대해서 객체 경계와 근접하게 작업해야 한다. 이때 활용할 수 있는 프로그램이 izoom이다.

연속된 이미지를 작업하며 하나의 객체를 추적하는 작업을 할 때는 프레임을 넘기는 시간을 최대한 줄여야 한다. 이런 작업 시 대개 첫 프레임에서 시작해 추적하는 객체가 사라질 때까지 작업한 후 다시 첫 프레임으로 돌아와 다른 객체를 작업한다. 이 방법은 첫 프레임으로 다시 돌아가는 데 시간이 소모된다. 시간을 아끼려면 추적하던 객체가 사라진 프레임에서 바로 다른 객체를 이어서 작업하면 된다. 새롭게 작업하던 객체가 사라지면 다음 프레임으로 넘어가 새로운 객체의 작업을 시작하면 된다. 작업할 객체가 없다면 다시 첫 프레임으로 돌아가도 늦지 않다. 이는 바운딩 박스뿐 아니라 모든 기법에 적용된다. 프레임을 넘어가는 것 자체가 시간임을 기억하고 최대한 프레임을 적게 이동하는 방법을 찾는 것이 좋다.

<작업 예시 1(출처 : 에이모)>

1프레임의 작업 대상인 보라색으로 표시한 객체가 2프레임을 거쳐 3프레임에서 완전히 사라진 것을 볼 수 있다. 이때 다시 1프레임으로 돌아가 다른 객체를 작업하는 것이 아니라 3프레임에서 새로 등장하기 시작한 파란색 사각형과 같은 객체로 작업을 이어 가는 것이 더 빠르다.

<작업 예시 2(출처 : 에이모)>

위와 동일하게 작업하던 객체가 3프레임에서 완전히 사라졌다. 3프레임에 화살표가 나타내는 차량은 많이 가려져 있고, 촬영 차량과 반대 방향으로 주행 중이라 새로 등장하는 객체로 판단할 수 있다. 이 경우, 해당 객체가 이미지 밖에서 등장한 것이 아니기 때문에 3프레임에서 처음 등장한 것이 맞는지 확인해야 한다. 일단 3프레임에서 해당 차량을 작업한 후 다음 프레임으로 넘어가 차량이 있는지 확인하면 된다. 4프레임에 차량이 있다면 작업을 이어가고, 예시 이미지같이 차량이 보이지 않는다면 2프레임, 1프레임 순서로 작업하면 된다.

객체를 추적하는 작업 시 객체가 화면에 가장 근접하게 등장하는 시점부터 작업을 진행하는 것이 좋다. 보통 작업할 때 앞 프레임부터 순서대로 작업을 진행하는 경우가 많지만 가장 뒤 프레임에서 앞으로 프레임을 넘기며 역순으로 작업할 수도 있다.

<역방향으로 작업하면 좋은 경우(출처 : 에이모)>

예시처럼 반대편 차로의 차량이 멀리서 촬영 중인 차량 쪽으로 오는 경우를 생각해 보자. 멀리서 오는 차량 종류가 정확하게 확인이 안 될 수도 있고, 차량 크기가

최소 라벨링 기준보다 작을 수도 있다. 만약 최소 크기에 미달하는 객체라면 최소 크기에 도달할 때까지 프레임을 계속 넘기며 박스를 그려봐야 한다. 이럴 때는 대상이 촬영 차량에 가장 근접했을 때부터 역으로 프레임을 넘기며 작업하면 효율을 더 높일 수 있다.

<순서대로 작업할 경우, 최소 크기에 맞는지 계속 확인해야 한다. (출처 : 에이모)>

만약 객체가 도로 표지판이나 가로등같이 고정된 것이라면 가장 뒤 프레임부터 앞 프레임으로, 역순으로 작업하는 것이 훨씬 효율적이다. 촬영 차량은 앞쪽으로 진행하기 때문에 역순으로 작업하면 객체가 촬영 차량에 가장 근접한 후 점점 작아지는 형태가 돼 추적이 더 쉽다.

<역순 작업을 할 경우, 표지판이 점점 작아진다. (출처 : 에이모)>

역순 작업에 등장하는 객체를 표지판으로 가정해 설명하면 어떤 차량이 표지판 앞에서 후진으로 천천히 이동하는 것이다. 역순 작업을 한다면 가장 먼저 작업을 시작할 마지막 프레임의 표지판이 제일 크고, 마지막으로 작업할 첫 번째 프레임에서 그 표지판은 안 보이거나 아주 작을 것이다.

<바운딩 박스 핵심 요약>
·박스 작업 시 십자선을 최대한 활용한다. ·객체 최외곽 두 지점이 가장 가까운 곳에서 작업을 시작하는 것이 좋다. ·정확한 작업을 위한 확대는 필수다. ·객체를 추적하는 경우, 프레임 이동을 최소화해야 한다. * 활용 가능한 프로그램 : 십자선 프로그램, izoom, 브라우저 확장 프로그램(밝기 조정, 그리다)

2) 폴리곤(Polygon) 탄탄하게 기초 다지기

폴리곤은 라벨러 숙련도에 따라 속도 차이가 크게 나는 기법이다. 점을 찍는 속도와 정확도, 점의 개수가 속도 차이를 만든다. 폴리곤이 주작업인 프로젝트에 적극 참여하면서 정확하고 빠르게 점을 찍기 위해 노력하면 속도와 정확도는 자연스럽게 따라온다. 작업 속도가 빨라지려면 시간과 경험이 필요하다. 그것을 쌓아가는 동안 수입이 적어 포기하는 라벨러도 많다. 이런 라벨러를 위해 폴리곤 작업에 익숙해지는 시간을 단축하는 노하우를 몇 가지 소개한다.

폴리곤 작업을 할 때, 점을 과하게 많이 찍는 것은 바람직하지 않다. 물론 점이 많으면 정확성이 더 높아진다. 그러나 일정 개수가 넘으면 작업 속도만 느려지고 정확도에 영향을 미치지 않는다. 게다가 점의 개수를 제한하는 프로젝트도 있다. 폴리곤 작업 방식에 익숙해지기 위해 초반에는 점을 많이 찍으며 정확도를 높인 뒤 익숙해지면 점 개수를 조금씩 줄이며 효율적으로 작업할 수 있는 방법을 찾는 것이 시급과 작업 효율성 면에서 바람직하다.

<점을 많이 찍는다고 정확성이 높아지는 것은 아니다.>

점의 개수를 줄이려면 객체의 굴곡이 발생하는 위치 위주로 점을 정확히 찍으려고 노력해야 한다. 직선인 구간은 최소의 점으로 일직선으로 찍어야 하며, 곡선같이 굴곡이 심하게 발생하는 구간은 많은 점을 찍어 곡선을 완만하게 표현하면 된다.

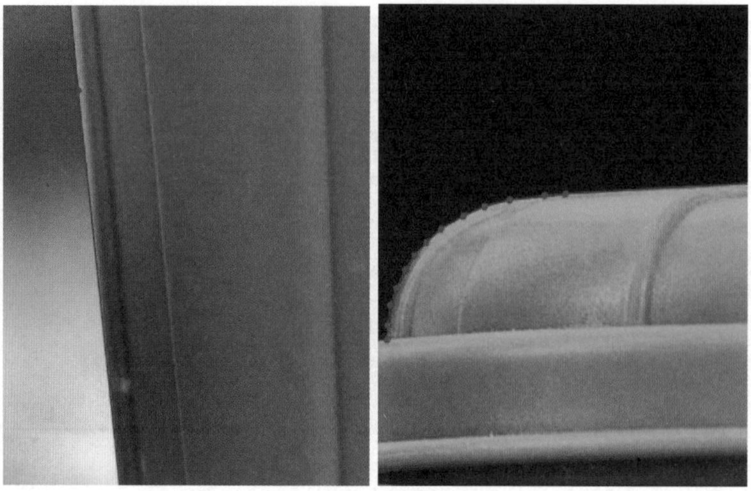

<직선에서는 점을 적게, 곡선에서는 점을 많이 찍는 것이 좋다>

폴리곤 프로젝트 가운데 오토 라벨링 된 데이터를 기반으로 작업하는 경우도 있다. 이는 AI가 자동 폴리곤 작업을 시행한 데이터를 사람이 확인하는 작업이며, 이러한 폴리곤은 대개 정확성이 떨어지는 경우가 많아 작업자가 데이터를 확인하며 직접 수정해야 한다. 이때는 인스턴스를 삭제하고 다시 작업하는 게 훨씬 빠르다. 폴리곤은 점의 개수가 많고, 경계를 섬세하게 맞춰야 해 모든 점을 클릭해 하나하나 옮기는 것은 매우 번거롭다. 이런 프로젝트에 투입됐다면 작업된 폴리곤 상태를 봐서 과감히 삭제 후 재작업을 하는 게 여러모로 좋다.

<폴리곤 핵심 요약>
·키보드 클릭 기능은 필수로 사용한다. ·점을 많이 찍기보다는 필요한 곳에만 정확히 찍는 것이 중요하다. ·수정 검수는 삭제 후 재작업이 유리하다. * 활용 가능한 프로그램 : 키보드 클릭, izoom, 브라우저 확장 프로그램(밝기 조정, 그리다)

3) 세그멘테이션(Segmentation) 난이도를 낮추는 작업 순서

세그멘테이션은 개별 객체 작업이 폴리곤으로 진행돼 폴리곤에 어느 정도 익숙해야 작업이 수월하다. 폴리곤 작업이 익숙해졌다면 객체 작업 순서를 고려할 필요가 있다. 이것이 세그멘테이션의 작업 속도를 올릴 수 있는 방법이다.

세그멘테이션은 이미지의 모든 부분에 폴리곤 작업이 돼 있어야 한다. 즉, 폴리곤 작업이 되지 않는 공백 구간이 생기면 안 된다. 하지만 사람이 하는 작업인지라 객체 사이에 약간의 공백 혹은 겹침이 발생할 수 있다. 이러한 점을 보완하기 위해 저작도구에서 객체를 레이어 형태로 층층이 쌓아 겹친 부분을 객체 순서에 맞춰 가려주는 기능과 객체 경계를 자동으로 붙여주는 기능을 지원한다. 이 기능은 객체를 작업하는 순서에 따라 작업 효율이 달라지기 때문에 이 부분을 고려해야 한다.

<레이어 방식은 폴리곤이 겹쳐도 순서에 따라 겹쳐진 부분이 가려진다.

(출처 : 에이모)>

폴리곤을 층층이 쌓아 세그멘테이션을 완성하는 방식은 경계를 자동으로 이어주는 방식보다 작업이 훨씬 수월하다. 작업 시 레이어 순서만 고려해 작업하면 된다. 가장 효율적인 방법은 레이어 가장 하단에 놓이는 객체를 먼저 작업하는 것이다. 예를 들어, 예시 이미지에는 파란색(사람)이 가장 위에 있으며 빨간색(차량), 흰색(횡단보도)이 그다음 순서다. 이런 경우, 흰색 → 빨간색 → 파란색순으로 폴리곤 작업을 하면 객체 순서를 변경하지 않고 세그멘테이션을 완성할 수 있다. 다만, 폴리곤 순서 변경은 쉬운 편이라 객체 순서가 효율적으로 배치되지 않아도 수정 가능하니 너무 어렵게 생각할 필요는 없다.

이 방식에서 또 하나 중요한 점은 폴리곤 작업을 할 때 가려지는 부분을 여유롭게 그려야 한다는 것이다. 앞 예시 왼쪽 사진의 하얀색 횡단보도를 보면 버스를 침범해 그려진 것을 확인할 수 있다. 이는 최종 작업을 완료했을 때 객체 사이의 여백이 발생하는 것을 막기 위함이다. 각 객체의 경계에 너무 정확히 맞춰 작업하면 아주 미세하게 객체가 겹치지 않을 수도 있다. 레이어 방식 작업은 레이어 순서에 따라 버스를 침범한 부분은 가려지기 때문에 경계 부분을 겹치도록 작업하는 것이 좋다. 최종 결과물은 어차피 겹친 부분이 자연스럽게 가려져 굳이 시간을 들여 경계를 맞출 필요는 더더욱 없다.

<객체의 경계를 정확히 맞춰 작업하는 방식>

객체의 경계를 자동으로 맞춰주는 작업 방식은 위 예시같이 각 객체의 폴리곤이 겹친 부분 없이 두 폴리곤이 맞닿는 점이 정확히 일치하는 형태를 보인다. 보통 저작도구에서 경계를 자동으로 이어주는 기능을 지원하는 데 이를 '오토 보더링(Auto Bordering)'이나 '오토 세그(Auto Seg)' 등으로 부른다. 이 기능은 경계의 시작점과 종료점을 선택하면 그사이 점들에 자동으로 점을 생성해 경계를 완전히 일치시켜 준다.

<시작점 끝점 예시>

예를 들면, 위 예시에서 도로 부분(빨간색)을 먼저 작업한 뒤에 자동차를 작업한다면, 도로와 차의 경계가 맞닿는 점은 바퀴 부분이다. 자동차에 폴리곤 작업을 하면 도로와 맞닿은 점의 시작점과 끝점(파란색 박스와 노란색 박스, 순서는 폴리곤 진행 방향에 따라 다르다.)을 각각 클릭하면 시작점과 끝점, 두 점 사이에 있는 모든 점에 자동으로 폴리곤 점이 생성된다. 이 방식으로 작업한다면 각 객체의 시작점과 끝점을 객체 경계에 정확히 찍는 것이 중요하다.

<경계에 점을 정확히 맞추지 않은 경우>

위와 같이 도로와 바퀴 경계가 되는 부분에 점을 정확히 찍지 않으면 나중에 점을 수정해야 하는 번거로움이 생긴다. 따라서 개별 객체를 작업할 때 다른 객체와의 경계에 점을 찍는 것에 항상 신경 써야 한다. 이 부분을 조금 더 수월하게 하려면 객체 작업 순서를 고려해야 한다. 작업 순서는 큰 객체에서 작은 객체, 단순한 객체에서 복잡한 객체순이다. 앞 사진을 작업 대상이라고 가정하면 도로를 먼저 작업한 뒤 차량을 작업하면 자연스럽게 객체 경계에 점이 생성된다. 이러한 순서로 작업하면 조금 더 효율적인 작업이 가능하다.

저자는 보통 다음 방식으로 세그멘테이션 작업을 한다. 예시는 레이어를 쌓는 방식으로 작업했으며 경계를 맞추는 방식의 경우, 객체 간 경계에 정확히 폴리곤을 찍어야 한다는 차이는 있지만 기본적인 작업 순서는 비슷하나.

<설명을 위한 예시 이미지(출처 : 에이모)>

기본적으로 멀리 있는 객체에서 가까이 있는 객체로, 큰 객체에서 작은 객체로 작업을 하는 것이 좋다. 위와 같이 야외 데이터로 작업할 경우, 우선 하늘과 땅을 작업하는 것이 좋다. 하늘과 땅은 어떤 객체보다 앞에 있을 수 없다. 객체를 쌓는 방식으로 작업하기 때문에 다른 객체에 가려지는 부분은 정교하게 작업할 필요가 없다.

<하늘(회색)과 땅(초록색)을 작업한 모습(출처 : 에이모)>

하늘과 땅을 작업했다면 이미지에서 가장 멀리 있는 대상을 작업해야 한다. 이때도 객체의 순서를 잘 고려해 작업 순서를 정하는 것이 좋다.

<멀리 있는 객체의 작업 순서(출처 : 에이모)>

❶번 전신주는 앞의 나무와 산에 가려지기 때문에 가장 먼저 작업한다. ❷번 산도 앞의 고가도로와 나무, 빌딩에 가려져 있어 두 번째로 작업한다. ❸번 고가도로는 나무와 빌딩에 가려져 있으므로 순서를 지켜 작업한다. 이후 ❹번과 ❺번은 서로 간섭하지 않으니 어느 것을 먼저 해도 큰 상관은 없다. 여기서 눈여겨봐야 할 점은 ❷번과 ❹번이다. 보통 시멘틱 세그멘테이션에서는 같은 클래스를 따로 구분하지 않고 한 번에 작업한다. ❷번과 ❹번은 일반적으로 나무나 자연 등과 같이 하나의 클래스로 묶인다. 하나로 작업 가능해도 굳이 나눠서 작업한 것은 ❸번 고가도로 때문이다. ❸번의 경우, ❷번의 앞에, ❹번의 뒤에 위치해 ❷번과 ❹번을 한 번에 작업하면 ❸번을 정확하게 작업할 수 없다. 여기까지 작업했다면 어느 정도 멀리 있는 객체는 모두 했으니 지면을 살펴본다.

인도나 도로의 횡단보도, 차선 등은 지면에 위치해 있어 차량이나 보행자들에 의해 가려질 수밖에 없다. 따라서 이것들을 먼저 작업하는 것이 좋다.

<순서대로 인도와 차선까지 작업이 완료된 모습(출처 : 에이모)>

여기까지 작업이 끝났다면 이후에는 가로등이나 차량, 사람 같은 객체들을 작업하면 된다. 이 객체들을 작업할 때도 가려짐을 고려해 멀리 있는 객체부터 작업해야 한다.

<최종 완료 데이터(출처 : 에이모)>

모든 객체를 작업했다면 작업이 되지 않은 여백 부분이 있는지 확인한 후 완료하면 된다.

<세그멘테이션 핵심 요약>
·레이어 방식이 경계를 이어주는 방식 보다 쉽다. ·경계 방식은 큰 객체 → 작은 객체, 단순한 객체 → 복잡한 객체 순서로 작업한다. *활용 가능한 프로그램 : 키보드 클릭, izoom, 브라우저 확장 프로그램(밝기 조정, 그리다)

4) 확장 프로그램으로 키포인트(Key Point) 작업 쉽게 하기

키포인트는 라벨링 기법 중 호불호가 가장 많이 갈리는 기법이다. 다른 라벨링 기법에 비해 직관적이지 않으며, 익숙해질 때까지 많은 시간이 소요되기 때문이다. 하지만 한번 적응하면 수월하게 할 수 있다. 작업 방식 자체가 쉽고 대상이 대부분 비슷하다. 여기서는 라벨러들이 가장 어려워하는 인체 키포인트에 대한 팁을 소개한다.

인체 키포인트는 대부분 사람 관절 부분에 점을 찍는다. 이 작업에서 라벨러들이 특히 어려워하는 부분은 사람의 다양한 자세에서 정확한 관절 위치를 찾는 것이다. 관절은 외부로 노출돼 있지 않아 정확한 위치를 잡아내는 것이 쉽지 않다. 앉아 있거나 다리를 꼬고 있는 경우처럼 복잡한 자세들은 더욱 그렇다. 프로젝트 기준에 따라 다르지만 일반적으로 포인트는 관절 중앙에 찍어야 함을 기억해야 한다. 다만, 사람의 겉모습이 찍힌 이미지를 바탕으로 관절 위치를 다음과 같이 유추해야 한다.

<올바른 키포인트 작업(왼쪽)과 잘못된 작업(오른쪽) 예시>

오른쪽 이미지의 경우, 키포인트 점이 사람의 외곽 부분에 찍혀 있다. 관절 키포인트는 관절 중심에 찍혀야 하기 때문에 왼쪽 이미지같이 관절이 있는 부위의 중앙에 찍는 것이 옳다. 신체의 중앙에 점이 찍히는 것이 정확하게 이해되지 않는다면 점을 중심으로 원을 그려보면 된다.

<원을 그려 키포인트 점이 관절 중앙에 찍혔는지 확인할 수 있다.>

이처럼 관절에 점을 찍을 때는 점이 신체의 한쪽으로 치우치지 않고 중앙에 찍히도록 해야 한다. 이 부분을 정확히 이해하면 키포인트의 기초 작업은 모두 수행할 수 있다. 다음으로 알아야 하는 것은 다양한 자세에서 포인트를 추측하는 방법이다.

<파란색은 보이는 점, 보라색은 가려진 점이다.>

조금 더 복잡한 자세나 가려진 부분을 추측해야 할 때는 보이는 점들을 활용하거나 다른 신체 부위의 방향을 이용해 점을 찍는 것이 좋다.

<신체가 뻗어 나가는 방향으로 유추(왼쪽)한 방법과 신체 좌우에 평행선을 그어 유추한 방법(오른쪽)>

오른쪽 손목과 어깨와 양쪽 관절 포인트처럼 다른 신체 부위나 옷에 가려진 경우, 보이는 관절과 신체를 통해 유추할 수 있다. 오른쪽 손목과 어깨는 팔꿈치 관절 포인트와 팔이 뻗어 나가는 방향으로 추정하면 된다. 팔꿈치 포인트를 시작점으로 팔과 수평이 되도록 선을 그어 주면 손목과 어깨 관절 위치를 알 수 있다. 골반 포인트 역시 무릎 포인트와 허벅지 라인을 통해 선을 이어 추측하면 된다.(위 예시 왼쪽 이미지 참고)

몸의 방향을 통해서도 인체 포인트 유추가 가능하다. 얼굴 포인트는 양쪽 눈썹이나 입술을 선으로 이어보면 우상단에서 좌하단 방향으로 선이 만들어진다. 이 선을 기준으로 보이지 않는 오른쪽 눈과 입술 포인트를 예측할 수 있다. 관절 포인트도 마찬가지로 양발 끝, 무릎을 선으로 이으면 우하단에서 좌상단으로 선 하나가 이어진다. 따라서 오른쪽 골반 포인트가 왼쪽 골반 포인트보다 높은 위치에 있음을 추측할 수 있다.(위 예시 오른쪽 이미지 참고)

사람의 자세가 다양한 만큼 인체 키포인트는 여러 변수가 생길 수 있다. 자세로

인해 명확한 포인트 위치를 모르겠다면 작업자가 직접 그 자세를 취해보고, 내 관절이 어느 위치에 있는지 만져보면 작업에 많은 도움이 된다. 만약 이 방법이 어렵다면 구체관절인형을 활용하는 것도 좋다. 구체관절인형은 관절이 잘 표현돼 있어 작업 대상과 같은 자세로 만들어 확인하면 포인트 위치 파악이 한결 수월하다.

관절의 예측을 위해서는 그리다 확장 프로그램이나 판서 프로그램도 잘 활용해야 한다. 객체에 직접 직선이나 원을 그려보면서 작업하면 관절 포인트 더 명확히 알 수 있다.

<키포인트 핵심 요약>
·모든 점은 신체의 관절 중심에 찍어야 한다. ·점의 유추는 객체에 직접 그림을 그려보는 것이 좋다. ·자세가 어렵다면 직접 자세를 취해보는 것이 중요하다. * 활용 가능한 프로그램 : 브라우저 확장 프로그램(밝기 조정, 그리다)

5) 점군 데이터(Point Cloud) 작업을 위한 점군 눈에 익히기

흔히 '라이다 프로젝트'라고 부르는 점군 데이터는 초기 진입장벽이 있는 편이다. 모든 사물이 점군으로 표현돼 점군이 눈에 들어오지 않으면 프로젝트 참여가 어렵다. 처음 점군 데이터를 접한다면 실제 작업 진행에 앞서 객체를 구분하는 방법부터 익혀야 한다. 화면을 천천히 움직여 보면서 객체가 어떤 형태로 표현되는지 확인하면 점군 데이터에 익숙해질 수 있다. 최종적으로 점군 데이터와 함께 제공되는 2D이미지(사진)를 보지 않고 점군만으로 대부분의 객체를 구분할 수 있어야 한다.

다른 이미지 프로젝트와 다르게 라이다 프로젝트는 실제 참여하지 않으면 점군 데이터를 접할 기회가 거의 없다. 일반 이미지 프로젝트는 기본 데이터와 관계없이 작업 방식 차이만 있을 뿐이며, 작업 대상인 이미지 데이터의 이해는 굳이 필요하지 않다. 바운딩 박스든 폴리곤이든 기법에 대한 이해만 있으면 작업을 시작할 수 있다. 그러나 라이다 프로젝트는 기초가 되는 점군 데이터 자체가 생소해 라벨링 기법의 방식 자체보다는 데이터를 보는 눈이 중요하다. 실제 작업에 참여해 점군 데이터를 이해하는 것이 가장 좋지만, 관련 프로젝트로 당장 점군 데이터를 익히는 것은 무리가 있다. 그 대안으로 점군 데이터의 다양한 객체를 예시로 들어 초보 라벨러들의 점군 데이터 이해를 도우려 한다.

보통 라이다 프로젝트는 자율주행을 기반으로 하는 경우가 많아 차량과 사람에 대한 작업을 많이 하게 된다. 차량의 경우, 점군이 적게 표현돼도 도로 영역이 명확해 구분이 비교적 편하다. 그러나 사람을 구분하는 것은 까다롭다. 사람마다 보행 경로가 다르고, 걷는 방향이 차량과 같이 도로 방향에 따라 한쪽으로 정해진 것이 아니라 예측이 어렵다. 또, 차에 비해 크기가 작아서 구분이 어려운 경향이 있다. 다음 예시는 라이다 전체 데이터에서 실명에 필요한 객체를 표시한 것으로 해딩 객체의 후면·상단·옆면을 확대한 것이다.

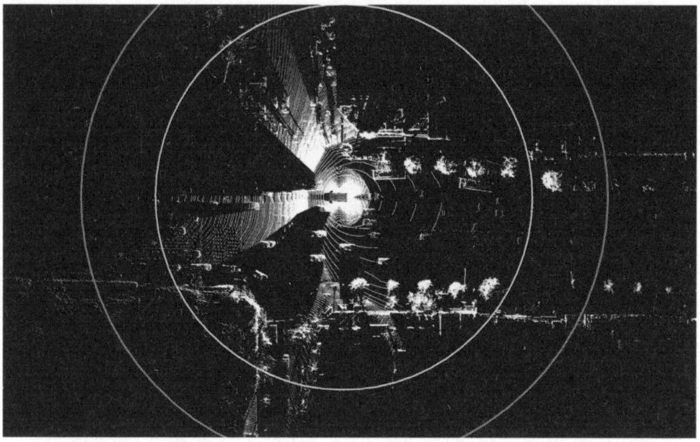

<아래에 사용되는 점군 데이터의 전체 모습(출처 : 에이모)>

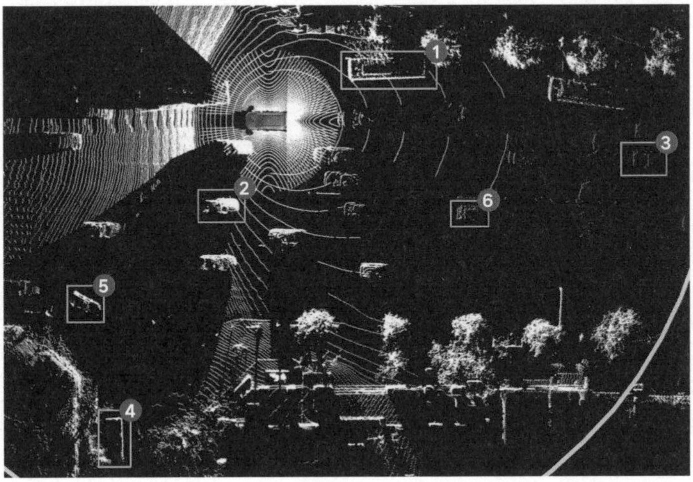

<위 점군 데이터에는 20대 이상의 차량이 있다(출처 : 에이모)>

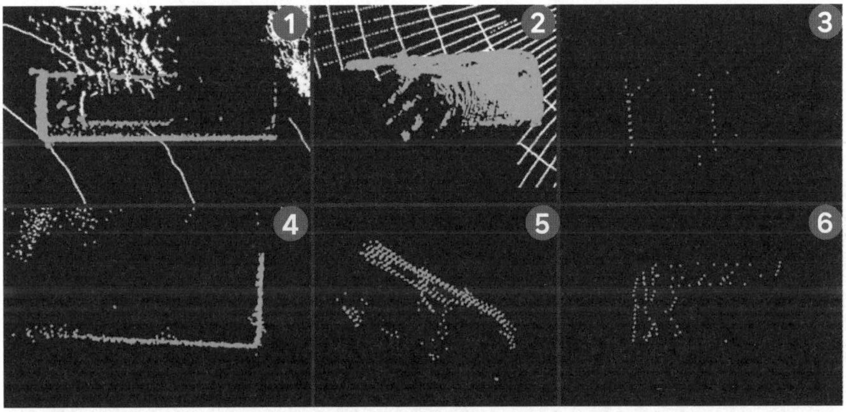

<다양한 형태의 차량들(출처 : 에이모)>

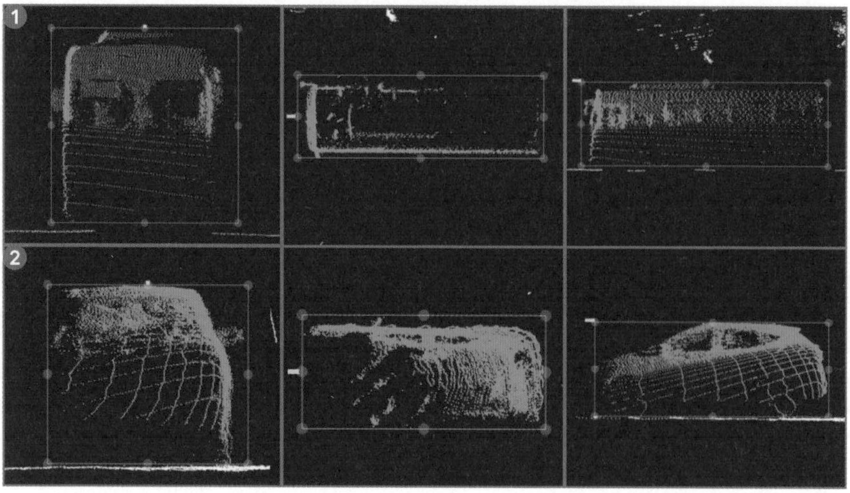

<차량의 후면, 상단, 옆면의 모습(출처 : 에이모)>

차량은 주차된 차량이나 특수한 경우를 제외하고는 대부분 도로 위에 있어서 구분이 쉽다. 도로 위에서 점군 데이터를 여러 방향으로 돌려보면 차량을 쉽게 찾을 수 있다.

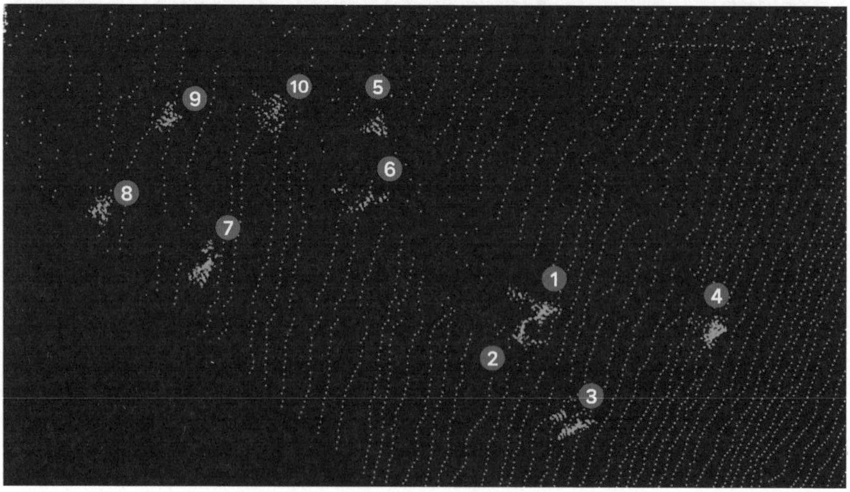

<사람 점군의 모습(출처 : 에이모)>

<앞 이미지와 같은 사람 점군의 다른 각도(출처 : 에이모)>

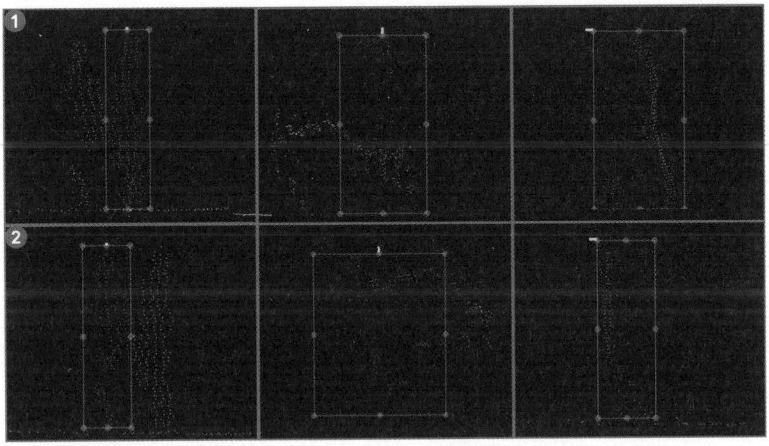

<사람 점군의 후면, 상단, 옆면의 모습(출처 : 에이모)>

사람은 객체 크기가 작고 특징이 적어 차량을 구분하는 것보다 어렵다. 특히 점군이 명확하게 표현되지 않은 경우라면 더욱 그렇다. 따라서 사람을 구분할 때는 차량을 볼 때보다 주변 환경을 더 고려해야 한다. 인도나 골목 횡단보도 등에 사람이 있을 확률이 높다. 횡단보도는 그나마 사람을 구분하기 쉽지만 인도나 골목은 사람

과 유사한 크기와 형태의 다른 대상이 많아 구분이 어려운 편이다.

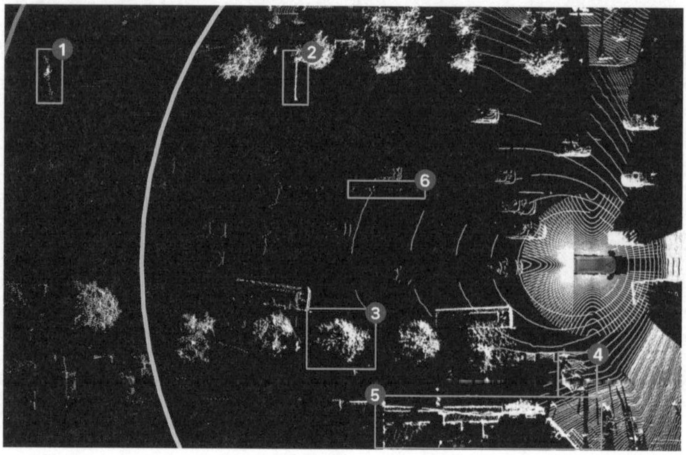

<기타 객체(출처 : 에이모)>

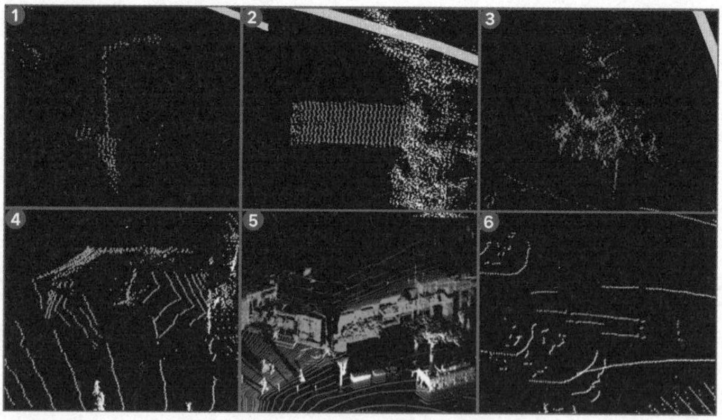

<기타 객체 상세(출처 : 에이모)>

순서대로 가로등, 표지판, 가로수, 횡단보도 그늘막, 건물, 중앙분리대다. 차량과 사람뿐만 아니라 라이다 센서로 수집할 수 있는 다양한 객체들을 작업하는 경우도 많다. 이런 객체들은 차량이나 사람을 손쉽게 구분하기 위해 눈에 익혀 두는 것이 좋다. 점군 데이터상의 모든 객체를 정확히 아는 것은 어렵지만, 형태가 뚜렷한 객

체들을 구분할 수 있다면 실제 대상이 되는 객체와 구별 가능하다. 그리고 현재 확인하고 있는 데이터 영역이 어디인지 유추할 수 있어 작업이 한결 수월해진다.

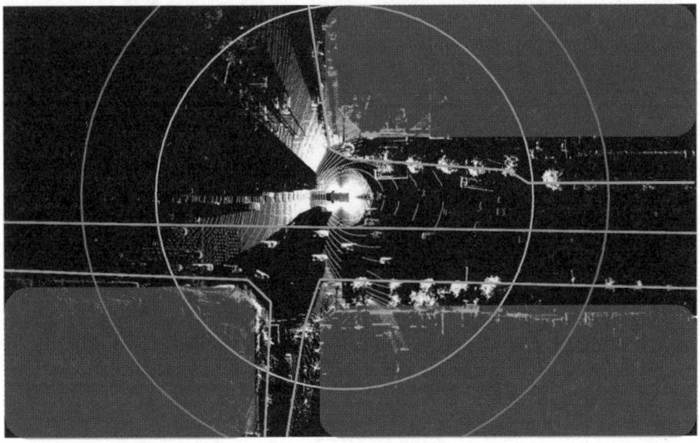

<파란 선은 도로경계선, 초록 선은 중앙선, 주황 박스는 건물 영역이다.

(출처 : 에이모)>

위 이미지는 앞서 살펴본 점군 데이터의 전체 모습을 영역별로 구분한 것이다. 어떤 점군 데이터를 접하든 한눈에 위와 같이 영역을 구분할 수 있을 정도로 점군에 익숙해져야 한다. 어느 정도 영역을 구분할 수 있다면 어떤 위치에 어떤 객체가 존재할 것이라는 예상이 가능해 대상 객체를 찾는 게 더욱 편해진다. 예를 들어, 차량은 대부분 도로 위에 있어 도로 영역이라고 생각되는 곳을 집중적으로 본다면 찾기 쉽다. 도로 위에 어떤 물체가 없다면 점군은 지면 포인트만 보이게 된다. 점군이 명확하지 않더라도 지면 외의 다른 점군이 나타난다면 해당 위치에 차량이 있음을 추측할 수 있다.

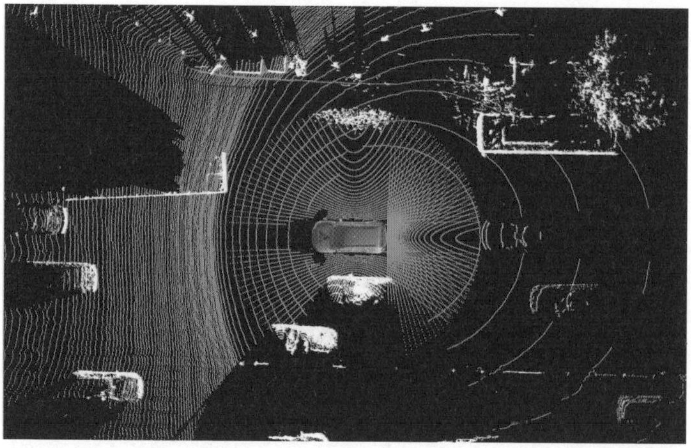

<지면은 라이다 수집 차량을 중심으로 원형으로 뻗어 나가는 형태로 표현된다. (출처 : 에이모)>

지면과 다른 객체의 점군을 구분하는 것도 중요하다. 많은 프로젝트에서 작업할 때 지면 포인트를 제외해야 하기 때문이다. 지면 포인트를 제외할 때는 지면의 기울기를 잘 맞춰야 한다.

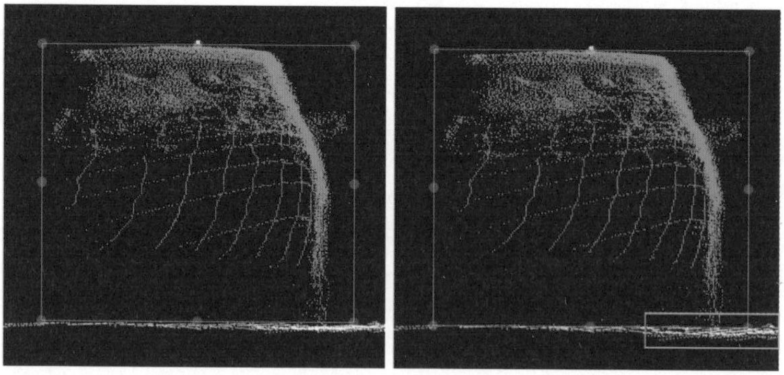

<기울기를 올바로 맞춘 예시(왼쪽)와 잘못 맞춘 예시(오른쪽)(출처 : 에이모)>

심한 경사가 있는 지면이 아니라면 일반적으로 지면은 왼쪽 이미지와 같이 얇은

선 형태다. 오른쪽 이미지같이 지면 두꺼운 형태로 보이는 것은 옆면의 기울기가 정확히 맞지 않았기 때문이다. 이처럼 기울기를 맞출 때는 후면과 옆면 기울기를 모두 고려해야 한다. 한쪽 기울기를 맞추면 다른 쪽 기울기도 영향을 받는다. 후면과 옆면의 지면을 최대한 얇은 선 형태로 맞추면 기울기를 올바르게 맞춘 것이다.

어떤 객체가 명확히 확인되지 않는다면 앞·뒤 프레임을 확인해야 한다. 대부분 라이다 프로젝트는 연속된 데이터로 작업이 진행되기에 구분이 애매한 객체는 다른 프레임을 통해 확인 가능하다. 라이다 수집 차량과 거리가 멀거나 장애물로 점군이 적게 나타나거나 명확한 형태를 보이지 않는 경우는 주로 이 방식으로 객체를 파악하게 된다.

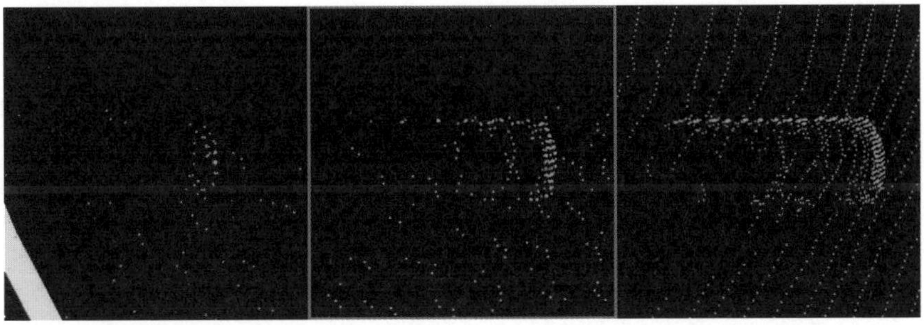

<프레임에 따라 차량의 형태가 더 명확해진다. (출처 : 에이모)>

점군 데이터를 작업할 때는 탑 뷰(Top View)를 기본으로 작업하는 것이 좋다. 탑 뷰는 하늘에서 내려다보는 시야로 항공 촬영 사진을 생각하면 이해가 쉽다. 위 예시 이미지가 탑 뷰다. 탑 뷰로 작업하면 전체적인 데이터 상태나 객체를 파악하기 용이하며, 뷰를 이동하는 시간을 줄일 수 있다. 다른 뷰보다 한 화면에 보이는 객체가 더 많기 때문이다.

일부 프로젝트에서는 라이다 수집 차량과 일정 거리 이내(전체 점군 데이터 예시 이미지에서 노란 원과 분홍 원이 거리를 표시하고 있다.)에 있는 경우만 작업 대상이 되기도 한다. 이 경우에도 탑 뷰로 작업하면 작업 대상 여부를 확인하는 것이 용이하다. 3D 데이터 특성상 거리를 표현하는 원이 각도에 따라 다르게 보일 수 있어 대부분 탑 뷰 상태에서 거리를 측정하기 때문이다.

<점군 데이터 핵심 요약>

·점군만으로 객체를 확인할 수 있도록 다양한 각도로 객체를 파악한다.
·전체 데이터 확인 후 데이터의 영역을 구분할 수 있어야 한다.
·지면 제외 및 기울기 조정 시 후면 뷰와 옆면 뷰를 동시에 확인한다.
·객체가 명확하지 않은 경우, 앞·뒤 프레임을 확인해야 한다.
* 활용 가능한 프로그램 : 브라우저 확장 프로그램(밝기 조정, 그리다)

3. 작업시간 줄여주는 저작도구 사용법

데이터 라벨링 작업에 이용되는 저작도구 수는 워낙 많아 작업자 개인이 모두 다뤄보는 것은 어렵다. 또, 새로운 기업에서 진행하는 프로젝트에 투입되면 처음 접하는 저작도구를 사용해야 할 수도 있다. 더 많은 수입을 얻기 위해서는 저작도구를 능숙하게 잘 다루는 것이 중요하다. 숙련된 라벨러라 해도 모든 저작도구를 잘 다루기는 어렵다. 그러나 비슷한 형태가 많아서 낯선 저작도구를 만났을 때, 기존에 사용해 본 적 있는 저작도구 기능을 참고하는 것은 가능하다. 여기서는 비교적 접근성이 좋은 주요 크라우드소싱 플랫폼 기업들의 저작도구 및 오픈 소스 저작도구인 Labelme, CVAT의 기본 기능과 사용 팁을 소개한다. 이 저작도구들의 특징과 기능, 단축키들을 숙지하면 이후 새로운 저작도구를 만나 적응하는데 한결 수월해질 것이다.

책에서 소개하는 저작도구들은 2023년 6월을 기준으로 작성되었으며, 프로그램 업데이트 등으로 시점에 따라 책의 설명과 실제 사용 방식이 다를 수 있다. 저작도구 운영 기업에서 이미지 사용 허가를 받았음을 밝힌다.

1) 기본 기능에 충실한 크라우드웍스 저작도구

크라우드웍스 저작도구는 선호도가 높다. 화면이 직관적으로 구성된 동시에 불필요한 기능을 최소화하는 방향으로 저작도구가 구성돼, 처음 접하는 라벨러도 어떤 도구가 어떤 기능을 하는지 쉽게 파악할 수 있다. 따라서 데이터 라벨링에 갓 입문했거나 저작도구에 익숙하지 않은 라벨러가 편리하게 사용할 수 있다. 또, 프로젝트 특성과 기법에 따라 필요한 핵심 기능을 선별적으로 제공해 작업 효율을 극대화할 수 있어 경력이 있는 라벨러들의 선호도도 높다. 특히 저작도구가 가벼운 편이라 상대적으로 사양이 낮은 컴퓨터에서도 원활히 작업을 수행할 수 있다는 점도 매력적이다.

(1) 이미지 저작도구

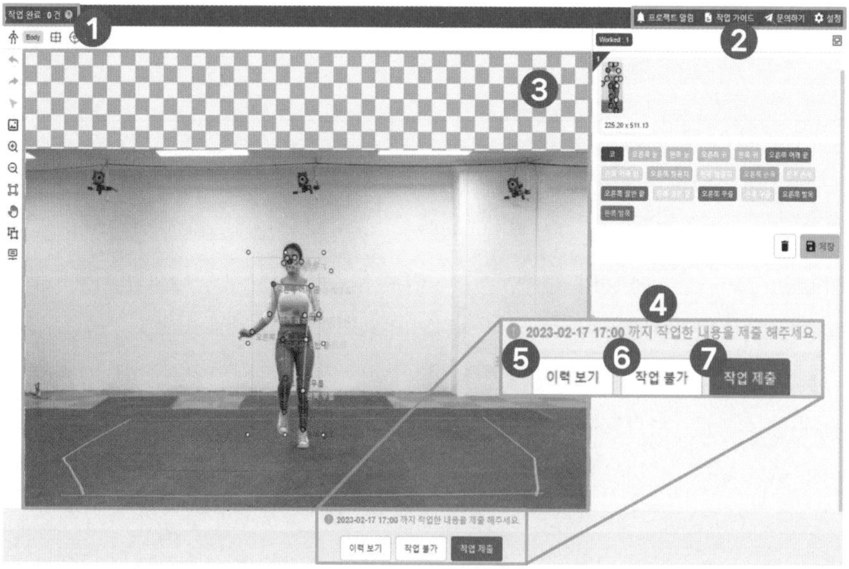

<키포인트 저작도구 예시>

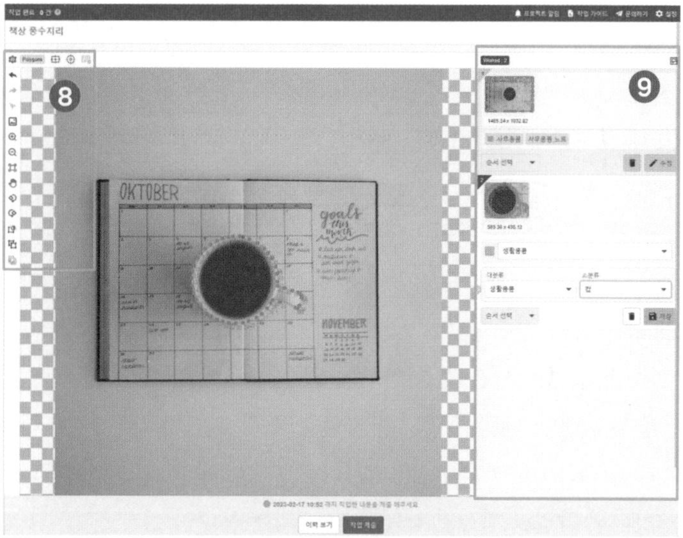

<세그멘테이션 저작도구 예시>

① 작업 완료 : 0 건 : 현재까지 제출한 작업 수량이 표기되며 클릭 시 아래 화면과 같이 현재 참여 중인 프로젝트의 작업 단가, 1인 최대 작업 수 등이 노출된다. 중요한 정보를 포함하고 있으니 프로젝트 시작 시 한 번씩 확인해 보는 것이 좋다.

<작업 가이드 예시>

·작업 단가 : 보통 하나의 Field당(저장 버튼 한 개당) 지급된다. 검수 완료 시 포인트로 지급된다.

·작업 불가 건 작업 단가 : 다수 프로젝트는 작업 불가 건에 대한 단가를 지급하지 않지만, 해당 부분에 단가가 명시돼 있다면 그 프로젝트는 작업 불가 건에 단가를 지급한다.

·1인 허용 최대 작업 수 : 개인이 작업할 수 있는 최대 참여 가능 수량이다. 전체 작업이 빨리 끝나면 작업자가 허용 개수만큼 작업을 못 한 상태라도 추가 데이터를 받을 수 없게 된다.

·사전 검증 작업 수 : 사전 검증 작업이 있는 프로젝트에서 제출해야 하는 검증 작업 수량을 나타낸다. 해당 수량만큼 제출하고 검수가 완료돼야 1인 허용 개수까지 작업할 수 있다. 이 수량만큼 작업을 제출했다면 "제한 작업 수에 도달하였습니다." 혹은 "반려된 작업만 재작업 가능합니다."라는 문구가 나타난다.

·포인트 지급 기한 : 1차 검수 완료 후 최종 검수가 들어간 시점부터 포인트가 지급되기까지의 시간이다. 1차 검수 완료 후 포인트가 지급되는 최대 시간이라고 생각하면 된다. 예시에서는 1차 검수 후 최대 1시간 이내에 포인트가 지급된다는 의미다.

❷ 화면 순서대로 참여 중인 프로젝트에 대한 알림 확인, 작업 가이드 팝업, 프로젝트에 대한 문의 사항 작성, 저작도구 환경 설정을 할 수 있는 버튼이다.

❸ 실제 작업이 이루어지는 화면이다.

❹ 작업 제출 시간이 표시된다. 표시되는 시간까지 제출하지 않으면 작업은 삭제된다.

❺ 반려 이력을 확인할 수 있는 버튼이다.

❻ 가이드에 명시된 작업 불가 대상일 경우, 작업 불가 처리를 하는 버튼이다. 작업 불가 처리를 할 때는 가이드에 명시된 작업 불가 사유를 입력해야 한다.

❼ 완료한 작업을 제출하는 버튼이다. 프로젝트에 따라 작업 제출까지 필요한 최소 시간이 설정된 경우가 있다. 이 경우는 해당 버튼이 비활성화된다.

❽ 실제 작업에 사용되는 도구다. 저작도구마다 노출되는 도구들이 다르다.

Body

Polygons

각 프로젝트마다 사용되는 라벨링 기법 도구가 노출된다. 다른 도구가 선택되지 않았다면 해당 도구가 자동으로 선택된다. 따라서 단축키는 없다.

십자선 색상 변경(C) : 십자선 색상을 보라색과 흰색으로 변경할 수 있다. 십자선이 이미지 색상과 유사해 눈에 띄지 않을 경우에 사용된다.

오프젝트 자동 확대 : 객체를 선택할 경우, 선택한 객체에 맞게 화면을 자동으로 확대해 주는 기능이다. On/Off 가능하며 Off 시 객체를 선택해도 확대되지 않는다.

단축키 가이드, 저작도구에서 사용되는 단축키를 모아 볼 수 있다.

실행 취소(Ctrl+Z), 재실행(Ctrl+Shift+Z)

오브젝트 선택(S) : 라벨링을 완료한 객체를 선택한다.

원본 이미지 보기(H) : 모든 오브젝트를 숨겨 원본 이미지를 볼 수 있다.

확대(Shift+↑)·축소(Shift+↓) : 마우스 휠로 확대 축소가 돼 실제로 잘 사용하지 않는다.

이미지 사이즈 초기화(Ctrl+1) : 작업 중 전체 이미지를 확인할 경우에 사용한다.

이동(Space) : 스페이스를 누른 상태로 드래그하면 이미지가 움직인다. 마우스 우클릭 드래그로도 가능하다.

오른쪽 회전(Shift+→)·왼쪽 회전(Shift+←) : 이미지를 해당 방향으로 90도 회전시킨다.

오브젝트 투명도 조절(Shift+[ )·이미지 명도 조절(Shift+])

모든 오브젝트 보기(Shift+A) : 작업 중 다른 오브젝트를 확인할 수 있다. 폴리곤 프로젝트에서 사용 시 기존에 찍은 폴리곤의 점과 같은 위치에 점을 찍을 수 있다.

여백 확인(Shift+G) : 세그멘테이션 같이 여백이 발생하면 안 되는 프로젝트에서 여백 유무를 확인할 수 있다.

키포인트 설명(Shift+I) : 키포인트 프로젝트에서 점에 대한 설명을 표시하거나 끈다.

❾ 오브젝트(인스턴스)가 표시되는 화면이다. 클래스를 설정할 수 있으며 완성된 오브젝트를 저장(단축키 : Enter)하거나 수정할 수 있다. 필요에 따라 인스턴스 목록을 간결하게 접을 수도 있다. 일부 오브젝트의 순서가 중요한 프로젝트에서는 순서를 변경할 수 있다.

알아두면 유용한 활용 팁

바운딩 프로젝트에서 대상 객체가 큰 경우, 대상 경계에 박스를 정확히 맞추기 어렵다. 크라우드웍스 저작도구의 바운딩 기능은 바운딩 외곽의 수정점을 클릭해야지만 박스 크기 수정이 가능하다. 객체 외곽을 확대한 상태라면 수정점이 보이지 않을 수도 있다. 이럴 때는 다음과 같은 방식으로 박스를 수정하면 된다.

<수정 팁>
·바운딩 박스 수정점 왼쪽 클릭 유지 → 마우스 오른쪽 1회 클릭 → 누르고 있던 왼쪽 버튼 떼기

위 방식으로 하면 따로 버튼을 누르지 않아도 수정점을 잡은 상태로 마우스가 유지된다. 이후 우클릭 드래그로 대상 경계로 이미지를 이동하고 경계에 박스를 맞춘 후 클릭하면 수정점을 놓게 된다. 이 방식을 잘 활용하면 크기가 큰 객체에 대한 정밀한 바운딩 박스 작업이 가능하다.

폴리곤 프로젝트는 점을 찍는 중간에 되돌리기(Ctrl+Z)로 직전에 찍었던 점을 취소할 수 있다. 또, 폴리곤이 완성된 이후 점을 추가하고 싶다면 클릭, 삭제하고 싶다면 우클릭하면 된다. 완성된 폴리곤의 위치를 변경하고 싶다면 해당 객체를 드래그하면 된다. 만약 일부 점의 위치만 변경하고 싶다면 원하는 점을 드래그로 모두 선택한 후 드래그로 이동하면 된다. 이미 완성된 폴리곤의 경계에 맞춰 작업하고 싶다면 Shift+A로 모든 오브젝트 보기를 활성화한 후 완성된 폴리곤의 점을 클릭하면 같은 위치에 점이 생성돼 경계를 정확히 맞출 수 있다.

(2) 3Dcar 저작도구

<3Dcar 저작도구 예시>

❶ 오브젝트 상세 설정을 진행하는 화면이다.

·Shape Type : 2D 박스, 3D(4P) 박스, 3D(6P) 박스를 선택할 수 있다. 사용되는 박스 형태는 가이드를 참조해 지정하면 된다.

·Direction : 3D(4P) 박스, 3D(6P) 박스에서 사용되는 기능으로 차량 방향을 설정하는 기능이다.

·Side : 3D(6P) 박스에서 사용되는 기능으로 차량 옆면의 방향을 설정하는 기능이다.

알아두면 유용한 활용 팁

일부 3Dcar 저작도구는 바운딩 박스 프로젝트와 달리 외곽선을 객체 외곽과 수평으로 맞춰야 한다. 따라서 3Dcar 프로젝트는 수정점을 이동시키면 한쪽 면 전체가 이동하는 것이 아니라 선택된 점만 이동하게 된다. 한쪽 면 전체를 이동시키려면 생성된 박스의 선을 클릭 후 이동시켜야 한다.

(3) 음성 전사 저작도구

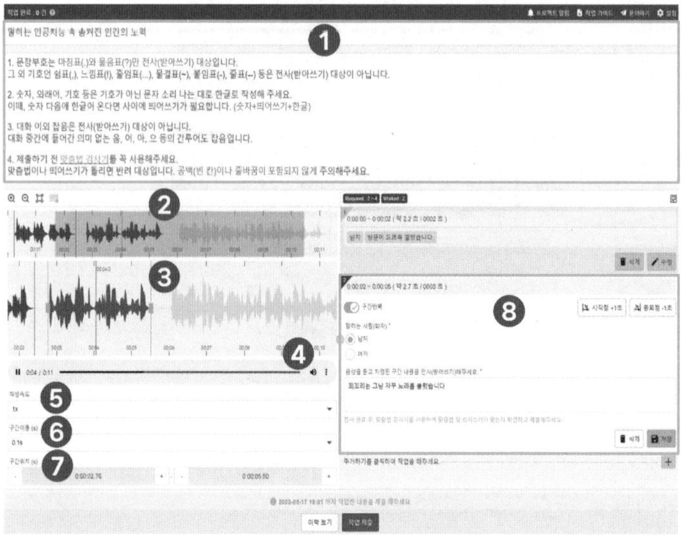

<음성 전사 저작도구>

❶ 참여 중인 프로젝트 이름과 가이드의 핵심 포인트가 노출된다. 핵심 포인트는 프로젝트별로 노출 여부가 다르다.

❷ 음성 파일 전체를 한눈에 볼 수 있는 화면이다. 짙은 남색은 라벨링이 진행된 구간, 보라색은 현재 선택된 구간, 회색은 아직 작업이 되지 않은 구간이다.

❸ 실제 작업이 이뤄지는 화면이다. 노란색 선은 선택된 구간의 시작점, 초록색 선은 선택된 구간의 종료점이다. 보통 정확한 구간 설정을 위해 확대 후 작업한다. 음성 전사 프로젝트는 마우스 휠로 확대·축소가 불가능해 상단 아이콘을 직접 클릭

하거나 단축키(확대 : Shift+↑, 축소 : Shift+↓)를 활용해야 한다. 확대 상태면 마우스 드래그로 음성을 이동시킬 수 있다.

❹ 음성 재생과 멈춤, 볼륨을 조절할 수 있는 컨트롤 박스다. 재생과 멈춤의 단축키는 SPACE다.

❺ 음성 재생 속도를 설정할 수 있다. 재생 속도는 0.25~2배속까지 설정할 수 있으며 음성 상태에 따라 속도를 조절하게 된다.

❻ 구간 이동 시간을 설정할 수 있다. 해당 저작도구는 키보드의 ← · → 키로 원하는 시간대로 이동할 수 있다. 예를 들어, 구간 이동 설정이 1s라면 한번 키보드를 입력할 때마다 1초 이동한다. 마우스 좌클릭으로도 이동 가능하다.

❼ 시작점과 종료점의 시간을 조절하는 기능이다. 앞쪽 시간이 시작점이며 뒤쪽 시간이 종료점이다. 각각 +, - 를 클릭하면 시작점과 종료점이 이동한다. 한 번 클릭 시 움직이는 시간은 구간 이동에서 설정한 시간 값과 동일하다. 구간 앞뒤로 공백을 둬야 하는 경우에 유용하게 사용된다. 이 또한 작업 화면 시작점과 종료점을 드래그해 조절할 수도 있다.

❽ 오브젝트 상세 설정을 진행하는 화면이다. 설정된 구간에 해당하는 클래스를 가이드에 맞게 설정하며, 들리는 음성을 전사하면 된다. 상세 설정에 있는 '시작점+1초'와 '종료점-1초' 기능은 각각 시작 후 1초, 종료 직전 1초의 음성을 들을 수 있는 기능이다. 해당 기능은 시작점과 종료점을 명확하게 지정하기 위해 사용한다. 또, 구간 앞뒤로 공백을 둬야 하는 경우에도 공백 확인에 유용하게 사용된다.

알아두면 유용한 활용 팁

음성 전사는 일반적으로 아래 순서로 진행하는 것을 추천한다.

<작업 순서>
· 구간 시작점 클릭 → +버튼으로 오브젝트 추가 → 구간 반복 활성화 → 종료점을 종료 구간으로 이동 → 음성 전사 → 맞춤법 확인 → 기타 세부 설정 완료

앞에 설명한 방식은 하나의 예시로 실제 작업은 자신이 편한 방법으로 하는 것이 좋다. 프로젝트별 특성이 다를 수 있으니 다양한 시도로 최적의 작업 방법을 찾는 것을 추천한다.

또, 음성 전사를 할 때는 구간을 명확히 지정해야 하므로 반드시 음성 확대 후 작업을 진행해야 한다. 확대하지 않고 작업할 경우, 미세한 시간까지 고려한 정확한 구간을 설정하기 어렵다.

음성 전사를 완료했다면 반드시 맞춤법 검사기로 맞춤법을 확인해야 한다. 맞춤법 검사기가 완벽한 것은 아니지만 작업자와 검수자의 원활한 소통과 데이터의 통일성 유지를 위해 맞춤법 검사를 한다. 맞춤법 검사기도 프로그램마다 검사 결과값이 나를 수 있으니 가이드에 지정된 프로그램을 사용하는 것이 좋다.

(4) 자주 사용하는 단축키 모음

분류	기능	단축키
기본 단축키	화면 이동	마우스 오른쪽 드래그
	확대/축소	마우스 휠
	객체 선택	S
	객체 전체 선택	-
	객체 삭제	Delete
	복사/붙여넣기	Ctrl+C/V
	이미지 화면 맞춤	Ctrl+1
	저장	Enter
폴리곤 단축키	작업 완료	시작점 클릭
	폴리곤 중 찍은 점 취소	Ctrl+Z
	점 추가	좌클릭
	점 삭제	우클릭
기타 단축키	모든 오브젝트 보기	Shift+A

2) 작업 효율이 뛰어난 에이모 라벨러스 저작도구

에이모 저작도구는 유형별로 이미지툴과 씬(시퀀스)툴, 포인트 클라우드(Point Cloud), 비디오 등이 있으며 다양한 라벨링 기법을 지원한다. 다양한 단축키를 지원하는 만큼 자주 사용하는 단축키를 외우면 효율적인 작업이 가능하다.

(1) 싱글 이미지 저작도구

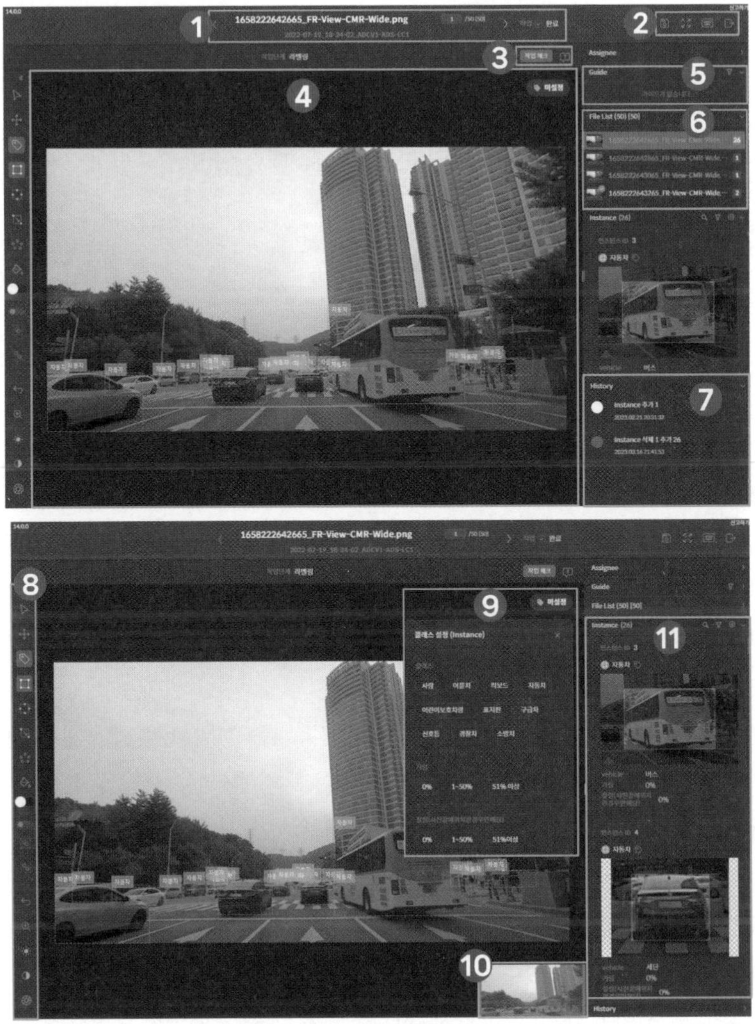

<싱글 이미지 저작도구 예시>

❶ 내비게이션 및 작업 진행 도구다. 다음 및 이전 파일로 이동하거나, 현재 작업 중인 파일 정보를 확인할 수 있다.

<내비게이션 및 작업 진행 도구 확대 이미지>

1·2 : 각각 이전 파일(Q)과 다음 파일(W)로 이동하는 버튼이다. 파일을 이동하면 작업 중이던 내용은 자동으로 저장된다.

3·4 : 현재 작업 중인 파일과 폴더의 이름이다. 해당 글자를 클릭하면 복사 가능하다. 질문을 작성할 때 주로 사용한다.

5 : 전체 파일 수와 현재 작업 중인 파일 번호다. 앞쪽에 숫자를 직접 입력해 원하는 파일로 이동할 수 있다.

6 : 작업 완료 버튼(Shift+S)이다. 해당 버튼을 누르면 파일이 제출돼 검수가 진행된다. 일반적으로 할당받은 하나의 폴더를 모두 완료해야만 검수가 진행된다. 검수 전 완료 버튼을 다시 눌러 취소하면 파일을 수정할 수 있다.

❷ 각각 저장하기(Ctrl+S), 화면 최대화, 단축키 보기, 저작도구 나가기 버튼이다. 단축키 보기는 에이모 저작도구의 모든 단축키가 안내되기 때문에 꼭 확인해야 한다.

❸ 작업 체크는 시스템에서 설정된 제출 조건에 맞지 않는 인스턴스가 있는지 확인하는 버튼이다. 조건이 맞지 않는 인스턴스는 인스턴스창에서 빨간색으로 표시된다. 그러나 완료 버튼을 눌렀을 때 유효하지 않은 작업이 있으면 알림창이 떠 사용 빈도가 낮다. 작업체크 옆 물음표 아이콘은 작업 중 의문 사항을 질문할 수 있는 버튼이다. 질의응답은 주로 협업툴에서 진행돼 이 역시 잘 사용되지 않는다.

❹ 실제 작업이 진행되는 화면이다.

❺ 가이드를 확인할 수 있는 창이다. 관리자가 저작도구 상에 가이드를 올리면 해당 위치에서 확인할 수 있다.

❻ 파일 리스트다. 현재 작업 중인 폴더의 모든 파일을 확인할 수 있으며 클릭 시

원하는 파일로 이동할 수 있다. 보라색 부분은 현재 확인하고 있는 파일, 파란색은 작업이 진행되고 있는 파일, 빨간색은 유효하지 않은 인스턴스가 있는 파일, 사진에 초록색 체크 표시가 있는 파일은 완료 처리된 파일이다. 각각의 파일명 옆 숫자는 해당 파일에 존재하는 인스턴스의 총개수다.

❼ 히스토리(History)창이다. 해당 파일의 작업 기록을 확인할 수 있다. 각 히스토리 옆의 반시계 방향으로 회전하는 화살표 아이콘을 클릭하면 해당 작업 시점으로 데이터를 복원할 수 있다. 작업이 잘못됐는데 저장될 경우, 클릭으로 이전 작업을 불러올 수 있다. 해당 기능은 프로젝트 세팅에 따라 지원되지 않을 수도 있다.

❽ 작업에 사용되는 도구들이 모여 있는 툴바다. 프로젝트 유형에 따라 노출되는 도구가 다르다.

선택(S) : 작업 화면에서 인스턴스를 선택할 수 있다.

이동(SPACE) : 스페이스를 누른 상태로 드래그 혹은 방향키를 누르면 작업 중인 이미지를 이동시킬 수 있다.

라벨 표시(Ctrl+L) : 인스턴스 왼쪽 위의 라벨을 표시하거나 숨길 수 있다. 일반적으로 작업 시에는 라벨을 숨긴다.

채우기(F1) : 완성된 인스턴스 내부에 색을 채운다. 클릭 시 나오는 컨트롤바로 색의 투명도를 설정할 수 있다.

실행 취소(Ctrl+Z)/다시 실행(Ctrl+Y)

확대/축소 : 마우스 휠로도 확대와 축소를 할 수 있다.

각각 밝기/대비/채도 조절 버튼이다. 클릭 시 팝업되는 컨트롤 박스로 조정할 수 있다. 야간 이미지 등에서 객체의 정확한 식별을 위해 자주 사용된다.

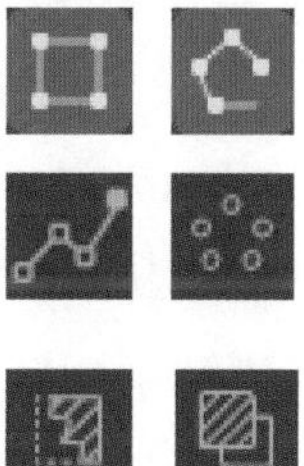

프로젝트 유형별로 사용되는 라벨링 기법 도구들이다. 시계 방향으로 각각 바운딩 박스(B), 폴리곤 세그멘테이션(Y), 키포인트(K), 폴리라인(L)이다. 실제 사용되는 유형에 따라 노출되는 도구가 다르다.

유효하지 않은 픽셀 표시(F2)/겹친 영역 가리기(F4) : 세그멘테이션에서 사용되는 도구로 작업되지 않은 픽셀을 표시하는 도구와 세그멘테이션이 겹친 부분을 가려주는 도구다.

❾ 클래스 설정창이다. 창을 클릭하거나 Enter 키를 누르면 설정창을 숨기거나 표시할 수 있으며 드래그로 위치를 이동할 수 있다. 클래스를 설정하는 단축키는 1~0이며 해당 단축키는 프로젝트 세팅에 따라 다르다.

❿ 미니맵이다. 이미지 전체를 한눈에 확인할 수 있으며 Ctrl+M으로 숨기거나 표시할 수 있다.

⓫ 인스턴스창이다. 작업한 인스턴스를 모아볼 수 있다. 인스턴스창의 보기 설정으로 섬네일(Alt+P), 속성, 크기 정보, 인스턴스 순서를 표시하거나 숨길 수 있다. 각 인스턴스에 마우스를 올리고 왼쪽 상단에 나타나는 점이 6개 모여있는 버튼을 드래그하면 인스턴스 순서를 변경할 수 있다. 단축키는 R+방향키다. R을 누른 상태로 위·아래키를 누르면 된다. 이는 세그멘테이션 같이 인스턴스의 순서를 맞춰야 하는 프로젝트에서 사용된다.

알아 두면 유용한 활용 팁

에이모는 많은 단축키를 지원하는 만큼 키보드로 작업하는 것이 유리하다. 특히 바운딩 박스는 키보드로 박스 크기를 조절할 수 있어 마우스보다 키보드 사용을 추천한다.

<바운딩 박스 작업 방식 예시>
·십자선 켜기(A) → 객체에 박스 그리기 → 십자선 끄기 → 키보드로 외곽선 정확히 맞추기 ·박스 생성(Alt+N) → 방향키로 박스의 왼쪽과 상단을 객체의 왼쪽과 상단에 맞추기 → Ctrl+방향키로 박스의 오른쪽과 하단을 객체의 오른쪽과 하단에 맞추기

연속된 이미지가 작업 대상이라면 이전 페이지의 인스턴스를 복사해 붙여 넣은 후 키보드로 박스 크기를 다시 조절하면 된다. 만약 한 장의 모든 객체를 복사해서 다음 장으로 붙여넣기를 했으면 Tab 키로 각 객체를 이동하며 수정할 수 있다. 이때 다른 객체에 의해 선택된 객체 확인이 어려우면 X 키로 선택된 객체 외의 모든 객

체를 숨길 수 있다.

기본적으로 Tab 키를 누르면 선택된 인스턴스로 화면이 이동한다. 이동하지 않는다면 Space+방향키로 마우스를 사용하지 않고 이미지를 움직여 인스턴스로 이동할 수 있다.

연속되지 않은 이미지의 경우, Alt+N 키로 박스를 생성하거나 클래스가 동일한 객체를 Ctrl+D로 복사 및 붙여넣기 해 객체에 맞게 수정하는 것이 좋다. 이처럼 키보드로만 작업하는 것이 익숙해지면 작업 효율이 높아진다.

연속된 이미지를 작업할 때는 하나의 객체를 추적하거나, 하나의 이미지 전체를 한 번에 작업하는 방식 중 보다 효율 높은 방식을 선택하는 것이 좋다. 하나의 객체를 추적하는 방법은 한 개의 객체가 사라질 때까지 페이지를 넘기며 해당 객체만 작업하는 방식이다. Track ID를 맞춰야 하는 작업 등에서 유용하게 사용된다.

폴리곤과 폴리라인의 객체 완성은 Esc이며, 작업 중 Ctrl+Z로 찍었던 점을 취소할 수 있다. 또, 완성 전 각 점을 좌클릭+드래그로 이동시킬 수 있다. 완성 후 점의 추가는 Ctrl+클릭, 삭제는 Alt+클릭이다.

(2) 시퀀스 이미지 저작도구

<시퀀스 이미지 저작도구 예시>

❶ 프레임 체크 버튼(Shift+S)이다. 모든 프레임의 체크 버튼을 눌러야 최종 제출된다.

❷ 제출 버튼이다. 모든 프레임을 체크하면 활성화된다. 제출하면 해당 위치에 빨간색 배경의 제출 취소 버튼이 생기며 해당 버튼을 누르면 검수 전 제출 취소가 가능하다.

❸ 인스턴스의 트랙 ID를 수정할 수 있다. 대상, 구간, 전체 ID를 한 번에 수정할 수 있다.

❹ 컨트롤 영역이다. 프레임 정보를 확인하거나 조정할 수 있다.

<컨트롤 영역 확대 예시>

1 : 트래킹 범위 정보다. 각 프레임이 하나의 선으로 표시된다. 흰색은 인스턴스가 존재하는 구간, 빨간색은 유효하지 않은 인스턴스가 존재하는 구간이다. 유효하지 않은 인스턴스를 찾는 단축키는 D다. 인스턴스를 선택할 경우, 해당 인스턴스가 있는 구간만 색이 표시된다.

2 : 탐색바다. 체크가 완료된 씬은 초록색으로 표시된다.

3 : 자동 인계 모드(Alt+S)다. 인계 모드를 켜면 선택된 인스턴트들이 다음 페이지로 자동 인계(붙여넣기)된다.

4 : 프레임 섬네일 리스트다. 프레임 선택 후 Shift+클릭으로 복수 프레임을 선택할 수 있으며, 클릭 시 팝업 되는 화면에서 여러 프레임을 한 번에 체크 처리할 수 있다.

5 : 프레임의 재생, 중지, 역재생, 속도 설정 등을 조절하는 컨트롤 도구다.

6 : 현재 프레임/전체 프레임 수다. 현재 프레임에 원하는 프레임 숫자를 입력하면 해당 프레임으로 바로 이동할 수 있다.

(3) 포인트 클라우드 저작도구

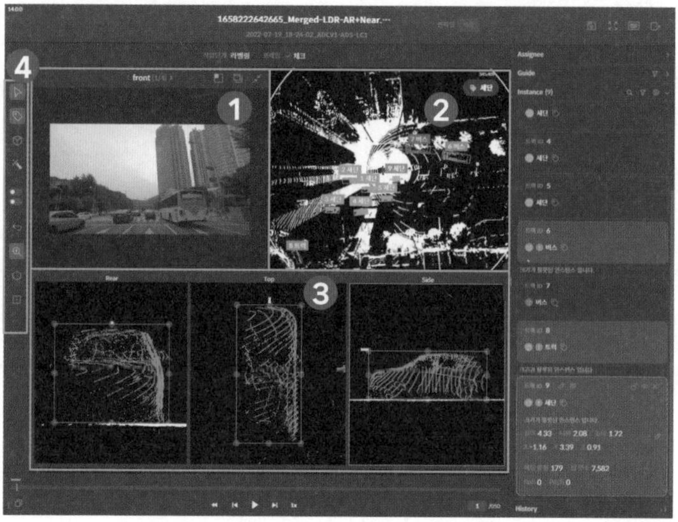

<포인트 클라우드 저작도구 예시>

❶ Reference Viewer로 RV 창이라고 불린다. 현재 프레임에 해당하는 2D 이미지가 표시되며 객체를 명확하게 인식할 수 있게 해준다. 한 프레임 안에는 여러 각도에서 찍은 사진이 있기도 하며, 해당 창의 ⟨, ⟩ 버튼으로 다른 사진을 확인할 수 있다. 창 우상단 첫 번째 아이콘으로 기본 보기, 이분할 보기(예시 이미지)를 설정할 수 있다. 두 번째 아이콘으로 RV 창을 팝업 화면으로 띄우며, 세 번째 아이콘으로 사진 크기를 조절할 수 있다.

❷ 실제로 작업이 진행되는 포인트 클라우드 화면이다. 마우스 휠로 확대·축소할 수 있고 마우스 좌클릭 드래그로 이동, 마우스 우클릭 드래그로 시야 각도를 조절할 수 있다. 점군 데이터 중앙에 있는 에이모 차량은 LiDAR 수집 차량(EGO 차량)으로 작업 대상이 아니다.

❸ 3D 큐보이드를 조절하는 화면이다. 후면, 상단, 옆면의 각도로 3분할 돼 있으며 각 창에서 크기와 위치를 조절해 큐보이드를 완성한다. 3분할 화면 선택 단축키는 순서대로 F1, F2, F3이며 큐보이드의 크기와 위치 조절은 일반적인 바운딩 박스 조절 단축키와 동일하다. 3D 큐보이드 특성상 차량 방향과 기울기를 설정해야 하

며, 이는 H+방향키 위·아래(방향)/왼쪽·오른쪽(기울기) 단축키로 가능하다.

❹ 큐보이드에서 사용되는 도구들은 다음과 같다.

3D 큐보이드(B) : 원하는 위치에 클릭하면 정육면체 큐보이드가 생성된다.

스마트 라벨링 : 자동으로 객체에 큐보이드를 생성해 준다(예시 이미지). 스마트 라벨링을 사용해도 반드시 정확도를 다시 확인해야 한다.

쿼터뷰(Ctrl+9)/탑뷰(Ctrl+0) : 점군 데이터의 시야를 해당 각도로 조절한다.

(4) 자주 사용하는 단축키 모음

분류	기능	단축키
기본 단축키	화면 이동	Space+왼쪽 드래그 Space+방향키/Space+Shift+방향키(10px)
	확대/축소	마우스 휠
	객체 선택	좌클릭/S+좌클릭
	객체 전체 선택	Ctrl+A
	객체 삭제	Delete/Backspace
	복사/붙여넣기	Ctrl+C/V, Ctrl+D(복제)
	이미지 화면 맞춤	Ctrl+9
	저장	Ctrl+S
폴리곤 단축키	작업 완료	ESC
	폴리곤 중 찍은 점 취소	Ctrl+Z
	점 추가	Ctrl+좌클릭
	점 삭제	Alt+좌클릭

인터 페이스 단축키	클래스 창 열고 닫기	Enter
	섬네일 표시	Alt+P
	미니맵 표시	Alt+M
	라벨 숨기기	Ctrl+L
	대비 조절	Ctrl+Alt+마우스 휠
	밝기 조절	Alt+휠
인스턴스 단축키	인스턴스 간 이동	Tab/Shift+Tab(역방향)
	인스턴스 일시 숨김	`
	선택된 인스턴스만 표시	X
	인스턴스 다중 선택	우클릭 드래그/Shift+클릭
	인스턴스 이동	방향키/Shift+방향키(10px)
	박스 크기 조절	Ctrl+방향키/Ctrl+Shift+방향키(10px)
	인스턴스 순서 조절	(인스턴스를 선택한 상태에서) R+방향키 상/하
기능 단축키	십자선	A
	속성 복사/붙여넣기	Ctrl+Shift+C/V
	이전/다음파일	Q/W
	완료/체크	Shift+S
	그룹 만들기/해제	Shift+G/Ctrl+Shift+G
	유효하지 않은 객체 선택	I(싱글 이미지)/D(시퀀스 이미지, 유효하지 않는 프레임 이동)
기법별 단축키	바운딩 박스 생성	Alt+N
	시퀀스툴 자동 인계	Alt+S
	큐보이드 방향 설정	Alt+Up/Down
	큐보이드 기울기 설정	Alt+Left/Right

3) 직관적 인터페이스를 가진 레이블러 저작도구

레이블러 저작도구는 사용하는 어노테이션 기법에 따라 매우 다양하다. 다음의 저작도구 설명은 대표적인 기능을 소개하는 것이며, 실제 프로젝트 참여 시 사용하는 저작도구와 다를 수 있다.

(1) 이미지 저작도구

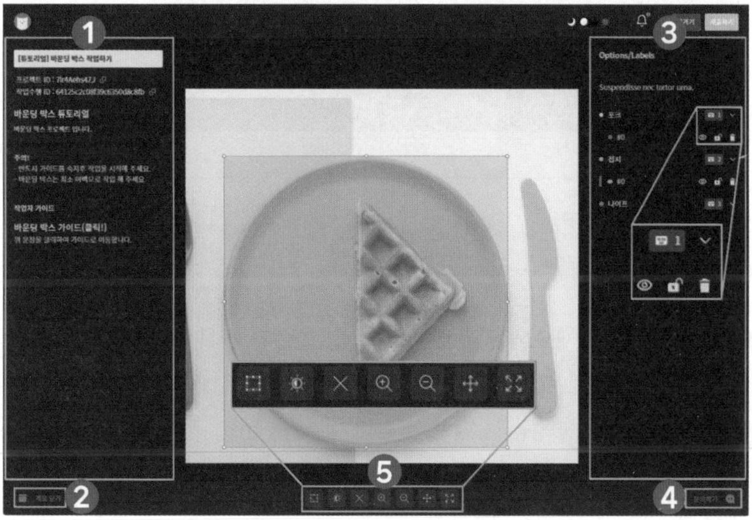

<바운딩 박스 저작도구 예시>

<폴리곤 저작도구 예시>

❶ 개요 화면이다. 개요에는 프로젝트 핵심 정보와 가이드 정보, 작업 제출을 위해 설정된 최소한의 조건이 나타난다. 화면에 함께 노출되는 프로젝트 ID와 작업 수행 ID는 작업 문의 시 포함하는 것을 추천한다. 문자 옆의 겹친 네모 모양 아이콘을 클릭하면 복사할 수 있다.

❷ 개요를 닫을 수 있는 버튼이다. 일반적으로 넓은 화면이 필요한 이미지 작업의 경우 닫아 놓으며 제출 조건이 나타나는 작업은 조건 확인을 위해 열어 놓는다.

❸ 작업한 인스턴스의 클래스를 지정하고 확인할 수 있는 화면이다.

클래스를 지정하는 단축키다. 대상에 라벨링 한 후 해당 단축키를 누르면 클래스가 지정된다.

작업 화면에서 인스턴스를 숨기는 기능이다. 작업 중 다른 인스턴스에 의해 대상이 가려질 경우에 사용된다.

해당 인스턴스를 잠근다. 객체가 삭제되는 것을 방지한다.

인스턴스를 삭제한다. 인스턴스 선택 후 D 키나 Delete 키를 눌러도 삭제를 할 수 있다.

❹ 문의하기 버튼이다. 프로젝트와 관련된 문의를 채팅으로 할 수 있다.

❺ 작업에 사용하는 도구들이다. 사용하는 라벨링 기법에 따라 나타나는 도구가 다르다.

바운딩 박스(B), 폴리곤(P), 폴리라인(L) 등 해당 프로젝트에서 사용되는 라벨링 기법 도구로 기법에 따라 아이콘이 다르다.

밝기 조절(G) : 이미지 밝기를 조절할 수 있다.

지우기(D) : 선택된 객체를 삭제한다. Delete로도 가능하다.

줌인(Z) : 이미지를 확대하는 도구로 마우스 휠로도 할 수 있다.

줌아웃(X) : 이미지를 축소하는 도구로 마우스 휠로도 할 수 있다.

이동(C) : 작업 중인 이미지를 움직일 때 사용한다.

화면 맞춤(F) : 작업 중인 이미지를 작업 화면에 맞춰준다. 작업 제출 전 작업물 최종 확인을 위해 자주 사용한다.

❻ 실제 작업이 진행되는 화면이다.

❼ 다크 모드, 알림 확인, 저작도구 나가기, 제출하기 버튼이다. 제출하기 단축키는 Ctrl+Enter다.

알아 두면 유용한 활용 팁

이미지 저작도구는 사용 기법에 따라 다른 형태의 도구를 사용하게 된다. 바운딩 박스만 사용할 수 있고, 바운딩 박스와 더불어 폴리곤이 필요할 수도 있다. 실제로 라벨링에 사용되는 도구 외에 큰 틀은 같으므로 한 번 적응하면 쉽게 활용할 수 있다. 이미지 작업 시 주의할 점은 작업 완료 후 클래스를 선택하지 않으면 작업한 내용이 저장되지 않는다는 것이다. 따라서 작업 제출 전 클래스 선택이 됐는지 반드시 확인해야 한다.

폴리곤 작업은 최소 3개 이상의 점을 찍어야 하며 완성 단축키는 A다. 작업 중 찍은 점을 취소하는 기능은 Delete이며, 일반적으로 사용되는 Ctrl+Z는 지원하지 않는다. 폴리곤이 완성된 후 해당 객체를 클릭하면 크기와 위치를 조정할 수 있으며, 더블클릭하면 점의 위치를 수정할 수 있다. 완성된 후에는 점의 추가 및 삭제가 불가능하다.

(2) 텍스트 저작도구

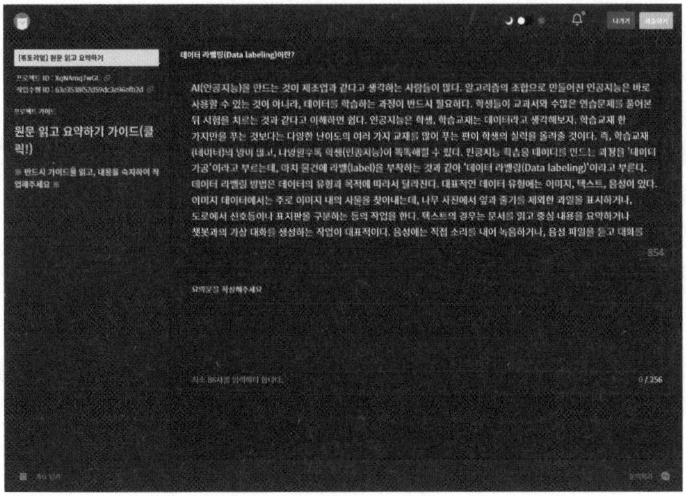

<텍스트 생성 요약 저작도구 예시>

<텍스트 태깅 저작도구 예시>

텍스트 관련 저작도구는 이미지 저작도구보다 화면 구성이 단순하고 직관적이다. 또, 생성되는 데이터에 따라 다양한 형태를 보인다. 예시 이미지같이 텍스트를 직접 작성하거나, 문장에 필요한 부분을 드래그해 태깅 하기도 하며, 나열된 버튼 중 일부를 선택하는 분류 작업도 있다. 좀 더 전문성이 필요한 형태소 분석이나 의미역 분석 등은 문자를 분해해서 그에 맞는 문법 요소를 라벨링 하거나 단어 사이의 관계를 연결한다.

텍스트 작업은 대개 프로젝트마다 정해진 규칙이 있으며 이를 충족하지 못하면 제출 자체가 불가능한 경우가 많다. 예를 들어, 예시 이미지의 생성 요약 프로젝트는 정해진 최소 글자 수를 충족해야만 제출할 수 있다. 최소 문장 개수가 정해져 있거나 모든 문장이 마침표로 끝나야 하는 설정 등이 제출 조건인 경우도 있다.

이러한 부분은 개요나 가이드에 명시돼 있다. 또, 조건이 충족되지 않으면 예시 이미지처럼 빨간 글씨로 저작도구 내에 직접 안내되기도 한다. 텍스트 작업 중 제출이 되지 않는다면 최소 조건을 충족했는지를 반드시 확인해야 한다.

(3) 레이블러 EWF 저작도구

<PC 저작도구 예시 - 바운딩 박스(작업)>

<PC 저작도구 예시 - 바운딩 박스(평가)>

<모바일 저작도구 예시 - 음성 대화 수집>

자격 검증 테스트가 있는 프로젝트(레이블러 EWF)는 대부분 별도 가이드 링크가 없고, i 모양 아이콘을 클릭해 프로젝트 설명과 가이드를 확인해야 한다. 항목마다 다른 설명이 제시돼 있어 i 모양 아이콘이 보인다면 모두 클릭해서 확인해야 한다.

작업을 직접 해서 제출하는 '작업 단계'와 검수에 해당하는 '평가 단계'를 함께 진행하는 프로젝트는 저작도구 모양이 같은 경우가 많다. 단, 이 경우엔 평가에서는 작업 단계에서 사용했던 기능이 비활성화돼 선택할 수 없도록 막혀 있다. 저작도구의 구체적인 모양이나 기능은 작업 유형(이미지, 텍스트, 오디오 등)에 따라 달라진다.

(4) 자주 사용하는 단축키 모음

분류	기능	단축키
기본 단축키	화면 이동	C
	확대/축소	마우스 휠
	객체 선택	좌클릭
	객체 전체 선택	-
	객체 삭제	D/Delete
	복사/붙여넣기	-
	이미지 화면 맞춤	F
	저장	-
폴리곤 단축키	작업 완료	A
	폴리곤 중 찍은 점 취소	Delete
	점 추가	-
	점 삭제	-
기타 단축키	작업 제출	Ctrl+Enter

4) 초보자도 쉽게 사용 가능한 라벨온 저작도구

라벨온 저작도구는 직관적인 화면 구성으로 저작도구를 처음 접하는 초보자도 쉽게 적응할 수 있다. 작업하는 데이터 특성에 맞게 저작도구가 커스터마이징되는 것이 특징이며, 오토 세그멘테이션 기능을 사용할 수 있다.

(1) 이미지 저작도구

<이미지 저작도구 예시>

❶ 객체의 클래스를 선택할 수 있다.

❷ 작업 제한 시간이다. 시간 내에 작업물을 제출하지 않으면 작업 내역은 삭제되며 새로운 작업물이 불러와진다.

❸ 라벨링 기법을 선택하거나 작업 환경을 설정할 수 있는 옵션바(단축키 : O)다.

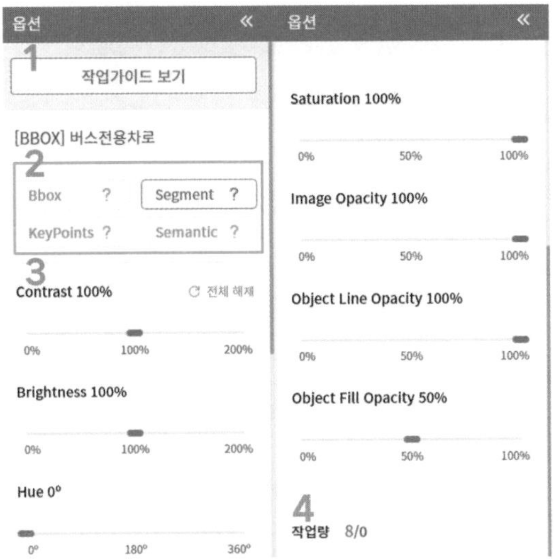

<옵션바 상세 화면>

1 : 프로젝트 가이드와 저작도구 단축키를 볼 수 있다.

2 : 프로젝트에서 사용하는 라벨링 기법을 선택할 수 있다.

3 : 작업 환경에 맞게 이미지 속성을 변경할 수 있다. Contrast, Brightness, Hue, Saturation, Image Opacity는 각각 이미지의 대조, 밝기, 색상, 채도, 투명도를 설정하는 기능이다. Object Line Opacity, Object Fill Opacity는 각각 완성된 인스턴스 경계와 내부 투명도를 설정하는 기능이다.

4 : 일일 작업 가능량이 표시된다.

❹ 실제 작업이 이뤄지는 화면이다.

❺ 완성된 인스턴스 목록과 제출 버튼 등이 있는 작업 현황바(단축키 : J)다.

<작업 현황바 상세 화면>

1 : 인스턴스 목록이다. 인스턴스는 클래스별로 하나로 정렬돼 나타난다.

2 : 왼쪽부터 순서대로 인스턴스 화면 중앙 맞춤, 인스턴스 숨기기, 삭제 버튼이다.

3 : 체크된 인스턴스 라벨을 일괄 수정하는 기능이다.

4 : 비식별화 여부를 선택한다.

5 : 작업 가능 여부를 선택한다. 작업이 불가능하면 '불가'를 체크한 후 제출하면 된다.

6 : 작업한 데이터를 제출한다.

알아 두면 유용한 활용 팁

라벨온 저작도구의 특징은 Masking 모드(단축키 : M)와 DotLinking 모드(단축키 : L) 기능이 있다는 점이다. Masking 모드는 작업 대상을 클릭 후 드래그하면 자동으로 폴리곤 영역이 채워진다. 이때 방향키 오른쪽 혹은 아래쪽을 누르면 마스킹 색상 한계점(범위)이 증가하며 왼쪽 혹은 위쪽을 누르면 한계점이 감소한다. 마스킹 완료 후 Ctrl+좌클릭을 하면 마스킹이 추가된다.

DotLinking 모드는 일반적으로 사용되는 폴리곤 작업 방식이다. 폴리곤 작업을 완료하는 단축키는 Space이며 완성된 폴리곤의 점 추가는 Alt+좌클릭, 점 삭제는 D다.

(2) 자주 사용하는 단축키 모음

분류	기능	단축키
기본 단축키	화면 이동	우클릭 드래그
	확대/축소	마우스 휠
	객체 선택	좌클릭
	객체 전체 선택	-
	객체 삭제	Delete
	복사/붙여넣기	-
	이미지 화면 맞춤	F
	저장	-
폴리곤 단축키	작업 완료	Space
	폴리곤 중 찍은 점 취소	-
	점 추가	Alt + 좌클릭
	점 삭제	점 선택 후 D

인터페이스 단축키	DotLinking 모드	L
	Masking 모드	M
	단일 점 픽셀 조정	0.1px 이동 : Ctrl + 방향키 1px 이동 : 방향키 10px 이동 : Shift + 방향키
	옵션바	O
	작업현황바	J

5) 다양한 기능으로 활용도 높은 테스트웍스 저작도구(blackolive)

테스트웍스는 데이터 가공을 위해 블랙올리브(blackolive) 저작도구를 사용한다. 블랙올리브는 오픈 소스(Open source)를 기반으로 자체 개발한 데이터 가공 전문 툴이며 사용자를 위한 다양한 편의 기능을 제공한다.

(1) 블랙올리브 저작도구

<블랙올리브 예시>

❶ 작업명과 파일명이다. 작업명은 해당하는 작업의 이름이며, 파일명은 현재 작업 중인 파일의 이름이다.

❷ 프레임을 옮기거나 객체를 추적할 수 있는 도구들이 모여 있는 상단바다.

<상단바>

1 : 실행 취소(Ctrl+Z)/다시 실행(Ctrl+Y) - 직접 작업을 취소하거나 다시 실행한다.

2 : 탐색기다. 프레임의 이동 및 탐색에 사용된다.

첫 번째 프레임(Alt+Shift+C)·마지막 프레임 이동(Alt+Shift+V)

앞으로 10장 이동(V)·뒤로 10장 이동(C) : 설정된 프레임 값만큼 이동한다. 프레임 값은 설정 → 재생 설정 → 재생 간격에서 변경 가능하다.

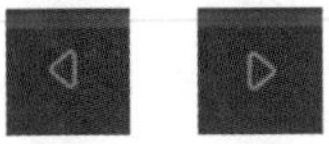

이전 프레임 이동(D)·다음 프레임 이동(F)

비디오 재생 및 일시 정지

현재 작업 중인 프레임을 나타내며, 숫자를 직접 입력하면 해당 프레임으로 이동한다.

3 : 객체 추적 - 기능을 활성화 후 객체에 라벨링 하면 연속된 객체로 인식돼 이후 모든 프레임에 객체가 생성된다.

4 : 최대 포인트 수 - 폴리곤, 폴리라인, 키포인트 생성 시 점의 최대 개수를 지정한다. 최대 개수만큼 점이 생성되면 자동으로 생성이 종료된다. 0 혹은 입력 값이 없으면 설정되지 않는다.

❸ 저작도구 설정, 단축키 보기 등을 할 수 있다.

<확대 화면>

1 : 생성한 객체의 색상을 변경하는 옵션이다. 왼쪽 아이콘은 객체별 색상을 구분해 모든 객체 색상이 다르게 표시되게 한다. 가운데 아이콘은 객체를 그룹으로 묶은 경우, 그룹별로 색상을 구분해 표시한다. 오른쪽 아이콘은 클래스별로 구분해 동일한 클래스에는 같은 색상을 입힌다.

2 : 단축키를 확인할 수 있다.

3 : 통계를 볼 수 있다. 각 객체의 개수 등 세부 정보 확인이 가능하다.

4 : 작업과 관련한 다양한 설정을 할 수 있다. 아이콘 클릭 후 나오는 팝업 화면은 기본 설정, 재생 설정, 기타 설정 메뉴로 구성돼 있다. 기본 설정을 통해 전체 인스턴스를 삭제하거나 멀티 모드로 다양한 각도의 이미지를 확인할 수 있다. 재생 설정에서는 재생 간격과 속도, 화면에 표시할 수 있는 격자 설정, 이미지 밝기 등을 설정할 수 있다. 기타 설정은 자동 저장 간격과 객체 다중 프레임 복사 등의 설정이 가능하다. 객체 다중 프레임 복사는 작업한 인스턴스를 원하는 프레임 수만큼 복사하는 기능을 말한다.

❹ 작업에 사용되는 도구들이 모여 있는 툴바다. 프로젝트 유형에 따라 노출되는 도구가 다르다.

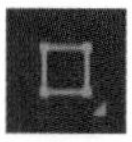

라벨링 기법(N) : 작업에서 사용하는 라벨링 기법이 노출된다. 프로젝트 설정값에 따라서 하나의 기법만 표시되거나 여러 기법을 선택할 수도 있다. 기법 선택 단축키는 Alt+</>이다.

객체/이미지 이동(N) : 객체나 이미지를 이동한다.

밝기 조절(밝게-Shift+B, 어둡게-Alt+B) : 밝기를 조절할 수 있으며, 이 값은 모든 프레임에 동일하게 적용된다.

불투명도 조절(투명하게-Shift+H, 불투명하게-Alt+H) : 생성한 인스턴스의 투명도를 조절한다.

격자 보기(Alt+G) : 작업 이미지에 격자를 표시한다. 격자는 작업 대상 최소 크기 등을 확인하는 데 사용된다. 표시되는 격자 색상이나 크기 설정은 저작도구 설정 메뉴로 할 수 있으며, 다음 단축키로도 일부 변경 가능하다. Alt+G+Enter(격자 색상 변경), Alt+G+](투명하게), Alt+G+[(불투명하게)

배치 순서 보기(W) - 인스턴스 배치 순서를 표시한다.

우선순위 정렬(S) - 작업 생성 시 지정한 우선순위대로 인스턴스를 정렬한다.

객체 병합(M) - 인접한 인스턴스를 하나의 인스턴스로 합친다. 병합 취소는 Alt+M 키로 할 수 있다.

그룹 설정(G) - 선택한 인스턴스를 하나의 그룹으로 묶는다. 그룹 취소는 Shift+G 키로 할 수 있다.

이미지 오른쪽 회전(Ctrl+R)·왼쪽 회전(Ctrl+L)

❺ 위에서부터 저장(Ctrl+S), 작업 나가기(Ctrl+Q)다.

❻ 실제 작업이 이뤄지는 화면이다.

❼ 작업한 인스턴스 정보가 표시되는 화면이다. 각 인스턴스를 클릭하면 다음과 같은 상세 기능을 설정할 수 있다. 하단 기능(6~12)은 객체 추적 모드에서 사용 가능하다.

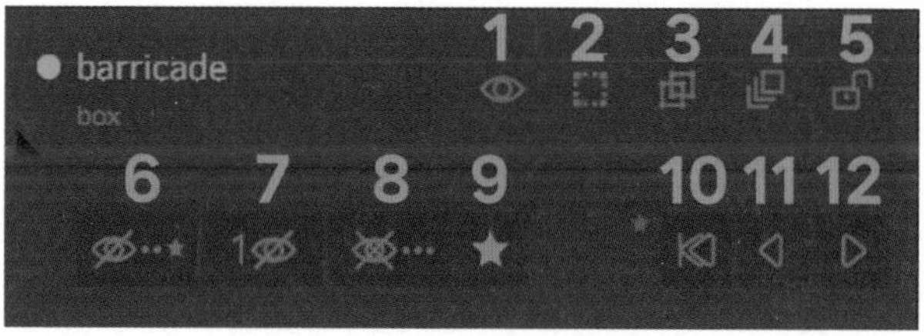

<인스턴스 정보 화면>

1 : 인스턴스를 숨길 수 있다.

2 : 가림 설정(Q)을 할 수 있다. 인스턴스가 겹친 경우, 인스턴스 순서상 뒤에 있는 객체의 가려진 부분을 점선으로 표시한다. 주로 세그멘테이션에서 사용된다.

3 : 복사(Ctrl+C)·붙여넣기(Ctrl+V)다. 선택한 인스턴스를 현재 혹은 다른 프레임

에 복사·붙여넣기 할 수 있다.

4 : 객체 다중 프레임 복사(Ctrl+B)다. 설정에서 지정한 프레임 수만큼 해당 객체를 붙여 넣는다.

5 : 인스턴스 잠금(L)이다. 해당 인스턴스가 수정되지 못하게 객체를 잠근다.

6 : 지정된 키 프레임까지 해당 객체가 표시되지 않게 한다.

7 : 활성화하면 현재 프레임에서 해당 객체가 표시되지 않는다.

8 : 활성화하면 현재 프레임 이후부터 해당 객체가 표시되지 않는다.

9 : 키 프레임으로 지정한다(K). 키 프레임으로 지정하면 지정된 객체가 있는 프레임으로만 이동 가능하다.

10 : 최초 키 프레임이 지정된 프레임으로 이동한다.

11 : 키 프레임으로 지정한 프레임의 바로 직전 프레임으로 이동한다(E).

12 : 키 프레임으로 지정한 프레임의 바로 다음 프레임으로 이동한다(R).

❽ 휴지통 모양을 클릭하면 선택한 객체를 삭제할 수 있다. 휴지통 하단은 생성된 모든 인스턴스의 클래스가 표시되며, 오른쪽의 전체 삭제는 모든 인스턴스를 삭제하는 기능이다.

알아 두면 유용한 활용 팁

블랙올리브의 복사·붙여넣기는 다른 저작도구와 다르게 붙여 넣을 위치를 지정할 수 있다. 예를 들어, 일반적인 저작도구에서는 복사한 인스턴스를 붙여 넣으면 기존 인스턴스가 있던 위치와 동일한 곳 혹은 그 근처로 붙여 넣어진다. 블랙올리브는 붙여넣기를 하면 인스턴스가 바로 붙여 넣어지는 것이 아니라 마우스를 따라다닌다. 이후 원하는 위치에 클릭하면 붙여 넣어지는 형태다. 바운딩 박스같이 단순 객체를 추적하는 경우에 원하는 위치에 인스턴스를 붙여 넣을 수 있어 조금 더 빠른 작업이 가능하다.

폴리곤 기능 중 특징적인 부분은 Shift+좌클릭으로 그림을 그리듯 폴리곤을 생성할 수 있다는 점이다. 해당 버튼을 누른 후 객체 외곽을 따라 마우스를 움직이면 포인트가 자동으로 찍힌다. 폴리곤 작업 중 이미지를 이동할 때는 Alt+왼쪽 드래그로 가능하다. 폴리곤이 완성된 후 포인트 추가는 기존 포인트에 Shift+좌클릭 한 후 원하는 곳에 추가 포인트를 찍고 끝점을 다시 한번 찍으면 된다. 포인트 삭제는

Alt+클릭이다.

세그멘테이션처럼 객체 간 경계를 정확히 맞춰야 하는 작업의 경우, Automatic Bordering 기능을 활용할 수 있다. 폴리곤 작업 중 Ctrl 키를 누르면 해당 기능이 활성화되며, 기존에 완성한 폴리곤의 점이 표시된다. 이 점들 중 경계 시작점을 클릭한 후 종료 지점까지 폴리곤이 나아갈 방향 쪽으로 점을 하나 더 클릭한다. 이후 종료 지점을 클릭하면, 시작점과 종료 지점 사이의 모든 점에 자동으로 점이 생성된다.

(2) 자주 사용하는 단축키 모음

분류	기능	단축키
기본 단축키	화면 이동	마우스 왼쪽 드래그
	확대/축소	마우스 휠
	객체 선택	좌클릭
	객체 전체 선택	-
	객체 삭제	Delete
	복사/붙여넣기	Ctrl+C/V, Ctrl+B(객체 다중 프레임 복사)
	이미지 화면 맞춤	더블클릭
	저장	Ctrl+S
폴리곤 단축키	작업 완료	N
	폴리곤 중 찍은 점 취소	우클릭
	점 추가	Shift+좌클릭
	점 삭제	Alt+좌클릭

인터페이스 단축키	프레임 이동	D(뒤로)/F(앞으로)
	프레임 재생	Space
	라벨 그리기	N
	Automatic Bordering	Ctrl
	객체 병합	M
	격자 보기	Alt+G

6) 오토 세그멘테이션 기능을 지원하는 AI-STUDIO 저작도구

AI-STUDIO 저작도구는 다양한 기능과 많은 단축키를 제공하며 거의 모든 클래스 설정에 단축키를 지원한다. 성능이 우수하고 오토 라벨링 기능을 사용할 수도 있다. 특히 객체의 투명도, 선의 굵기, 점의 크기 등을 나에게 맞게 설정할 수 있는 강력한 환경 설정 기능이 특징이다. AI-STUDIO는 헬프 센터 내의 튜토리얼 메뉴에서 툴(TOOL) 자율 연습하기를 지원하므로 언제든 저작도구를 연습할 수 있다.

(1) 이미지 저작도구

<이미지 저작도구 예시>

❶ 작업에 사용되는 도구들이 모여 있는 툴바다. 프로젝트 유형에 따라 노출되는 도구가 다르다.

이미지 이동(1) : 이미지를 이동시킨다. 마우스 우클릭+드래그로도 이동시킬 수 있다.

오브젝트 선택(2) : 오브젝트를 선택한다. Ctrl+클릭으로 다중 선택할 수 있다.

오브젝트 이동(3) : 오브젝트를 이동시킨다. 선택 모드에서는 오브젝트 이동이 불가능하다.

그룹 생성(Ctrl+G) : 오브젝트 그룹을 만든다. Ctrl+클릭 혹은 드래그로 다중 객체를 선택 후 ESC를 누르면 그룹이 생성된다.

Magic Pin(Q) : 오토 폴리곤이다. 대상의 좌상단, 우하단을 클릭하면 AI가 자동으로 폴리곤을 생성한다.

Magic Fit(W) : 오토 바운딩 박스다. 대상의 좌상단, 우하단을 클릭하면 AI가 자동으로 바운딩 박스를 생성한다.

Magic Q(D) : 오토 폴리곤이다. 대상 주변에 폴리곤을 생성하면 AI가 외곽을 핏하게 맞춰준다.

Polygon(E) : 폴리곤 도구다. ESC 키로 완성할 수 있다.

B.box(R) : 바운딩 박스 도구다. Q, E 키로 회전시킬 수 있다.

4P B.box(T) : 바운딩 박스 도구다. 4개의 포인트를 찍어 바운딩 박스를 생성한다.

Paint(Z) : 브러쉬툴로 객체를 색칠해 폴리곤을 생성하는 도구다.

Polyline(A) : 폴리라인 도구다. ESC 키로 완성할 수 있다.

Side Box(X) : 4개나 6개의 점으로 한 면이나 두 면을 표현할 수 있는 박스를 생성한다.

Key Point(S) : 스켈레톤을 생성한다. 위치에 맞게 점을 이동시켜야 하며 포인트를 우클릭하면 상태 값을 조정할 수 있다.

❷ 현재 작업 중인 태스크의 이름이 표시된다.

❸ 작업에 필요한 정보를 확인할 수 있는 Control Panel이다.

1 : 작업 가이드 보기(F1) - 프로젝트 가이드와 리워드, 작업량, 재작업 가능 횟수를 확인할 수 있다.

2 : 포인트 전체 보기(F8) - 작업한 객체들의 포인트를 모두 확인한다.

3 : 태그 보이기/숨기기(F2) - 키를 누를 때마다 태그 정보 ON, 오브젝트 포커싱 ON, 전체 모드 OFF로 변환 된다. 오브젝트 포커싱은 화면을 선택된 오브젝트로 이동시키는 기능으로 Tab 키로 오브젝트 간 이동도 가능하다.

4 : 단축키 가이드 보기(F4) - 저작도구 단축키와 해당 태스크에서 사용 가능한 단축키를 보여준다.

5 : 이미지 화면 맞춤(F9) - 작업 이미지를 화면에 맞춰준다.

6 : 환경설정(F12) - 투명도, 선 굵기, 점 크기, 점 색상, 이미지 밝기/대비, 확대/축소 배율, 십자선 색상 등을 설정할 수 있다. 일부 프로젝트는 선 굵기나 점 크기 같은 설정을 지정해 주는 경우가 있으니 잘 확인해야 한다.

❹ 이미지 리스트다. 작업한 이미지와 작업 중인 이미지를 보여준다. 작업 중인 이미지는 노란색 자물쇠, 작업 완료 후 리뷰 대기 중인 이미지는 노란색 닫힌 자물쇠, Fail 된 이미지는 빨간색 자물쇠, Pass 된 이미지는 민트색 자물쇠로 표시된다.

❺ 이미지 자체의 상태 값을 설정하는 화면이다.

❻ 오브젝트 리스트다.

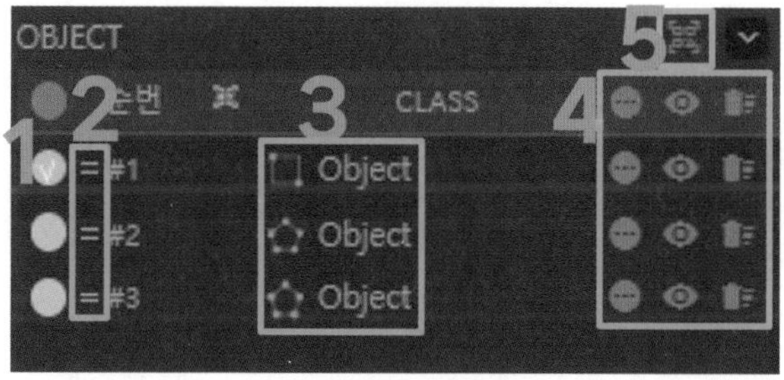

1 : 오브젝트를 선택할 수 있다. 오브젝트를 복사할 때 해당 컬러칩에 체크해야 오브젝트가 복사된다. 여러 오브젝트를 동시에 체크해 복사할 수도 있으며 오브젝트 선택 모드에서 Ctrl+클릭으로도 체크할 수 있다. 체크된 오브젝트는 작업 화면에서 점선 테두리로 표시된다.

2 : 오브젝트 순서를 변경할 수 있다. 오브젝트 순서가 중요한 프로젝트에서 사용된다.

3 : 사용한 라벨링 기법과 클래스명을 보여준다.

4 : (왼쪽부터)클래스 변경, 오브젝트 숨기기, 오브젝트 삭제다. 상단 아이콘으로 체크된 오브젝트의 클래스를 일괄 변경하거나 오브젝트 전체를 숨기기 혹은 삭제할 수 있다.

5 : 그룹 레이어를 팝업 시키는 버튼이다.

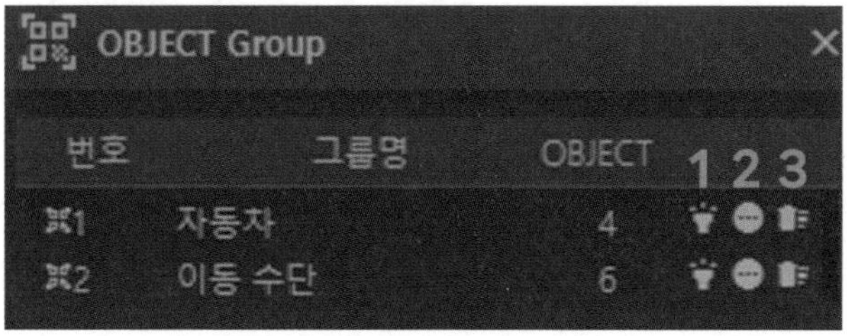

<그룹 레이어 확대 예시>

1번 아이콘을 누르면 그룹에 포함된 오브젝트가 깜박거린다. 2번 아이콘은 그룹을 재구성, 3번 아이콘은 그룹을 삭제하는 아이콘이다.

❼ 오브젝트 태그다. 세부 클래스 설정으로 이해하면 된다.

❽ 현재 표시된 이미지의 확대/축소 배율을 표시해 준다.

❾ 작업 알림창이다. 작업 내역을 확인할 수 있다.

❿ Give Up은 작업 포기 버튼이다. Save는 현재 작업 중인 이미지를 임시 저장한다. 더 이상 오브젝트가 자동 저장되지 않으며 창을 닫을 경우, 오브젝트가 사라진다. Complete는 작업을 제출하는 버튼으로 자동으로 저장 후 제출한다.

(2) LiDAR 저작도구

<LiDAR 저작도구 예시>

❶ 작업에 사용되는 도구들이 모여 있는 툴바다. 프로젝트 유형에 따라 노출되는 도구가 다르다.

 Deselect(1) : 오브젝트 생성 및 선택 기능을 중단시킨다.

 큐보이드 생성(2) : 큐보이드를 생성한다.

 Cylinder 생성(3) : 원기둥 오브젝트가 생성된다.

 Rect 생성(4) : 2D 이미지 영역에 Rect 오브젝트가 생성된다.

 오브젝트 선택(5) : 오브젝트를 선택한다.

 Find PCD(6) : 선택한 큐보이드 내의 점군에 색상 값을 부여한다.

 화면 중앙 맞춤(space) : 이미지/PCD를 정중앙으로 위치시킨다.

 작업 가이드 확인(9) : 작업 가이드를 확인할 수 있다.

❷ 2D 참고 이미지가 표시된다.

❸ 다른 각도의 참고 이미지를 선택할 수 있다.

❹ 실제 작업이 이루어지는 3D 영역이다.

❺ 큐보이드를 상세 조절할 수 있는 3분할 화면이다.

❻ 작업 설정을 변경할 수 있다. LiDAR 프로젝트에서 자주 사용하는 설정은 아래와 같다.

·Point Cloud Size : 3D 영역의 점군 크기를 조절한다.

·Size/Move/Rotation Ratio : 큐보이드의 크기 변경, 이동, 회전 속도를 조절한다. 키보드로 큐보이드를 조작할 때 적용되는 기능으로 상황에 따라 유동적으로 변경해 사용한다.

·Plane Visible : 작업 범위를 켜고 끈다.

·Plane Shape : 작업 범위의 모양을 사각형이나 원으로 변경한다.

·P. Size : 작업 반경의 범위를 지정한다. 프로젝트마다 작업 범위가 달라 가이드에 맞춰 설정하면 된다.

알아두면 유용한 활용 팁

LiDAR 프로젝트에서 큐보이드를 조절하는 방법은 두 가지다. 첫 번째는 마우스를 이용한 조절이다. 큐보이드 생성 후 활성화하면 큐보이드 주변에 노란색 점이 생성된다. 수정을 원하는 점을 클릭하면 빨간색으로 변경되며 수정 가능한 상태가 된다. 이때 마우스를 드래그하면 수정된다.

두 번째는 키보드를 이용한 방법이다. 큐보이드를 늘이는 단축키는 Shift, 줄이는 단축키는 Alt다. 이 키를 기본으로 길이·너비·높이·방향에 해당하는 키를 조합하면 큐보이드 조정이 된다. 예를 들어, 높이를 늘이고 싶다면 Shift+Z를 누른다. 각 위치에 대한 단축키는 하단에 있다.

두 방식 중 키보드를 이용해 큐보이드를 수정하는 것을 추천한다. 키보드는 큐보이드를 조정하는 단축키가 많아 처음에는 적응이 어렵다. 하지만 마우스로 조정하는 것보다 속도가 월등히 빠르고 정확하니 되도록 키보드 단축키를 활용하자. 키보드로 큐보이드를 수정할 때는 설정에서 속도를 조절해 가며 작업하면 편하다. 예를 들어, 90도 회전같이 수정 범위가 크다면 속도를 빠르게 조절하고, 미세한 핏을 조정할 때는 속도를 느리게 조절하는 식이다.

(3) 자주 사용하는 단축키 모음

분류	기능	단축키
기본 단축키	화면 이동	우클릭 드래그
	확대/축소	마우스 휠
	객체 선택	2(수정)/3(이동)
	객체 전체 선택	-
	객체 삭제	Delete
	복사/붙여넣기	Ctrl+C/V
	이미지 화면 맞춤	F9
	저장	Ctrl+S
폴리곤 단축키	작업 완료	ESC
	폴리곤 중 찍은 점 취소	Ctrl+Z
	점 추가	Ctrl+클릭
	점 삭제	우클릭
큐보이드 단축키	큐보이드 늘이기	Shift
	큐보이드 줄이기	Alt
	길이 조절	S/W
	너비 조절	A/D
	높아 조절	Z/X
	방향 조절	Q/E

7) 간편한 라벨링 연습 OK! 접근성 높은 Labelme 저작도구

Labelme는 오픈소스 프로그램으로 누구나 무료로 사용할 수 있는 저작도구다. 일부 기업이 Labelme를 사용하며, 데이터 라벨링을 연습할 때 사용하기에도 좋다. 다양한 기법들에 대한 기본 기능들을 제공하며 직관적이고 프로그램이 가볍다.

(1) 설치 및 실행 방법

Labelme는 다양한 방법으로 설치할 수 있다. 검색엔진에서 'anaconda'를 검색해 공식 홈페이지에서 아나콘다를 다운받아 설치한다.

아나콘다 설치를 완료하면 윈도 검색창에 anaconda를 검색해 Prompt를 실행시킨다. 실행 후 입력창에 'pip install labelme'를 입력하면 Labelme 설치가 진행된다.

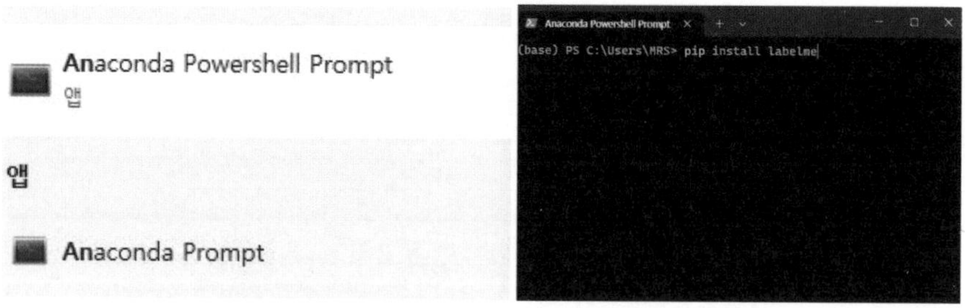

<Anaconda Prompt 실행 파일(왼쪽)과 실행 화면(오른쪽)>

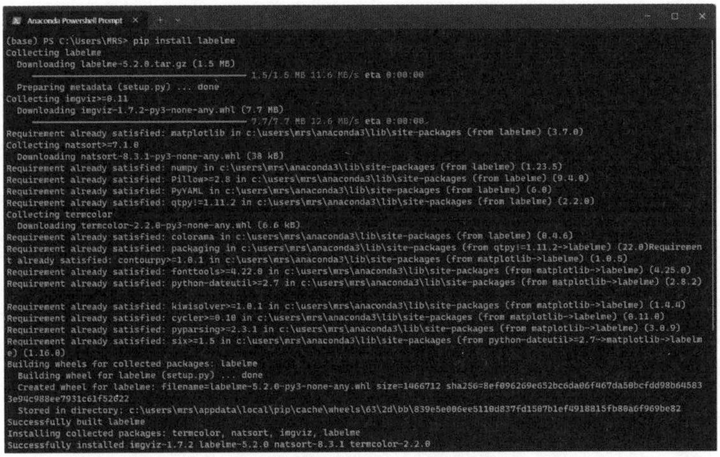

<labelme 설치 화면>

설치가 완료되면 Prompt창에 'labelme'를 입력하면 Labelme가 실행된다. 이때 주의할 점은 Prompt창을 그대로 놔둔 채 Labelme를 실행해야 하는 것이다. Prompt창을 종료하면 Labelme도 함께 종료되니 프로그램을 사용하는 동안은 항상 켜 둬야 한다.

(2) 기능 소개

<labelme 실행 화면>

❶ 작업 시 사용되는 도구들이 모여 있는 영역이다.

파일 열기(Ctrl+O) : 하나의 이미지를 불러온다.

폴더 열기(Ctrl+U) : 선택한 폴더와 그 하위 폴더에 있는 모든 이미지를 불러온다.

다음 이미지(D)·이전 이미지(A) : 다음 이미지 혹은 이전 이미지로 이동한다.

저장(Ctrl+S) : 작업한 내용을 저장한다.

파일 삭제(Ctrl+Del) : 해당 이미지의 라벨링 데이터를 모두 삭제한다. 저장 시 생성되는 Json 파일을 삭제하는 것이다.

폴리곤 생성(Ctrl+N) : 폴리곤 작업을 시작한다.

인스턴스 수정(Ctrl+J) : 작업한 인스턴스를 수정한다.

인스턴스 복제(Ctrl+D) : 선택한 인스턴스를 복제한다. 동일 이미지에 같은 인스턴스가 생성되며 복사·붙여넣기를 한 번에 한다고 이해하면 된다.

복사(Ctrl+C)·붙여넣기(Ctrl+V)

인스턴스 삭제(Del) : 선택한 인스턴스를 삭제한다.

실행 취소(Ctrl+Z) : 일반적인 실행 취소 기능이다.

밝기·대비 조절 : 이미지의 밝기와 대비를 조절한다.

현재 이미지의 배율을 나타낸다.

이미지 가로 맞춤(Ctrl+Shift+F) : 이미지 가로를 기준으로 작업 화면에 맞게 맞춰준다. 한 번 더 누르면 원본 이미지 크기로 돌아간다.

❷ 실제 작업이 이루어지는 화면이다.

❸ Label 목록을 확인할 수 있는 창이다. Labelme를 실행시킨 후 화면에 등장한 적이 있는 라벨 이름들이 보인다.

❹ 생성된 인스턴스 목록이다. 인스턴스 이름 옆의 체크박스를 해제하면 인스턴스를 숨길 수 있다. Shift+좌클릭으로 복수 선택 가능하다.

❺ 현재 불러와져 있는 파일 리스트 목록이다. 체크박스에 체크된 파일은 인스턴스가 존재하는 파일이다.

Labelme는 일반적인 윈도창 형태를 띠고 있다. 프로그램 좌상단에 윈도창과 동일하게 File, Edit와 같은 메뉴들이 모여 있으며, 그중 작업을 위해 잘 알아야 하는 메뉴들은 다음과 같다.

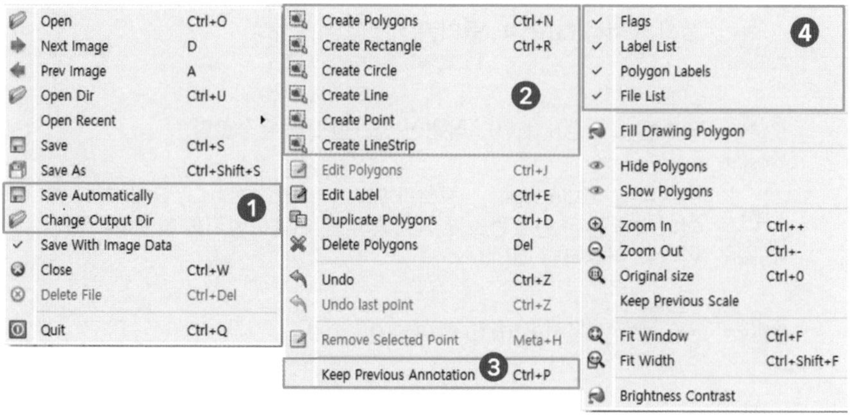

<(왼쪽부터) File, Edit, View 메뉴>

❶ Save Automatically는 자동 저장 기능이다. 파일을 이동할 때마다 인스턴스 작업 내역을 자동으로 저장한다. 이 기능을 활성화하지 않으면 파일 이동 시 수동으로 저장해야 한다. 저장하지 않으면 저장 여부를 묻는 확인창이 나타난다. 번거로우니 체크하는 것이 좋다. Change Output Dir은 현재 불러온 폴더와 다른 경로에 작업 파일을 저장하고 싶을 때 경로를 설정할 수 있다.

❷ Labelme에서 사용할 수 있는 라벨링 기법들이 모여 있다. Rectangle은 바운딩 박스, Circle은 원형 포인트, Line은 2포인트 폴리라인, Point는 키포인트같이 하나의 포인트를 찍는 기능, LineStrip은 여러 포인트를 이용해 폴리라인을 생성하는 기능이다.

❸ Keep Previous Annotation은 현재 파일에서 작업한 인스턴스를 다음 혹은 이전 파일로 그대로 이어가는 기능이다. 연속된 프레임 파일을 작업할 때 유용하게 사용된다.

❹ 오른쪽에 나타나는 정보창을 켜거나 끌 수 있는 기능이다.

알아두면 유용한 활용 팁

Labelme의 라벨(클래스)은 작업자가 직접 생성해야 한다. 대개의 저작도구는 라벨이 미리 설정돼 있어 작업자가 라벨을 선택하는데, Labelme의 라벨은 작업 방식이 다르다. 작업자가 필요한 라벨을 스스로 생성해야 한다. 하나의 인스턴스를 완성하면 라벨을 선택하는 창이 나오는데 이때 기존에 등록된 라벨이 없다면 원하는 라벨 이름을 직접 입력해야 한다. 이후 동일한 라벨을 설정하고 싶다면 같은 이름을 직접 입력하거나 하단 목록에서 원하는 라벨을 선택하면 된다. 목록을 선택할 때는 마우스로 선택해도 되지만 키보드 방향키로 선택하는 것이 조금 더 빠르다.

라벨 이름을 직접 입력할 때는 오타를 주의한다. 오타가 난 상태에서 확인을 누르면 오타가 있는 라벨이 생성된다. 만약 불필요한 라벨을 지우고 싶다면 해당 라벨의 인스턴스를 모두 지운 후 Labelme를 재실행하면 된다.

(3) 자주 사용하는 단축키 모음

분류	기능	단축키
기본 단축키	화면 이동	세로 : 마우스 휠 가로 : Alt+마우스 휠
	확대/축소	Ctrl+마우스 휠
	객체 선택	Ctrl+J
	객체 전체 선택	-
	객체 삭제	Delete
	복사/붙여넣기	Ctrl+C/V, Ctrl+D(복제)
	이미지 화면 맞춤	Ctrl+F/Ctrl+Shift+F
	저장	Ctrl+S

폴리곤 단축키	작업 완료	Enter
	폴리곤 중 찍은 점 취소	Ctrl+Z
	점 추가	좌클릭
	점 삭제	Backspace
기타 단축키	라벨 편집	Ctrl+E
	인스턴스 인계	Ctrl+P

8) 다양한 기능 체험이 가능한 온라인 기반 CVAT 저작도구

CVAT는 오픈소스 저작도구로 누구나 무료로 사용할 수 있다. 많은 기업에서 CVAT를 활용해 데이터 라벨링을 진행하고 있으며, 데이터 라벨러들이 저작도구를 연습할 때도 이용한다. 일부 기능은 유료로 지원되며, 사용하는 기업에 따라서 지원되는 기능도 일부 다를 수 있다. 이 책에서는 무료 버전을 기준으로 설명한다.

(1) 접속 및 Task 생성 방법

CVAT은 웹 기반 저작도구라서 홈페이지에서 사용 가능하다. 'CVAT'를 검색해 접속할 수 있다. 접속 후 홈페이지 메인의 Start using CVAT를 클릭한 뒤 회원 가입하면 저작도구 사용이 가능하다.

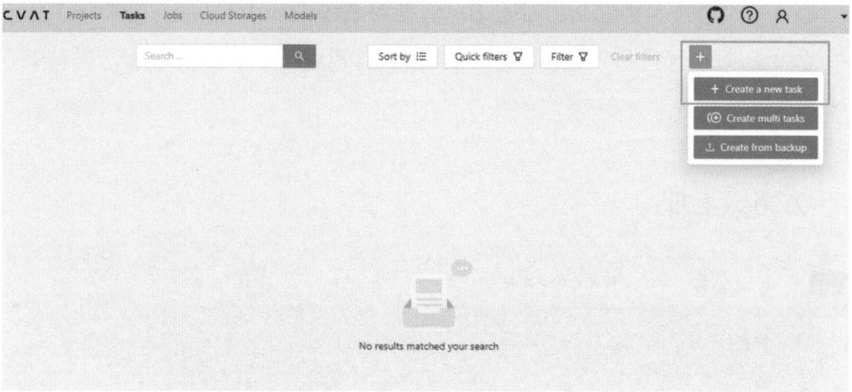

<저작도구 접속 후 보이는 화면>

저작도구에 접속하면 위와 같은 화면을 볼 수 있는데, Task 메뉴에서 +버튼을 누른 후 나오는 Create a new task를 통해 Task를 생성할 수 있다.

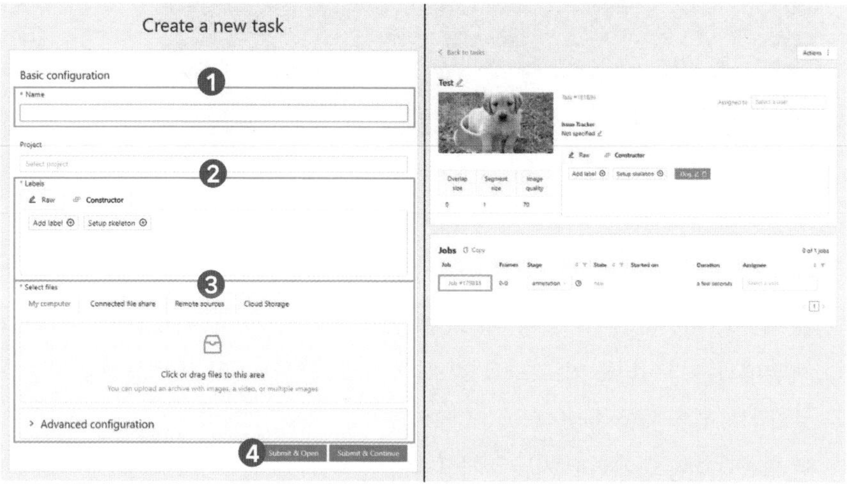

<Task 생성 메뉴(왼쪽)와 생성이 완료된 모습(오른쪽)>

❶Task 생성 메뉴에서 Task 이름을 작성하고 ❷Add label로 작업에서 사용할 클래스를 생성한다.

❸에서 작업에 사용할 이미지를 업로드한 후 ❹Submit & Open을 클릭하면 오른쪽 같이 Task 생성이 완료된다. 하단 Jobs 부분의 파란색 링크를 클릭하면 저작도구에 접속된다.

(2) 기능 소개

<저작도구 예시>

❶ 메뉴와 저장(Ctrl+S), 실행 취소(Ctrl+Z)와 다시 실행(Ctrl+Shift+Z/Ctrl+Y)이다. 메뉴에서는 데이터를 업로드하거나 현재 작업 중인 파일의 작업 상태를 변경하는 등의 기능을 사용할 수 있다.

❷ 프레임 이동과 관련된 기능을 사용할 수 있다.

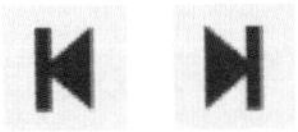

첫 프레임·끝 프레임 이동이다.

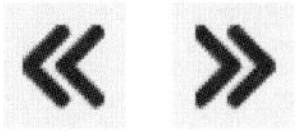

앞으로 10프레임 이동(C)·뒤로 10프레임 이동(V) :
설정에서 지정한 프레임만큼 이동한다.

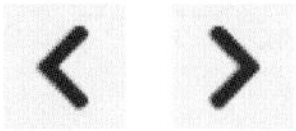

이전 프레임(D)·다음 프레임(F) 이동이다. 한 프레임씩 이동한다.

재생(Space) : 프레임을 자동 재생한다.

현재 프레임 위치다. 직접 숫자를 입력하면 입력한 프레임으로 이동한다.

하단 아이콘은 왼쪽부터 현재 프레임 URL 생성과 삭제(Alt+Del)다. URL 생성은 작업 중 질문이 있을 때 관리자가 직접 해당 프레임을 확인할 수 있게 해준다.

❸ 왼쪽부터 전체 화면, 작업 정보 확인, 필터를 설정하는 아이콘이다.

❹ 작업에 사용되는 도구들이 모여 있는 툴바다.

커서(ESC) : 마우스를 기본 상태로 돌린다.

이동 : 이미지를 이동시킨다. 왼쪽 드래그로도 이미지를 움직일 수 있다.

반시계 방향 회전(Ctrl+Shift+R)·시계 방향 회전(Ctrl+R) : 작업 이미지를 해당 방향으로 회전시킨다. 설정에서
회전을 유지할 경우, 프레임을 이동해도 이미지가 회전된 상태로 나타난다.

화면 맞춤(더블클릭) : 작업 이미지를 화면 크기에 맞춰준다.

관심 지역 확대 : 아이콘을 클릭 후 드래그로 확대를 원하는 지역의 영역을 지정해 주면 화면에 맞게 확대해 준다.

❺ 위부터 AI Tool과 OpenCV 도구다. 모두 자동 혹은 반자동으로 라벨링을 생성해

주는 기능이다. 기능별로 사용하는 엔진이 다르므로 정확도 차이가 있다.

❻ 실제 라벨링에 사용되는 기법들이다.

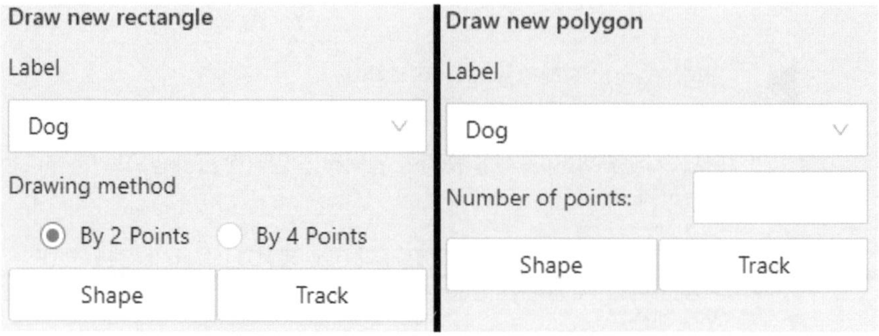

<바운딩(왼쪽) 메뉴와 폴리곤(오른쪽) 메뉴>

각 아이콘을 누르면 상단 예시와 같은 팝업이 나온다. 원하는 기능을 선택한 후 Shape이나 Track을 누르면 작업을 할 수 있다. 최초 작업을 시작한 이후부터는 단축키 N을 누르면 동일한 라벨링 작업을 할 수 있다. Shape은 단일 객체에 대한 작업이며, Track은 트랙 ID를 추적하는 객체에 대한 작업이다. Track으로 인스턴스를 생성하면 다음 프레임에 해당 인스턴스가 연속으로 등장한다.

바운딩 박스의 상세 설정에 있는 By 2 Points는 일반적인 드래그 방식으로 박스를 생성하는 것이며 By 4 Points는 객체 주변에 4개의 포인트를 찍고 해당 포인트들이 이어지는 선으로 박스를 생성하는 방식이다. 폴리곤의 상세 설정에 있는 Number of points는 최대 포인트 개수를 지정하는 설정이다. 예를 들어, 해당 항목에 100을 입력하면 포인트를 최대 100개까지만 찍을 수 있다. 공란으로 남겨두면 최대 포인트 제한이 없다.

❼ 작업에 사용되는 도구들이 모여 있는 툴바다.

병합(M) : 트랙 모드에서 트랙 ID를 하나로 합친다. 서로 다른 트랙 ID를 가진 객체를 하나의 ID로 만들 때 사용하는 기능이다. 기능을 활성화한 후 프레임을 이동하며 병합을 원하는 객체를 클릭하면 된다.

그룹(G) : 객체를 하나의 그룹으로 묶는다.

나누기 : 트랙 ID를 분리해 두 개의 트랙 ID로 만든다. 객체 추적 중 잘못된 객체를 추적했을 때 사용할 수 있다.

❽ 실제 작업이 진행되는 화면이다.

❾ 생성한 인스턴스 정보를 볼 수 있는 화면이다. 인스턴스 정보는 작업 화면에서 해당 객체를 우클릭해도 동일한 정보를 확인할 수 있다.

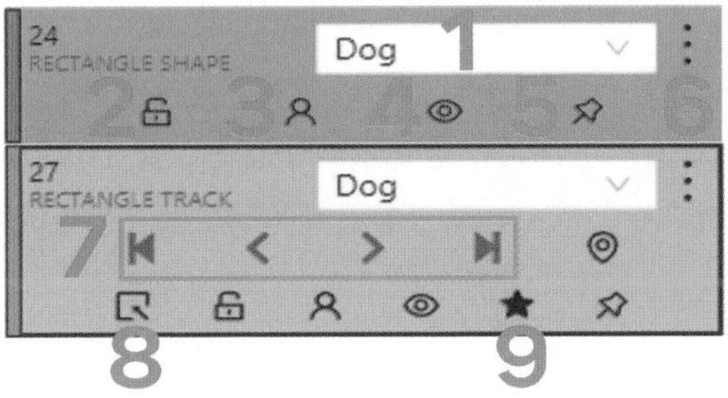

<일반 인스턴스 정보(위)와 트랙 모드 인스턴스 정보(아래)>

1 : 생성된 인스턴스의 클래스를 변경할 수 있다.

2 : 인스턴스를 잠근다(L). 인스턴스를 선택할 수 없게 만들어 수정되거나 삭제되는 것을 방지할 수 있다.

3 : 가림 설정한다(Q). 객체 순서가 중요한 프로젝트에서 활용되며 순서상 뒤에 있는 객체의 가려진 부분을 표시되지 않게 한다. 해당 설정을 한 인스턴스는 외곽이 점선으로 표현된다.

4 : 인스턴스를 숨긴다.

5 : 인스턴스 위치를 고정한다. 고정된 인스턴스는 움직일 수는 없으나 크기 변경 혹은 삭제는 가능하다.

6 : 선택한 인스턴스에 다양한 설정을 적용할 수 있다. 해당 인스턴스의 URL 생성, 객체 다중 복사(Ctrl+B), 색상 변경을 할 수 있다.

7 : 트랙 모드에서 해당 인스턴스를 추적한다.

8 : 트랙 모드에서 인스턴스를 표시하지 않는다. 객체가 사라지거나 가려지는 등의 이유로 더 이상 객체를 추적하지 않거나 해당 프레임에서만 인스턴스를 표시하지 않아야 하는 경우에 사용한다. 트랙 모드로 생성된 인스턴스를 삭제하면 전체 프레임의 인스턴스가 삭제돼 추적을 중지할 때 반드시 이 기능을 사용해야 한다.

9 : 트랙 모드에서 키프레임을 설정한다(K). 키프레임을 설정하지 않은 경우, 다른 프레임에서 인스턴스를 움직이면 모든 프레임에서 해당 인스턴스가 동일하게 움직인다. 이때 키프레임이 설정된 인스턴스는 움직이지 않는다. 트랙 모드로 객체를 추적하는 중 객체에 맞게 크기와 위치를 조정했다면 자동으로 키프레임이 설정된다.

⑩ 인스턴스와 관련된 설정을 할 수 있다.

1 : Color by - 클래스, 인스턴스, 그룹별로 색상을 통일할 수 있다.

2 : Opacity - 선택되지 않은 모든 인스턴스의 투명도를 조절한다.

3 : Selected opacity - 선택된 인스턴스의 투명도를 조절한다.

4 : Outlined borders - 인스턴스 경계의 색을 지정한다.

5 : Show bitmap - 인스턴스가 생성된 부분은 하얀색, 그렇지 않은 부분은 검은색으로 표시한다. 세그멘테이션에서 활용된다.

6: Show projections : 큐보이드에서 사용되는 기능으로 생성된 큐보이드의 각 방향으로 보조선을 생성해 박스의 수평과 수직을 맞추는 데 활용된다.

⑪ 하단의 작은 아이콘을 클릭하면 격자와 이미지 밝기 등을 조절할 수 있는 팝업이 나타난다.

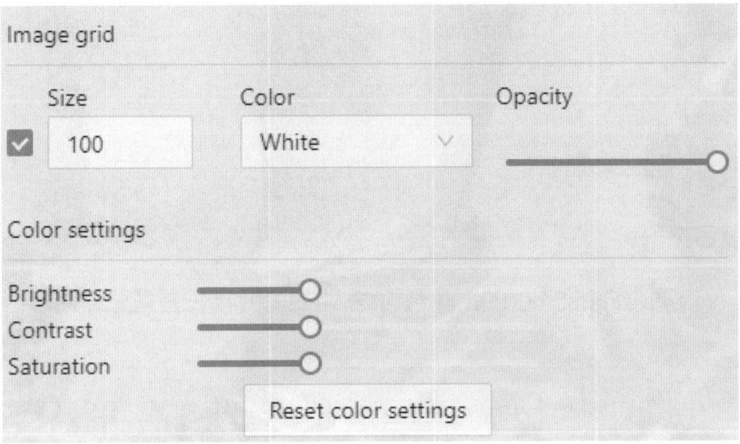

<팝업 화면>

Image grid 항목에서 격자의 간격과 색상, 투명도를 설정할 수 있다. 객체 최소 크기 확인에도 활용되는 기능이다. Color settings은 이미지의 밝기, 대조, 색상을 조절하는 기능이며, 하단의 Reset Color settings을 클릭하면 초기값으로 되돌릴 수 있다.

알아 두면 유용한 활용 팁

CVAT에서는 F2 키를 누르면 여러 설정을 할 수 있다. 여기서 눈여겨봐야 하는 항목은 다음과 같다. Player 탭의 Reset zoom을 설정하면 프레임 이동 시 이미지 확대 상태가 초기로 돌아간다. 반대로 체크하지 않은 경우, 확대한 상태로 프레임이 이동돼 작업 환경에 따라 유동적으로 설정할 수 있다. Workspace 탭에서는 자동 저장 기능을 활성화할 수 있다. Enable auto save 항목에 원하는 시간(분 단위)을 입력하면, 입력된 시간에 맞춰 자동으로 작업물이 저장된다. Automatic Bordering(단축키 : Ctrl)은 폴리곤이나 세그멘테이션에서 다른 인스턴스와의 경계를 자동으로 이어주는 기능이다.

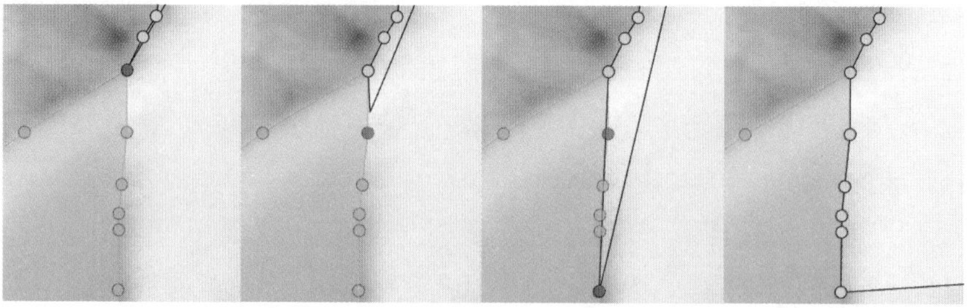

<Automatic Bordering 작업 순서(왼쪽에서 오른쪽으로)>

위 예시와 같이 경계가 맞닿는 부분을 클릭하면 포인트가 빨간색으로 변경된다. 다음으로 진행하고자 하는 방향의 포인트를 클릭하면 보라색으로 변경된다. 그 상태에서 경계의 마지막 포인트를 클릭하면 시작점과 끝점 사이에 위치한 모든 포인트의 동일한 위치에 포인트가 생성돼 정확히 경계를 붙일 수 있도록 해준다.

CVAT으로 폴리곤 작업을 진행한다면 Shift를 누른 상태로 마우스를 움직여 보자. 마우스 움직임을 따라 폴리곤 포인트가 생성된다. 마우스가 움직이는 대로 폴리곤이 생성돼 아주 정교한 작업에서는 사용하기 어렵다. 폴리곤 작업 중 이미지를 이동하고 싶다면 Alt+드래그를 이용하면 된다. 작업 중 찍은 포인트를 취소하려면 마우스 우클릭을, 폴리곤 작업 완료 후 포인트를 삭제하려면 Alt+클릭을 하면 된다. 추가로 포인트를 생성하려면 기존의 포인트를 Shift+클릭한 후 원하는 포인트를 생성하고 나서 기존의 포인트를 다시 찍으면 추가가 완료된다.

(3) 자주 사용하는 단축키 모음

분류	기능	단축키
기본 단축키	화면 이동	마우스 왼쪽 드래그
	확대/축소	마우스 휠
	객체 선택	좌클릭
	객체 전체 선택	-
	객체 삭제	Delete
	복사/붙여넣기	Ctrl+C/V, Ctrl+B(객체 다중 프레임 복사)
	이미지 화면 맞춤	더블클릭
	저장	Ctrl+S
폴리곤 단축키	작업 완료	N
	폴리곤 중 찍은 점 취소	우클릭
	점 추가	Shift+좌클릭
	점 삭제	Alt+좌클릭
인터페이스 단축키	프레임 이동	D(뒤로)/F(앞으로)
	프레임 재생	Space
	인스턴스 생성	N
	Automatic Bordering	Ctrl
	객체 병합	M
	그룹	G

제 6장

저자 노하우 대공개, 저자 2인의 데이터 라벨링 Talk

1.

데이터 라벨링 전업으로 대기업 연봉 받는 저자 심정우

저자들은 데이터 라벨링으로 어느 정도의 수입을 올리고 있을까? 두 저자는 데이터 라벨링 참여 형태도 다르고, 선호하는 작업도 다르다. 1저자는 데이터 라벨링을 전업으로 하고 있으며 최대한 효율성을 확보하려고 노력한다. 2자는 데이터 라벨링을 부업으로 하고 있다. 성수기에 자신에게 잘 맞는 작업이 나오면 작업 시간을 늘리는 형태를 보인다. 두 저자의 차이를 구체적으로 살펴보고, 각자가 느끼는 데이터 라벨링 관련 생각과 노하우를 서로의 인터뷰를 통해 알아봤다.

나이	30대 후반	평균 작업 시간	성수기 : 8시간 비수기 : 4시간
직업	데이터 라벨러	2022년 수입	약 4,300만 원
라벨러 경력	4년	월 최고 수입	약 900만 원(22년 12월)
작업 형태	전업	선호 작업	라이다

Q. 간단한 자기소개 부탁드립니다.

"안녕하세요. 이르입니다."라는 말로 인사를 하는 게 이제는 더 익숙한 심정우입니다. 데이터 라벨링 커뮤니티 라벨러 쉼터를 운영하며 전업으로 데이터 라벨링을 하고 있습니다.

Q. 어떤 계기로 데이터 라벨링을 시작하고 확신을 갖게 됐나요?

2020년 9월쯤이었습니다. 우연히 네이버에서 크라우드웍스 배너 광고를 봤어요. 집에서 네모 상자를 치면 돈을 벌 수 있다는 광고였죠. 호기심에 접속해 봤지만 실제 가입은 하지 않았어요. 이런 방식으로 돈을 벌 수 있다는 게 믿기지 않았기 때문이죠. 그러다 대략 한 달 정도 후에 다시 접속하게 되었어요. 특별한 이유가 있었던 것은 아니었어요. 갑자기 생각이 났고, 진짜로 돈을 벌 수 있는지 궁금했어요. 당시 홈페이지에서 제공하던 체험하기를 해보니 어떤 일인지 감이 잡혔고, 사기는 아닐 거 같다는 생각이 들었어요. 그래서 가입하고 작업을 시작하게 됐죠.

저는 운 좋게도 회원 가입하고 바로 작업을 시작할 수 있었어요. 작업해 보며 실제로 포인트가 입금되는 것을 보고 3주 정도 꾸준히 했어요. 다만, 최저시급도 되지 않아 그렇게 많은 작업을 하진 않았어요. 그러다 참여 중인 프로젝트에서 검수자 제의를 받았고 검수자로 더 많이 작업했어요. 그러면서 다양한 프로젝트에 참여하게 됐고, 시급이 높은 작업도 있다는 것을 알았어요.

이렇게 작업을 이어갈 때만 해도 정말 부업 수준으로 생각했고 작업에 많은 시간을 할애하지는 않았어요. 그러던 중 2021년 3월이 됐죠. 데이터 라벨링을 오래 한 분들은 이 시기를 다들 기억하실 거예요. 당시 정부 사업은 야생의 느낌이 강했었습니다. 주관부처도 사업이 처음이었고, 참여하는 기관과 라벨러들도 처음이었죠. 그러다 보니 시급이 비현실적으로 높은 작업이 많았고, 이때 단기간에 큰 수입을 올리게 됐어요. 어느 정도 높은 수입을 올리니 데이터 라벨링 산업에 대한 관심이 더 커지게 됐고, 데이터 구축 사업에 대해 좀 더 밀도 있게 알아보게 됐어요. 대략적인 흐름을 확인한 후 이 일이 단기간에 끝날 일이 아니란 것을 알게 됐고 본격적으로 데이터 라벨러로 활동을 시작했습니다.

Q. 평소 작업 스케줄이 궁금합니다.

성수기와 비수기의 작업 시간이 다릅니다. 성수기에는 주말과 평일을 가리지 않고 작업합니다. 특별한 일이 없다면 아침에 일어나서 바로 책상에 앉아 작업을 시작해서 자기 직전까지 작업하는 편입니다. 물론 그 시간 동안 작업만 하는 것은 아니고 중간에 밥도 먹고 쉬기도 하고 컨디션에 따라 낮잠도 자고요. 몇 시부터 몇 시까지 작업하고 나머지는 쉬는 계획보다는 하루 전체를 작업 시간으로 정하고 중간마다 쉬는 시간을 배분하는 편이에요.

2022년 성수기 평균 작업 시간은 6시간 30분 정도였어요. 이 시간은 실제로 작업한 시간만을 측정한 것이라 작업을 위해 앉아 있는 총 시간은 8시간 정도 될 것 같아요. 생각보다 많은 시간을 작업하지는 않습니다. 잠도 최소한 6시간 이상은 자려고 노력하고요. 성수기에 바짝 버는 것도 중요하지만 그만큼 꾸준히 작업할 수 있는 체력을 확보하는 것도 중요하다고 생각하기 때문이에요.

<심정우 저자 실제 작업 공간>

비수기에는 작업 시간이 유동적인 편이에요. 프로젝트 자체가 그렇게 많지 않으며 시급이 맞지 않는 작업도 많으니까요. 그래서 보통 할 만한 프로젝트가 있으면 꾸준히 작업을 이어 나가는 편이고, 그렇지 않으면 성수기 때 미뤄뒀던 일들을 하곤 해요. 여행을 가거나 공부를 하거나 못 만났던 지인들과 시간을 보내기도 하고요. 물론 그렇다고 데이터 라벨링에 완전히 관심을 끊는 것은 아닙니다. 비수기 때도 매

일 공고를 확인하고 프로젝트에 지원합니다.

Q. 2022년 수입은 어느 정도였나요?

❺ 사업소득명세

(67) 일련번호	사업장		(70)소득 구분코드 (5쪽작성 방법참고)	(71)업종 코드	(72)총수입 금액
	(68)상호 (성명)	(69)사업자등록번호 (주민등록번호)			
1		000-00-000**	40	940909	36,894,430

<심정우 저자 2022년 수입 내역>

2022년 실제 소득은 약 4천만 원 정도였어요. 실제 작업한 달과 국세청에 세무 신고가 들어간 시점의 차이가 있어 국세청 자료는 좀 다르게 나옵니다. 가장 많이 수입을 올린 달은 12월이었고, 약 900만 원 정도였습니다. 월 천만 원의 수입을 올리지 못해 아쉬움이 많이 남는 달이었어요.

성수기와 비수기를 구분해 본다면 성수기 때는 약 3천만 원 정도이고, 비수기 때는 약 천만 원 정도입니다. 비수기 때 수입도 대부분 직전연도 정부 사업 중 지연된 프로젝트나 수정이 필요한 프로젝트에서 올린 거라 민간 부분에서 올린 수입은 300만 원도 되지 않아요. 22년도에는 비수기 때 민간사업을 거의 참여하지 않았었거든요. 특별히 민간사업을 꺼리는 것은 아니고 그냥 개인적으로 다른 일이 바빠서 민간사업까지 참여할 여력이 안 됐어요.

Q. 선호하는 작업 유형이 있나요? 있다면 이유가 무엇인가요?

이미지 프로젝트를 선호합니다. 텍스트 분야와 다르게 작업 속도를 올릴 수 있는 다양한 방법들이 있으니까요. 책에도 소개한 외부 프로그램들을 사용하거나 작업 방식을 바꾸는 방법들이 있죠. 작업 속도를 올릴 수 있는 가능성이 있는 것은 단순히 시급이 오른다는 것 이상의 장점이 있어요. 다른 사람들은 시급이 잘 나오지 않아 꺼리는 작업에서 저는 시급이 잘 나온다면 작업 물량까지 확보할 수 있어 전체 수입이 증가할 가능성이 높죠. 특히 저작도구 사용이 불편하거나 기능이 거의 없는 프로젝트가 이런 경향이 강합니다. 저작도구 성능도 단가에 반영되는 경우가 많기 때문이에요. 프로젝트를 운영하는 기업도 저작도구가 불편하다면 그 부분을 인지하고 단가에 반영하거든요. 그래서 이미지 프로젝트는 저에게 있어 열어보지 않은 선물 상자 같은 느낌입니다. 언제 어떤 방식으로 작업 속도를 올릴 방법이 튀어나올지 모르니까요.

이미지 프로젝트 중 가장 선호하는 유형은 라이다입니다. 점군 데이터를 보는 것도, 작업하는 방식도 재미있어요. 이런 걸 적성에 맞는다고 하죠. 단가 자체가 다른 이미지 프로젝트보다 높게 측정되는 경우도 많아요. 그러다 보니 다른 이미지 프로젝트보다 작업 자체를 조금 더 여유를 가지고 할 수 있습니다. 단순한 바운딩 박스나 폴리곤은 최대한 손을 빠르게 움직여야 시급이 높게 측정되는 경향이 강하죠. 단가 자체가 낮으므로 속도를 끌어올려 시급을 만들어 내야 하기 때문이에요. 라이다는 조금 더 여유를 가지고 작업해도 시급이 잘 나와 손목에 무리도 덜 가고 편하게 작업할 수 있어서 선호하는 편이에요.

Q. 참여한 프로젝트 중 가장 좋아했던 프로젝트가 있나요?

특별히 좋아했던 프로젝트는 없습니다. 굳이 꼽자면 시급이 매우 높은 프로젝트들이 좋긴 합니다. 좋아했던 프로젝트보다는 기억에 남는 프로젝트라면 21년 초에 했던 레이블러 프로젝트가 있어요. 그 프로젝트가 기억에 남는 것은 데이터 라벨링을 하면서 처음 만난 시급이 높은 프로젝트였기 때문이에요. 그 당시에 평균 시급이 2만 원이 넘었을 거예요. 거기에 주말 이틀 동안 단가 이벤트를 했었는데, 그때는 시급이 5만 원 정도 됐어요. 이틀 만에 100만 원을 벌었죠. 데이터 라벨링으로 높은 수입을 얻을 가능성을 보여준 프로젝트였어요. 물론 프로젝트 자체도 재미있었고요. 당시에는 접해보지 못한 방식이라 흥미를 느끼고 작업하기도 했었습니다.

Q. 프로젝트를 찾는 본인만의 노하우가 궁금합니다.

가장 기본은 크라우드소싱 플랫폼과 채용공고 사이트를 자주 확인하는 것이죠. 크라우드소싱 플랫폼은 하루에 최소 한 번은 확인합니다. 할 일이 없거나 쉴 때 수시로 들어가서 계속 확인을 해봐요. 채용공고 사이트는 어플 알림 기능을 많이 활용하는 편이에요. 키워드나 관심 기업을 등록해 놓으면 해당 공고가 올라올 때 알림을 줘 편하게 확인 가능하죠. 추가로 하루에 한 번은 직접 들어가서 검색해 보기도 합니다.

성수기가 되면 좀 더 많은 시간을 채용공고를 찾는 데 활용하는 편이에요. 정부사업 수행기관 선정 발표가 나면 선정된 기관 정보를 수집하죠. 이 정보를 바탕으로 수행기관 홈페이지를 자주 방문해요. 채용공고 사이트에서 라벨러를 구인하지 않는 곳들도 많기 때문이죠. 사실 이런 곳들은 대중적으로 알려지지 않아 경쟁이 덜해서 적극적으로 찾아보는 편이에요.

수행기관이 모두 공개되는 것은 아니니 기존 사업에 참여했던 기관들을 확인해서 찾아보는 것도 하나의 방법이에요. AI 허브에 21년까지 정부 사업에 참여했던 기관 정보가 올라와 있으니 그걸 참고하거나, AI 허브에 공개된 데이터들을 확인해 보는 것도 좋아요. 거기에는 데이터 구축에 참여한 컨소시엄 정보가 모두 나와 있기 때문이죠.

Q. 시급을 높일 수 있는 숨겨진 노하우가 있을까요?

제가 쓰는 다양한 방법들이 있어요. 데이터 라벨링을 시작했을 무렵부터 꾸준히 써오고 있고요. 이런 노하우들을 최대한 책에 모두 담았습니다. 그래도 이것만은 꼭 했으면 좋겠다고 생각하는 부분은 사소한 것들에 신경을 많이 쓰고 프로그램을 꼭 활용하라는 거예요. 작업 효율을 올리는 가장 좋은 방법이거든요.

아주 작은 부분에서 작업 방식 변경으로 시간을 단축하는 건 아주 중요해요. 예를 들어, 객체당 20원인 작업을 한다고 생각해 보세요. 시급 만 원을 만들기 위해서는 최소 7.3초마다 하나씩 작업을 끝내야 해요. 여기에 작업을 완료하는 시간이나 이미지를 넘기는 시간까지 계산해야 하지만 일단 그 부분은 무시할게요. 작업 방식에 변화를 줘 1초를 줄였다고 가정해 봅시다. 그러면 시급이 약 1,400원 정도 올라요. 10시간이면 1만 4,000원이고 한 달이면 약 40만 원의 차이가 발생합니다. 같은 시간을 작업한나고 했을 때 이 정도로 수입 차이가 발생할 수 있는 거예요. 작업할 때 이 부분을 항상 염두에 둬야 해요. 제가 앞서 설명한 것처럼 단축키 활용을 잘하든가, 시퀀스 이미지의 작업 순서를 변경하든가 등이요.

작업할 때 손이 빠른 분이 시급이 더 높게 나오는 게 당연합니다. 하지만 손 빠르기를 올리는 데는 어느 정도 한계가 있어요. 저도 작업할 때 마우스를 움직이는 손이 빠르지 않습니다. 하지만 저런 사소한 것들, 그러니까 작업 방식을 효율적으로 바꾸는 데는 한계가 없습니다. 얼마나 연구하고 창의적인 방법을 생각하느냐의 차이니까요. 물론 어느 정도의 경험도 필요합니다. 하지만 계속 의식하고 바꾸려 하지 않으면 크게 나아지지 않더라고요. 그러니 제가 책에서 알려드린 노하우들을 잘 접목해 자신만의 효율을 높이는 방법을 찾는 것을 추천해요.

작업 효율을 올리는데 가장 쉬운 방법이 프로그램을 사용하는 거예요. 제가 예시로 설명한 프로그램 외에도 정말 많은 프로그램이 존재합니다. 처음에는 이런 것들을 어떻게 찾고 어떻게 활용해야 하나 어려울 수도 있어요. 그래도 한 번 찾기 시작하고 익숙해지면 새로운 프로젝트에 투입됐을 때 가장 먼저 어떤 프로그램을 활용할지 생각하게 됩니다. 당장 쉽게 활용할 수 있는 프로그램은 마우스 프로그램들이 있을 거예요. 마우스 제조사에 따라서 마우스 키를 변경할 수 있는 프로그램을 제공합니다. 그런 제조사 마우스를 구매해서 키를 변경해 사용하면 작업 효율을 올리는 데 많은 도움이 될 거예요. 예를 들어, 일반 마우스에 모두 있는 뒤로 가기 키를 실행 취소 키로 바꾼다면 키보드를 누르는 시간을 줄일 수도 있겠죠. 또, 일반 마우스보다 키 숫자가 많은 것들도 있으니 그런 마우스를 활용해 봐도 좋을 거예요.

데이터 라벨링 자체가 워낙 범위가 넓고 프로젝트가 다양해서 하나의 방법만으로 모든 프로젝트에서 효율을 높이기 어려워요. 프로젝트에 투입될 때마다 다양한 작업 방식을 시도해 보고 효율 높은 방식을 찾는 노력을 하다 보면 어느 순간 시급이 높아지게 될 겁니다.

Q. 본인이 생각하는 데이터 라벨링의 장점은 무엇이 있을까요?

가장 큰 장점은 진입이 쉽다는 점이에요. 특별히 어떤 기술이나 전문 지식이 필요하지 않아 누구나 쉽게 작업할 수 있죠. 물론 추세가 점점 전문적으로 흘러가고 있지만, 그렇다고 해서 단순 작업이 없어지는 건 아니에요. 충분히 경험해 보고 자신의 적성이 맞는지, 꾸준히 작업에 참여할 수 있는지를 체험해 볼 수 있다는 것이 가장 큰 장점이라고 생각해요.

또 다른 장점이라면 장소에 구애받지 않고 일을 할 수 있다는 점이죠. 간혹 노트북 하나 들고 여행 가서 작업을 하기도 해요. 일 때문에 여행을 미루지 않아도 돼 조금 더 자유로운 감이 있어요. 물론 작업 효율에서는 차이가 나겠지만 새로운 장소에서 작업하면 또 새로운 느낌이 들기도 하고 돌아와서 일할 수 있는 원동력을 얻을 수 있으니 일석이조라고 생각합니다.

Q. 본인이 생각하는 데이터 라벨링의 단점은 무엇이 있을까요?

가장 큰 단점은 아직은 데이터 라벨링 산업 자체가 정부 사업에 의존하는 경향이 크다는 것이에요. 아무래도 정부 지원이 있지 않다면 단가 자체도 낮아질 것이고 프로젝트 규모도 많이 줄어들겠죠. 그래도 데이터 라벨링 자체가 사라지지는 않을 거라고 봐요. 대신 경쟁이 더 심해지겠죠. 그래서 앞으로 꾸준히 데이터 라벨러로 활동하려면 더욱 전문적인 지식을 습득할 필요가 있다고 생각합니다. 단순한 라벨링만 하는 수준에서 벗어나 인공지능 구축에 대한 전반적인 지식을 습득하고 보다 어려운 난이도의 라벨링을 할 수 있는 실력을 키워야 해요. 그래야 정부 지원이 끝났을 때도 충분한 수입을 올리는 라벨러로 활동할 수 있을 거예요.

Q. 만약 지금 데이터 라벨링을 처음 시작한 시기로 돌아갈 수 있다면 어떤 점을 고치고 싶나요?

익숙한 플랫폼 위주로 작업에 참여했던 부분을 고치고 싶어요. 지금이야 기업이나 플랫폼을 가리지 않고 참여할 수 있는 작업을 모두 하고 있지만 초기에는 몇몇 손에 익은 플랫폼 위주로만 작업했어요. 새로운 플랫폼이나 저작도구에 적응하는 시간이 아깝다고 생각하기도 했었고, 그 당시 수입도 만족스러워 굳이 새로운 시도를 하지 않았던 것이죠.

시간이 지나면서 소수의 플랫폼에서만 활동하다 보니 중간에 작업이 끊기는 경우가 생겼어요. 한 플랫폼에 1년 내내 작업이 있지 않다는 것을 처음으로 알게 된 순간이었죠. 자연스럽게 그동안 참여하지 않았던 플랫폼이나 일반 기업 채용공고에 관심을 갖게 됐어요. 많은 곳에서 활동해야 작업을 끊기지 않고 할 수 있다는 것을 실전에서 배운 셈이었죠. 막상 여러 기업과 플랫폼에서 활동해 보니 다양한 이점이 있었어요. 일단 작업 자체가 많아졌고요. 작업이 많아지니 자연스럽게 시급을 비교해 가며 더 유리한 작업을 선별해서 할 수 있게 됐어요. 소수의 플랫폼에서만 작업할 때보다 더 많은 수입을 올리게 된 것이죠.

시작한 지 얼마 안 된 라벨러라면 이점을 잘 기억하면 좋겠어요. 작업을 하다 보면 저처럼 익숙한 곳 위주로 작업하는 경우가 많아요. 몇몇 기업이나 플랫폼에서만 작업한다면 해당 기업에서 프로젝트가 열리지 않으면 작업이 끊기게 돼요. 그러면 그만큼 손해를 보게 되죠. 그러니 되도록 모든 기업과 플랫폼에서 활동하는 것을 추천해요. 잊힌 플랫폼들도 꼭 다시 확인해 봐야 해요. 1년 동안 프로젝트가 열리지 않아 관심을 껐던 플랫폼에서 다음 해에는 많은 프로젝트가 열릴 수도 있어요.

Q. 현재 전업으로 활동 중인데 전업으로 성공하려면 어떻게 해야 할까요?

항상 적극적이어야 해요. 전업으로 데이터 라벨링을 하기 위해서는 절대 수동적이면 안 돼요. 1년 내내 작업이 있는 것이 아니니 적극적으로 정보를 찾아야 해요. 단순히 채용공고나 프로젝트 오픈 정보를 찾는 것에서 그치지 않고 관련 기업 동향이나 정부 사업 방향 등 데이터 라벨링과 관련된 전반적인 정보를 찾아야 합니다. 수동적으로 주어진 정보만 활용한다면 전업으로는 작업하기 힘든 게 사실입니다. 물론 수입 활동은 할 수 있겠지만 큰 수입을 얻긴 힘들다는 거죠. 정보에 밝을수록 프로젝트를 찾는 것도 더 수월하고요.

자신의 커리어를 잘 관리해야 해요. 자신이 작업했던 것들을 잘 적어 놓고 그것들을 활용해야 합니다. 단순하게는 이력서에 한 줄을 더 쓸 수 있게 된다는 장점이 있고요. 더 나아가면 작업 내역들을 분석해 볼 수 있죠. 어떤 프로젝트에서 수입이 높았는지, 어떤 기법을 더 선호하는지, 혹은 작업에 할애하는 시간이 적정한지 등등. 이런 것들을 잘 분석해서 더 나은 수입을 얻을 수 있는 방향을 고민하는 겁니다. 간단하게는 작업 시간을 늘리는 게 있죠. 아무래도 재택으로 근무하는 경우가 많다 보니 나태해지는 경우가 있거든요. 지난달 작업 시간을 봤을 때 목표 시간보다 적다면 나를 더 채찍질할 수도 있고요. 이런 것들을 잘 활용해서 개인 커리어를 잘 쌓는 것이 좋습니다.

끝으로 가장 중요한 것은 작업물의 퀄리티를 유지하는 거예요. 퀄리티는 모든 프로젝트에서 당연히 일정 수준 이상을 보여야 하지만 전업이라면 더 신경 써야 합니다. 기업들은 퀄리티가 좋은 라벨러를 기억하기 마련이에요. 거기에 작업량까지 많다면 기억할 확률이 더 높죠. 이런 식으로 기업 관계자들에게 기억되는 게 중요합니다. 그러면 차후에 개인적으로 작업 의뢰가 들어오게 됩니다. 사실 전업의 핵심은 바로 이 부분이죠. 저는 실제로 개인적으로 연락하는 기업들이 많이 있는데요. 소규모 프로젝트에 투입되거나 출퇴근 형태 프로젝트지만 재택으로 작업할 수 있게 배려해 주기도 해요. 기업과 원활한 관계를 통해 개인적으로 작업을 받게 된다면 프로젝트 공백을 막는데 큰 도움이 돼요. 어느 정도 안정적인 수입을 얻을 수 있는 장치가 되는 셈이지요.

Q. 데이터 라벨러로 성장하기 위해 필요하다고 생각하는 자세나 마인드가 있을까요?

라벨러 쉼터를 운영하면서 이제 막 입문한 분들을 정말 많이 봤어요. 새롭게 진입하는 분들은 아무래도 정보가 많이 부족하고, 남들이 많은 돈을 버는 모습을 봐서 조급한 마음이 들기도 하겠죠. 그러다 보니 마음만 앞서는 분이 종종 보여요. 그런데 데이터 라벨링은 그렇게 하면 할 수가 없어요.

일단 일이 항상 있는 것이 아니에요. 정확히 말하면 라벨러로 입문한 순간 바로 지원할 프로젝트가 없을 가능성이 높아요. 그래서 처음에는 데이터 라벨링 업계가 돌아가는 모습을 지켜볼 필요가 있어요. 처음부터 큰 수입을 올리는 사람들도 있겠지만 그건 정말 운이 좋은 소수이니까요. 전반적인 업계 분위기를 관망하면서 프로젝트 공고 소식이 들리면 하나씩 지원해 보면 돼요. 지원한다고 반드시 뽑힌다는 보장은 없으니 너무 조급해할 필요는 없어요.

이렇게 프로젝트를 지원해 가며 필요한 정보들을 얻는 것이 중요해요. 데이터 라벨링이 입문과 작업 방식은 쉽지만 정착하기는 어려워요. 프로젝트 정보나 채용공고가 어느 한 곳에 집중된 것이 아니고 산발적으로 퍼져 있어 개인이 모든 정보를 찾는 데 한계가 있어요. 어떻게 시작해야 하는지, 일은 어디서 구해야 하는지 등 정보를 얻는 데 어려움이 많기도 하고요.

정확히 어디에서 어떤 정보를 찾아야 할지 모르겠다면 데이터 라벨링 커뮤니티를 잘 활용해 보는 것도 좋겠죠. 그런 곳들은 경험 많은 다른 라벨러들이 정보를 공유해 주기도 하니까요. 이렇게 정보를 하나씩 습득하다 보면 데이터 라벨링 업계가 돌아가는 모습이 눈에 들어올 거예요. 어느 정도 돌아가는 사정이 눈에 보인다면 정보는 되도록 직접 찾는 걸 추천해요. 아무래도 내가 찾은 정보와 다른 사람이 공유해 준 정보를 접하는 건 하늘과 땅 차이니까요. 정보를 찾을 수 있는 능력은 결국 나만의 비밀무기가 되어주거든요. 남들이 모르는 정보를 알고 있다는 건 그만큼 수입을 높일 기회가 많아진다는 의미이니까요.

결론적으로 이제 막 시작했다면 너무 조급해하지 말고 천천히 정보를 얻어 가며 프로젝트에 꾸준히 지원해 보는 것이 좋아요. 그렇게 하다 보면 실제 작업에 투입되고, 돈도 벌 수 있을 테니까요. 차근차근 적극적으로 정보를 찾으며 여유를 가지고 접근하는 걸 추천합니다.

2.

학업과 병행하며 시급 3만 원 부업 하는 저자 박민영

나이	30대 중반	평균 작업 시간	성수기 : 6시간 비수기 : 2시간
직업	대학원생	2022년 수입	약 1,400만 원
라벨러 경력	3년	월 최고 수입	약 900만 원(22년 12월)
작업 형태	부업	선호 작업	텍스트

Q. 간단한 자기소개 부탁드립니다.

저는 30대 중반 대학원생으로 인문학을 전공했어요. 데이터 라벨링을 우연히 알게 돼 정보를 찾으러 라벨러 쉼터에 들어왔다가 현재 운영진으로 활동하고 있어요. 데이터 라벨링은 부업으로 하고 있습니다.

Q. 어떤 계기로 데이터 라벨링을 시작하고 확신을 갖게 됐나요?

대학원 박사과정을 수료할 무렵 코로나19가 시작돼 집에 있는 시간이 길어졌어요. 마지막 학기 수업은 비대면으로 들었으니까요. 학교 가기도 어려운 상황이라 딱히 할 것이 없었고, 수료한 김에 휴식하며 집에서 할 수 있는 일을 찾다가 우연히 데이터 라벨링에 대해 알게 됐어요. 많은 사람이 처음에 데이터 라벨링을 보고 황당함을 느꼈을 거예요. 저 또한 그랬습니다.

2021년 1월 무렵에 인터넷에 떠도는 어느 글을 읽었는데, 이미지에 박스를 치면 돈을 준다는 거예요. 반신반의하며 참여해 봤죠. 얼마 뒤 돈이 입금되는 것을 보고 깜짝 놀랐어요. 이 일이 사기는 아님을 알게 되었죠. 그래서 3월까지 해당 프로젝트에 참여했고, 150만 원 정도를 벌었어요. 그리고 데이터 라벨링을 꾸준히 하면서 지금까지 오게 됐죠. 이때만 해도 부업으로 시작한 일이 책을 쓰는 일로 이어질 줄은 생각도 못 했어요.

Q. 평소 작업 스케줄이 궁금합니다.

데이터 라벨링을 부업으로 하다 보니, 비수기에는 개인 공부에 집중하고, 작업은 하루에 2~3시간 정도로 적게 하는 편이에요. 비수기에 프로젝트를 찾아보긴 하지만 적극적으로 검색하지는 않아요. 2021년 성수기에 바쁜 일이 워낙 많아서 성수기 치고 일을 적게 했어요. 당시에는 낮에 공부하고 해가 지면 일을 했어요. 저녁 먹고 작업하러 책상에 앉고, 새벽 1시까지 작업했어요. 이렇게 첫 성수기를 보내고 나니까 작업을 좀 더 집중적으로 했으면 좋았을 거라는 아쉬움이 남았어요.

<박민영 작가 실제 작업 환경>

2022년 공고가 많이 올라오기 시작하는 성수기에 일하는 시간을 늘렸고, 정말 일이 몰리던 12월에는 잠시 공부를 미뤄두고 일에만 집중했어요. 많이 작업할 때는 아침 9시에 시작해 자정이 넘을 때까지 일했어요.

Q. 2022년 수입은 어느 정도였나요?

* 귀속연도 2022 월

본인 소득내역 총액 (근로 · 인적용역)

※ 아래 지급명세서 외 소득부인신청(근로소득·사업소득·기타소득·종교인소득) 바로가기 [신청경로: 신청제출>신청업무>소득부인신

일용근로소득 지급명세서	0	간이지급명세서 (근로소득)	0	간이지급명세서 (거주자의 사업소득)	14,402,456

<박민영 작가 2022년 수입 내역>

1,500만 원 정도를 벌었습니다. 그중 11~12월에 번 것이 천만 원가량입니다. 비수기와 성수기의 차이가 매우 큰 편이에요.

Q. 선호하는 작업 유형이 있나요? 있다면 이유가 무엇인가요?

저는 텍스트 관련 작업을 선호해요. 비박스나 폴리곤 등의 작업도 있으면 하지만, 제가 흥미를 느끼는 작업 위주로 참여하는 편이에요. 대학원생이라 그동안 글을 많이 읽고 써 왔고, 글에 친숙하다 보니 아무래도 친근함이 느껴지는 작업에 눈길이 많이 가요. 텍스트 작업을 하다 보면 주어진 주제에 맞춰서 글을 써야 해서, 여러 지식을 얻게 되는 것도 큰 장점이에요. 다만, 이미지 작업에 비해 단가가 낮은 경우가 많고, 고려해야 할 부분이 많아서 머리 아플 때가 많아요. 하지만 이 모든 단점을 극복할 만큼 텍스트 작업에서 느끼는 흥미가 크죠. 텍스트 작업은 개인마다 호불호가 심하게 갈려서 타인에게 적극 추천하진 않아요.

Q. 참여한 프로젝트 중 가장 좋아했던 프로젝트가 있나요?

특정 드라마나 영화 등을 텍스트로 요약 및 가공하는 프로젝트가 기억에 남아요. 좋아하는 드라마와 영화를 일 핑계로 몇 번이나 돌려볼 수 있었어요. 그리고 가이드에 맞게 요약하는 것도 재밌었어요. 프로젝트에 대해 자세히 밝힐 수 없지만, 마치 신문방송학 관련 공부를 하는 느낌이었어요. 사실 단가는 그리 높지 않았어요. 그래도 흥미 하나로 몇 달 동안 끌고 간 작업이었어요.

Q. 프로젝트를 찾는 본인만의 노하우가 궁금합니다.

주로 오픈채팅방에서 정보를 많이 얻어요. 물론 구인 사이트도 자주 검색하고요. 데이터 라벨링을 비롯해 재택 등 관련 검색어를 사용하고, 제가 선호하는 몇몇 회사명으로 검색하기도 해요. 마음에 드는 프로젝트를 하나 잡으면 꾸준히 하는 편이라 다른 분들에 비해 검색을 덜 하는 편이긴 해요. 작업 하나를 시작하면 적어도 1주일 이상은 해봅니다. 다른 사람들이 시급이 안 나온다고 평가하거나 어렵다고 해도 일단 해봐요. 간혹 남들에게 안 맞는 프로젝트가 저에게 맞는 경우도 있어서 스스로 평가하고 프로젝트에 계속 참여할지 결정합니다.

Q. 본인이 생각하는 데이터 라벨링의 장점은 무엇이 있을까요?

시간에 구애받지 않고, 어디서든 작업을 할 수 있다는 점이 가장 큰 장점이에요. 인문학을 전공하는 대학원생이다 보니 그동안 돈 되는 일을 만난 횟수가 적었어요. 국가 예산이 투입된 프로젝트 정도의 규모를 만나지 않으면 최저시급 정도로도 감지덕지한 경우도 많았어요.

그에 비해 데이터 라벨링은 내가 한 만큼 벌어갈 수 있었어요. 성수기에는 할 일이 너무 많아서 일에 치일 정도라 어떤 의미로는 행복했어요. 앉아서 무엇을 하는 것에 워낙 익숙하다 보니까 데이터 라벨링 일이 저랑 잘 맞았어요.

Q. 본인이 생각하는 데이터 라벨링의 단점은 무엇이 있을까요?

성수기와 비수기의 온도 차이가 워낙 크다 보니 성수기에 무리해서 일을 해야 한다는 점이에요. 연말에 워낙 일이 몰려서 내내 피곤했고, 성수기가 끝난 뒤에 몰아서 쉬었어요. 시장의 불확실도 단점이죠. 국가 예산이 투입되지 않으면 데이터 라벨링의 단가가 낮아질 것이 분명하니까요. 지금이 데이터 라벨링의 다양한 변화가 예상되는 시점인 만큼 앞으로 이 시장이 어떻게 변할지 유심히 봐야겠지요.

Q. 만약 데이터 라벨링을 처음 시작한 시기로 돌아갈 수 있다면 어떤 점을 고치고 싶나요?

작업 초기에 데이터 라벨링 업체가 다양하다는 것도, 플랫폼이 존재하는 줄도 몰랐어요. 특정 업체에서 일을 시작해 돈을 조금 벌었고, 그 업체가 다음에 프로젝트를 열면 또 연락을 주겠다는 식으로 공지해서 마냥 기다렸어요. 그런데 몇 달이 지나도 연락이 없어서 직접 다른 일을 찾아보기 시작했어요. 그해 성수기 직전에 일을 시작할 수 있어서 다행이었어요. 더 늦었다면 새 프로젝트를 구하기 힘들었을 거예요. 만약 데이터 라벨링을 시작한 시기로 돌아간다면 시작과 동시에 여러 플랫폼에 가입하고, 오픈채팅방 등 커뮤니티에도 들어갈 거예요. 정보가 무엇보다 중요하다는 것을 몸으로 익힌 시기였어요.

Q. 데이터 라벨러로 성장하기 위해 필요하다고 생각하는 자세나 마인드가 있을까요?

참을성과 인내력 있는 사람이 돈을 벌 수 있다고 생각해요. 앉아서 장시간 동안 해야 하는 일이다 보니 가끔 지루해요. 그래서 흥미를 금방 잃기도 하고, 열심히 해도 돈이 얼마 안 된다는 생각이 들면 쉽게 좌절하게 돼요. 하지만 하루에 몇 시간씩,

그렇게 한 달을 채우면 적지 않은 돈이 쌓여요. 게다가 출퇴근 없이 집에서 최저시급 이상을 받으며 할 수 있는 일은 생각보다 찾기 어려워요. 개인 능력에 따라 최저시급을 훨씬 상회하는 경우도 많고요.

Q. 현재 부업으로 활동 중인데 부업으로 성공하려면 어떻게 해야 하나요?

저는 데이터 라벨링을 부업으로 시작했고, 하루에 사용할 수 있는 시간이 전업에 비해 적은 편이에요. 그래서 하루에 얼마를 채운다는 생각으로, 최대한 효율적으로 일하려고 노력해요. 부업이면 본업이 있기 때문에 데이터 라벨링 업무에 집중하는 것이 생각보다 어렵거든요. 그래서 비수기에는 본업에 집중하는 편이에요. 제가 대학원 과정 중이니까 논문에 집중하거나 공부를 좀 더 하는 거죠. 그래도 데이터 라벨링 작업을 아예 손 놓지는 않아요. 다만, 하루에 해야 할 일 중에서 우선순위가 조금 밀리는 거죠. 대신 하루 혹은 일주일에 내가 얼마를 벌 것인가 계획을 세우고, 작업 시간을 조정해요.

대신 성수기에 들어가거나 시급 좋은 프로젝트를 만나면 공부 시간을 줄이고 데이터 라벨링에 최대한 집중하는 편이에요. 비수기 때 밀린 일들을 해 놓으면 성수기 때 조금이나마 마음 편하게 작업할 수 있어요. 데이터 라벨링을 부업으로 하는 것은 여러모로 좋은 일이에요. 효율성도 높고 집에서 돈을 벌 기회이기 때문이죠. 일과 업무 비중을 제대로 나누고, 각자가 하루를 어떻게 보낼 것인지에 대한 고민이 필요해요. 부업이라는 이유로 흐지부지되어서 괜히 시간만 쓰고 돈을 못 버는 경우도 있으니까요.

데이터 라벨링은 누구나 쉽게 진입할 수 있지만, 이 말이 곧 누구나 쉽게 돈을 벌 수 있다는 말은 아닐 거예요. 대신 오래 앉아있을 수 있다면 어느 정도 돈을 벌 수 있고, 거기에 노력이 더해진다면 조금 더 높은 수입을 기대할 수 있을 거예요.

Q. 추가로 다른 분들에게 알려주고 싶은 노하우나 조언이 있다면 말씀해 주세요.

하루 할당량을 채우려고 노력합니다. 일을 하기 싫어도 할당량이 있으면 이를 달성하기 위해 컴퓨터 앞에 앉게 돼요. 일단 앉으면 조금이라도 일을 하니까요. 그리고 내가 오늘 얼마를 벌었나 생각을 해 보면, 내일도 앉아있을 수 있게 되죠. 하기 싫더라도 일단 자리에 앉아보세요. 오늘의 커피값 혹은 밥값을 벌고 일어나겠다는 작은 목표를 가지고 접근하고, 그것을 채워서 직접 성취감을 느낀다면 큰 동기 부여가 될 거예요.

저는 텍스트 작업을 많이 해 텍스트에 대한 말을 주로 하게 되네요. 텍스트 작업에 참여할 경우, 시급 계산을 해 보고, 문제가 있다면 개선 부분을 빨리 찾아야 해요. 텍스트는 개인의 이해력에 따라 시급이 천차만별인 프로젝트에요. 이미지보다 훨씬 개인 취향을 많이 타는 것 같아요. 텍스트 작업은 가이드 이상의 것들을 요구하는 경우가 많아요. 텍스트 작업을 어느 수준 이상으로 하는 사람들은 각자의 노하우가 있고, 텍스트 프로젝트마다 그 노하우 적용 방식이 다 달라요. 프로젝트 목적이 무엇인지, 어떤 단어와 문장을 써야 하는지를 파악해야 하는데 작업 경험이 적으면 이러한 것들을 판단하는 과정이 막막할 수 있어요. 혹시 그렇다면 라벨러 쉼터를 비롯한 오픈채팅방이나 네이버 카페 등에서 비슷한 작업을 하는 분들을 최대한 빨리 찾아보세요. 소통이 큰 도움이 될 거예요.

제 7장

각자의 방법으로 성공한 현직 데이터 라벨러 4인의 노하우 Talk

1. 데이터 라벨링으로 연 소득 7,000만 원, 절정 고수 주부 김안나 님

데이터 라벨러의 작업 형태는 다양하다. 단순히 출퇴근과 재택의 차이뿐 아니라 재택으로 근무하는 라벨러의 환경과 작업 시간도 모두 다르다. 그렇다 보니 데이터 라벨러로 활동하는 데 있어 어떤 방식으로 작업을 하는 것이 정답이라고 잘라 말할 수 없다. 예를 들어, 같은 전업주부라 해도 상황에 따라 개인이 작업에 쓸 수 있는 시간은 다를 수밖에 없다. 이번 장에서는 현업으로 활동 중인 다양한 데이터 라벨러들의 목소리를 통해 자신에게 적용할 수 있는 인사이트를 제공한다.

나이	30대 후반	평균 작업 시간	성수기 : 14시간 비수기 : 6시간
직업	전업주부	2022년 수입	약 7,000만 원
라벨러 경력	4년	월 최고 수입	약 2,000만 원(22년 9월)
작업 형태	부업	선호 작업	폴리곤

Q. 간단한 자기소개 부탁드립니다.

30대 후반 전업주부입니다. 8살, 11살짜리 아이 둘을 키우고 있고 데이터 라벨링은 4년 차에요.

Q. 어떤 계기로 데이터 라벨링을 시작하고 확신을 갖게 됐나요?

결혼 직후 임신하면서 일을 그만두면서 경력 단절이 됐어요. 집에서 살림하며 두 아이를 키웠는데, 가정을 돌보고 자라는 아이들을 보는 것이 좋았지만 어느 정도 아이들이 커가니까 제 자존감이 많이 떨어지더라고요. 그래서 저를 좀 더 성장시킬 수 있는 동기를 찾기 위해 부업을 알아보던 중 2020년 말 우연히 유튜브에서 데이터 라벨링에 대해 알게 됐는데 흥미로웠어요. 당시에 바로 할 수 있던 프로젝트가 에이모에 있었고, 이 프로젝트로 40만 원 정도를 벌었어요. 이 일이 돈이 될 수 있겠다 싶어서 데이터 라벨링에 본격적으로 참여했습니다.

에이모 작업 이후 크라우드웍스도 가입했어요. 당시에는 크라우드웍스에 등급이 존재했는데 최고 등급까지 올리면 참여할 수 있는 프로젝트가 더 많을 거라고 생각했어요. 그래서 참여할 수 있는 모든 프로젝트에 참여했고, 최고 등급까지 올렸죠. 그렇게 크라우드웍스에서 작업을 많이 하다 보니 검수자로 활동할 기회가 주어져 오프라인 교육 참석 후 프로젝트에 투입됐어요. 이 프로젝트에서 한 달에 200~300만 원 정도를 벌었고, 그때쯤 우연히 정부 사업 프로젝트에도 투입되면서 많은 수입을 올렸어요. 이렇게 생각지도 못한 많은 수입을 올리다 보니 데이터 라벨링에 대한 만족도가 높아지면서 지금까지 작업하고 있어요.

Q. 평소 작업 스케줄이 궁금합니다.

2022년에는 성수기와 비수기를 가리지 않고 꾸준히 일할 수 있었어요. 성수기에 매일 15시간 이상, 평일과 주말을 가리지 않고 일했습니다. 당시에는 4시간 이상 자본 적이 없어요. 무리하면서 일했지만, 벌이가 워낙 괜찮아서 꾹 참았어요. 몇 달을 천만 원 넘게 벌었으니까요. 돌이켜 보면 어떻게 그 정도로 일을 했는지 모르겠어요. 그래서 성수기가 끝난 뒤에 건강이 많이 나빠졌어요. 작업 스케줄을 물어보셔서 이렇게 대답하지만, 되도록 건강을 챙기는 방향으로 작업하는 것이 바람직하다고 생각해요.

<김안나 라벨러의 실제 작업 공간>

2022년에는 성수기와 비수기 구분 없이 많은 일을 했지만, 2023년에는 비수기 때는 많이 쉬었어요. 작업 자체가 많이 없기도 하고요. 그래서 할만한 작업이 있을 때만 일을 해요. 한 달에 50만 원 내외로 작업하는 것 같아요. 작업하지 않는 시간에는 주로 아이들과 시간을 보내요. 아무래도 성수기 때 많이 어울려 주지 못한 부분이 있으니까요.

Q. 전업주부인데 작업 시간을 많이 확보하는 비법이 있을까요?

2022년 성수기 때는 친정어머니를 집으로 모셔와서 같이 살았어요. 2021년 성수기에 내가 어느 정도 벌 수 있다는 것을 알게 됐거든요. 차라리 내가 가용한 시간을 온전히 작업에만 쓰고 어머니 도움을 받으면 더 많은 수입을 얻을 수 있겠다고 생각했어요. 그래서 친정어머니께 월 200만 원씩 용돈을 드리며 집안일을 부탁했어요. 집안일이 해결되니 저는 제 시간을 온전히 작업에만 쓸 수 있었죠. 이렇게 친정어머니가 도와주셔서 성수기 때 많은 시간을 작업할 수 있었어요. 만약 어머니 도움이 없었다면 아마 그만큼 작업하지 못했을 거예요. 힘들어서 절대로 못 하죠.

아이들 같은 경우에는 이해시키려고 많이 노력했어요. 처음에 아이들이 엄마가 집에서 일한다는 사실을 잘 이해하지 못했는데, 어느 정도 일을 하니까 아이들도 엄마가 일하는 상황에 익숙해졌어요. 아이들에게 엄마는 집에서 일하지만 직장에 출근한 것과 마찬가지라는 점을 꾸준히 강조했고요. 지금은 아이들도 엄마가 일하고 있다고 말하면 어느 정도 이해해 줘요. 또, 엄마가 일하는 모습을 보니 아이들이 엄마를 조금 더 리스펙트 하기도 하고요.

이렇게 성수기 때 아이들 이해와 친정어머니 도움으로 시간을 많이 확보할 수 있었어요. 데이터 라벨링이 작업 시간에 따라 더 많은 수입을 얻을 수 있는 만큼 많은 시간을 쓰는 게 중요하다고 생각해요. 전업주부인데 데이터 라벨링으로 어느 정도 수입을 얻고 있다면 장단을 잘 비교해서 저처럼 시간을 확보하는 것도 좋을 거예요.

Q. 작업을 하는 데 있어 가족들의 지지가 있었는지 궁금합니다.

처음에는 남편이 걱정을 많이 했어요. 집안일도 그렇고, 가장 큰 걱정은 아이들을 케어하지 못할까 하는 것이었죠. 게다가 부업으로 하는 일이 그 당시에는 대중적으로 알려지지 않은 생소한 분야였으니까요. 사실 이런 걱정도 충분히 이해됐어요. 저 같아도 걱정할 것 같거든요. 어찌 됐든 저는 이미 부업으로 데이터 라벨링을 하기로 마음먹었고, 큰 성과를 내야겠다고 생각했어요. 그래야 안 좋은 시선으로 저를 바라보지 못할 테니까요. 결론적으로는 돈으로 보여줬다고 생각해요. 내가 이 분야에 적성이 맞고 잘하고 있다는 것을요. 한 번 큰 수입을 올리는 모습을 보여주니 그 후로는 모든 가족이 제 편의를 많이 봐주고 도와주기 시작했어요. 지금은 가장 열렬한 지원자가 되었죠.

사실 저에게 가장 큰 동기가 되었던 건 아이들이었어요. 특히 저는 무슨 일이든 노력하면 좋은 성과를 얻을 수 있다는 걸 아이들에게 보여주려고 했어요. 아이들이 있었기 때문에 이렇게 일을 할 수 있었던 거 같아요. 아이들이 항상 저에게 큰 의지가 됐어요.

Q. 2022년 수입은 어느 정도였나요?

선택	거래일시	적요	보낸분/받는분	출금액(원)	입금액(원)
☐	2022.11.30	인터넷입금이체	[illegible]	0	1,171,430
☐	2022.11.30	전자금융	[illegible]	0	364,370
☐	2022.11.28	전자금융	[illegible]	0	32,700
☐	2022.11.23	전자금융	[illegible]	0	1,050,040
☐	2022.11.15	인터넷입금이체	[illegible]	0	2,519,860
☐	2022.11.11	전자금융	[illegible]	0	2,228,520
☐	2022.11.10	전자금융	[illegible]	0	34,820
☐	2022.11.10	전자금융	[illegible]	0	101,680
☐	2022.11.10	전자금융	[illegible]	0	335,360
☐	2022.11.09	인터넷입금이체	[illegible]	0	139,450
☐	2022.11.04	전자금융	[illegible]	0	972,810
☐	2022.11.04	전자금융	[illegible]	0	48,350
☐	2022.11.04	전자금융	[illegible]	0	1,008,050
☐	2022.11.02	전자금융	[illegible]	0	3,465,580
☐	2022.10.21	전자금융	[illegible]	0	318,150
☐	2022.10.14	인터넷입금이체	[illegible]	0	12,897,510
☐	2022.10.12	전자금융	[illegible]	0	114,500
☐	2022.10.07	인터넷입금이체	[illegible]	0	158,790
☐	2022.10.07	전자금융	[illegible]	0	502,840
☐	2022.10.05	전자금융	[illegible]	0	344,650
☐	2022.10.05	전자금융	[illegible]	0	1,883,940
☐	2022.10.04	전자금융	[illegible]	0	165,400

<김안나 라벨러의 실제 수입 내역>

2022년 대략 7천만 원 정도 벌었습니다. 가장 많이 번 달은 9월로 약 2천만 원 정도를 한 달 동안 벌었어요. 그 달에 단가가 좋은 프로젝트를 많이 해서 벌이가 좋았죠.

Q. 선호하는 작업 유형이 있나요? 있다면 이유가 무엇인가요?

폴리곤 작업을 가장 좋아합니다. 폴리곤 작업은 저한테 힐링을 주는 작업이에요. 사람마다 자신이 힐링을 느끼는 포인트들이 있잖아요. 예를 들어, 그림을 그리는 분이 있고, 컬러링북을 하는 분이 있는 것처럼요. 저한테는 폴리곤이 컬러링북 같은 거예요. 심신에 안정을 찾아주고 잡념을 없애 주면서 기분을 굉장히 좋게 만들어줘요. 그래서 처음에 폴리곤 작업을 했을 때 정말 좋아하면서 작업했어요. 그 당시 한창 육아와 집안일로 지쳐 있을 때였거든요. 물론 돈을 벌려고 한 거지만, 그런 상황들과 맞물리다 보니 폴리곤 점을 찍으면서 성취감을 많이 느끼고 힐링을 받았어요. 작업하면서 스트레스를 받는 게 아니라 오히려 힐링이 되면서 진짜로 재미있었어요. 그래서 엄청 즐기면서 했던 것 같아요. 물론 지금은 아니에요. 너무 힘들어요(웃음).

Q. 프로젝트를 찾는 본인만의 노하우가 궁금합니다.

정보를 찾기 위해 많이 노력하는 편이에요. 아침에 눈을 뜨면 구인구직 등 다양한 사이트를 확인하며 일자리 정보를 체크하고 커뮤니티 등도 두루두루 살펴봐요. 그리고 정확한 건 아니지만 느낌상 몇몇 플랫폼들은 프로젝트가 올라오는 시간이 있는 것 같아요. 예를 들면, 크라우드웍스는 오후 3시쯤에 많이 올라오는 느낌이더라고요. 그래서 이렇게 경험적으로 알고 있는 시간대에는 꼭 플랫폼들을 확인해 보는 편이에요. 아이들 하원이 겹치는 경우가 많아서 핸드폰으로 자주 확인해요.

Q. 본인이 생각하는 데이터 라벨링의 장점은 무엇일까요?

시간과 장소에 구애받지 않는 것이 가장 좋죠. 재택근무이다 보니 아이들을 돌보면서 일을 할 수 있는 것도 만족스러워요. 무엇보다 제가 노력한 만큼 대가가 주어지니 일의 동기부여가 되죠. 제가 작업한 시간만큼 확실한 대가가 딱 보이고, 그만큼 정확히 주잖아요. 내가 노력한 만큼 보상이 늘어나는 구조다 보니 열심히 할 수밖에 없는 것 같아요. 또 한 가지를 꼽자면 저에게 맞는 작업을 선택 가능하다는 점도 있겠네요. 잘할 수 있는 작업을 더 많이 할 수 있어 능률 면에서도 더 좋아요.

Q. 본인이 생각하는 데이터 라벨링의 단점은 무엇이 있을까요?

저는 데이터 라벨링이 워낙 만족스러워 단점을 크게 느끼고 있지는 않지만, 간혹 관리자와의 소통이 원활하지 않은 경우가 있다는 것이 단점이라고 생각해요. 작업에 있어 관리자 소통이 매우 중요하다고 생각하는데요. 아무래도 작업자는 많고 관리자는 소수이다 보니 소통이 어려운 경우가 생기더라고요. 이럴 때는 보통 관리자분에게 꾸준히 연락을 취하면서 작업 퀄리티를 최대한 높게 가져가요. 이러면 관리자 눈에 띄게 되고, 그러면 소통이 조금 더 수월해지더라고요.

Q. 만약 데이터 라벨링을 처음 시작한 시기로 돌아갈 수 있다면 어떤 점을 고치고 싶나요?

오픈채팅방에 조금 더 빨리 들어가 경험 많은 분들이 해주는 조언을 더 적극적으로 받아들일 것 같아요. 제가 컴퓨터를 그렇게 잘 다루지 못했거든요. 그냥 기본적인 기능만 다루는 수준이었는데, 데이터 라벨링은 아무래도 컴퓨터로 작업하다 보니 좀 더 잘 다루면 유리하죠. 저는 초반에는 이 부분을 몰랐어요. 그래서 그냥 묵묵히 작업했는데, 어느 날 채팅방에서 마우스를 바꾸면 더 좋다는 조언을 하더라고요. 당시에 추천받은 마우스가 일반 마우스보다 버튼이 좀 더 많고 프로그램이 지원되는 것이었어요. 이런 조언을 여러 차례 들었지만 쓰던 마우스에 큰 불편이 없어 따로 바꾸진 않았어요.

그러다가 하도 사람들이 좋다는 말을 많이 해서 바꿔보게 된 거였죠. 처음에는 뭐가 다른가 싶었는데 막상 적응해서 사용해 보니 신세계인 거예요. 마우스 하나 바꿨을 뿐인데 작업 속도가 진짜 많이 빨라졌거든요. 작업이 편해져서 큰 도움이 됐어요. 만약 그 조언을 일찍 듣고 마우스를 진작에 바꿨다면 더 효율적으로 작업했을 거고, 수입도 더 많이 얻었겠죠. 이후로는 경험 많은 분들 조언을 되도록 새겨듣는 편이에요.

Q. 데이터 라벨러로 성장하기 위해 필요하다고 생각하는 자세나 마인드가 있을까요?

데이터 라벨링 작업을 시작한 초반에는 되도록 욕심부리지 않고 온전히 자신의 것으로 만드는 것이 중요한 것 같아요. 작업에 익숙해지고 자신이 최대한 소화할 수 있게끔 만드는 거죠. 요즘 간혹 이쪽 일이 돈이 되겠다 싶으니 급하게 들어와서 시급이나 단가에 엄청나게 연연하는 분들이 있어요. 그런데 돈이 되는 건 어느 정도 시간이 지나야 한다고 봐요. 일단 가이드나 저작도구 같은 것들을 빨리 파악할 수 있게 익숙해져야 하고요. 작업 자체가 손에도 익어야 하고요. 이런 것들이 단기간에 되는 부분이 아니니 시간 투자를 많이 해야 하는 거죠.

궁극적으로는 내가 의식하지 않아도 손이 알아서 움직이게끔 해야 하는 거 같아요. 이렇게까지 되는데 생각보다 정말 많은 노력과 시간이 걸린다는 사실을 알았으면 해요. 처음에는 돈을 떠나서 작업에 익숙해지는 걸 목표로 하다 보면 어느 순간 괜찮은 수입을 올릴 수 있을 거예요.

Q. 추가로 다른 분들에게 알려주고 싶은 노하우나 조언이 있다면 말씀해 주세요.

어떤 프로젝트에 들어가면 일단 작업을 소량 해 보고 검수까지 기다려요. 검수 내용을 확인해 봐야 제가 작업을 이해한 정도를 확인할 수 있어요. 작업한 결과물에 대한 확신이 없으면 본격적으로 작업하지 않는 거예요. 교육이나 가이드를 완벽하게 숙지해도 데이터 라벨링이 워낙 변수가 많아요. 그래서 어느 정도 검수가 진행되고 작업물에 문제가 없고 가이드를 확실히 숙지했다는 판단이 서면 본격적으로 작업을 시작하는 편이에요. 작업에 대한 확신이 생기면 속도도 더 빨라지고요.

받은 할당은 정해진 기한에 다 처리하는 게 중요해요. 이 부분은 신뢰의 문제라고 생각하거든요. 관리자와 신뢰를 유지해야 다음 할당을 요청할 때도 원하는 만큼 할당받겠죠. 할당량은 수입과 직결되는 중요한 문제라 이 부분은 꼭 지키려고 노력해요. 제가 열심히 하려고 마음먹은 프로젝트는 최대한 많은 할당을 요청해 그런 부분도 있고요.

또, 관리자와 되도록 친밀한 관계를 유지하려고 노력합니다. 간혹 작업에 참여하다 보면 관리자를 적대시하는 분도 있더라고요. 저는 무조건 친밀한 관계를 유지하려고 해요. 아무래도 프로젝트 진행에 있어 관리자와 소통할 일이 많다 보니 친밀한 관계를 유지하면 좋은 점이 있더라고요. 예를 들어, 추가 할당을 개인적으로 저에게 준다든지, 프로젝트 종료 후에 다른 프로젝트가 생길 경우, 다시 불러준다든지 하는 것들이요.

끝으로 앉아 있는 시간이 길면 길수록 더 많은 수입을 올릴 수 있어요. 그래서 저는 일이 있는 경우에는 무조건 일단 의자에 앉아요. 작업을 하든 안 하든 앉는 것부터 시작해요. 한편으로는 말도 안 되게 많은 양을 할당받기도 해요. 의지에 앉을 수밖에 없는 상황을 만드는 거죠. 뭐가 됐든 최대한 오래 앉아있고 작업하는 게 곧 수입으로 연결된다는 점을 강조하고 싶네요.

2. 아이 돌보며 데이터 라벨링 부업 하는 주부 정재윤 님

나이	40대 초반	평균 작업 시간	성수기 : 10시간 비수기 : 4시간
직업	전업주부	2022년 수입	약 2,500만 원
라벨러 경력	4년	월 최고 수입	800만 원(22년 12월)
작업 형태	부업	선호 작업	공익 목적 데이터 가공

Q. 간단한 자기소개 부탁드립니다.

저는 40대 초반 전업주부입니다. 초등학교 다니는 자녀를 키우고 있고 육아 및 살림과 더불어 데이터 라벨링을 하고 있어요.

Q. 어떤 계기로 데이터 라벨링을 시작하고 확신을 갖게 됐나요?

2020년 9월 무렵 코로나19로 상황이 어려워져서 그동안 해오던 사업을 정리했어요. 그래서 할 만한 다른 일거리를 찾아보다가 우연히 에이모 광고를 보게 됐죠. 처음에는 이미지에 박스를 그리면 돈을 준다고 하길래 사기인 줄 알았어요. 어느 정도 시간이 흐른 후에 그래도 일단 뭐라도 해 보자는 생각으로 속는 셈 치고 에이모에 가입했어요. 가입하고 보니 막상 할 수 있는 일이 없었어요. 그래도 가입까지 했는데 포기할 수 없다는 생각으로 다른 곳들을 검색해 봤고, 크라우드웍스를 알게 됐죠. 당시 사진 수집 프로젝트에 참여할 수 있었는데, 이것도 반신반의하며 참여했던 기억이 나네요. '이런 작업을 해도 돈을 주는 건가?'라는 생각을 지울 수가 없었어요. 그런데 이 작업으로 8만 원을 벌면서 데이터 라벨링으로 돈을 벌 수 있겠다고 생각하게 됐죠. 이후 데이터 라벨링에 더욱 관심을 기울이며 본격적으로 작업하게 됐어요.

데이터 라벨링에 대해 확신이 든 것은 2021년 초 크라우드웍스에서 열렸던 음성 전사 작업에 참여한 시점이었어요. 이 무렵에 설날 프로모션 이벤트가 진행됐고, 저는 4일 동안 최소한으로 지면서 200만 원을 벌었습니다. 단기간에 큰돈을 벌면서 데이터 라벨링에 대한 확신이 생겼죠.

Q. 평소 작업 스케줄이 궁금합니다.

일반 직장인 스케줄대로 일하려고 노력해요. 비수기에는 9시에 작업을 시작해서 6시에 마치고, 밤에는 잠을 자요. 성수기에는 새벽 2시부터 아침 8시 사이에 잠을 자고, 나머지 시간에 되도록 일을 합니다.

<정재윤 라벨러의 실제 작업 공간>

중간중간 집안일이나 육아를 하지만, 성수기에 시급이 높은 경우, 가사도우미를 써서 작업 시간을 확보해요. 가사도우미를 쓰는 경우와 직접 집안일을 하는 경우의 작업 시간을 비교하고 거기에 따르는 수입을 예상해 보는 거예요. 가사도우미를 쓰는 것이 수입이 더 높다면 고민하지 않고 가사도우미를 씁니다.

Q. 데이터 라벨링을 한다고 했을 때 주변 반응은 어땠나요?

우선 우리 가족은 서로가 하는 일을 지지하는 편이라서 서로 바쁠 때 배려를 많이 해줘요. 작업을 처음 시작할 때는 벌어들인 금액이 적어서 가족에게 명확히 얼마를 벌었는지 말을 안 했어요. 제가 사업 정리 후 가정에서 살림을 도맡아 해서 남편이 집안일을 딱히 도와주지 않았어요. 점점 데이터 라벨링 일이 손에 익고 수입이 늘어가고 있던 어느 날, 남편과 술을 마시다가 그동안 번 금액에 대해 말했더니 남편이 깜짝 놀랐죠. 이후 집안일을 많이 도와주면서 저의 작업을 배려해 주기 시작했어요.

데이터 라벨링으로 어느 정도 수입을 벌기 시작하면서 주변 사람들도 데이터 라벨링에 관심을 보였어요. 특히 아이 키우는 주부들이 관심을 가져서 소개해 줬는데 열정적으로 하는 사람이 거의 없어서 아쉬웠어요. 가끔 지인들이 괜찮은 프로젝트에 들어가서 데이터 라벨링으로 돈 벌었다는 말을 들으면 뿌듯하긴 해요.

Q. 2022년 수입은 어느 정도였나요?

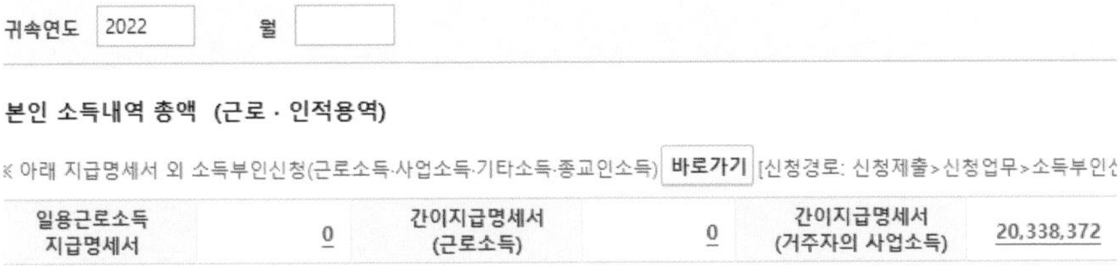

귀속연도 2022 월

본인 소득내역 총액 (근로 · 인적용역)

※ 아래 지급명세서 외 소득부인신청(근로소득·사업소득·기타소득·종교인소득) 바로가기 [신청경로: 신청제출>신청업무>소득부인신

일용근로소득 지급명세서	0	간이지급명세서 (근로소득)	0	간이지급명세서 (거주자의 사업소득)	20,338,372

<정재윤 라벨러의 2022년 실제 수입 내역>

2022년에는 2,500만 원 정도를 벌었어요. 가장 많이 번 달은 12월로 800만 원을 벌었습니다.

Q. 선호하는 작업 유형이 있나요? 있다면 이유가 무엇인가요?

텍스트 위주 작업을 선호하고 음성 전사 작업도 좋아하는 편이에요. 음성 전사는 손과 귀, 눈을 다 써서 신경 써야 할 부분이 많지만 그래서 더 흥미를 느껴요. 오감을 활용하고 많은 생각을 하다 보니 작업할 때 시간이 빨리 가 지루하지도 않아요. 그래서 바운딩이나 폴리곤 같은 단순 작업 반복 위주보다 많이 생각하면서 일하는 분야를 선호해요. 그래도 시급을 무시할 수 없어 시급 높은 작업은 흥미를 막론하고 참여해 열심히 작업합니다. 사회적으로 가치가 있는 작업은 시급이 적어도 열심히 참여하는 편이고요.

Q. 프로젝트를 찾는 본인만의 노하우가 궁금합니다.

공고를 열심히 찾아보고 지원한 후, 대면 교육 혹은 실제 면접 등이 있으면 적극적으로 참여해요. 대부분의 데이터 라벨러는 재택으로 근무하는 것을 선호하고, 채용과 면접 및 교육도 비대면으로 진행되는 것을 좋아하죠. 많은 사람이 대면을 원하지 않아 대면 관련 채용 과정이 있으면 경쟁률이 낮습니다. 그래서 이러한 작업에 적극적으로 참여해 합격률을 높이는 편이에요. 이렇게 직접 찾아간 결과 좋은 프로젝트를 많이 만날 수 있었어요.

Q. 본인이 생각하는 데이터 라벨링의 장점은 무엇이 있을까요?

다른 프리랜서와 마찬가지로 일하고 싶을 때 일할 수 있다는 점이에요. 육아하는 입장에서 접근성이 좋고 자투리 시간을 활용할 수 있어요. 데이터 라벨링 관련해 업무 종류가 워낙 많다 보니 다양한 작업을 신청해서 바꿔가며 할 수 있다는 점도 긍정적이에요. 상대적으로 덜 지루해 장시간 작업하기 수월해요. 또, 내가 열심히 한 만큼 벌어갈 수 있는 부분도 좋아요. 노력한 만큼 수입으로 투명하게 돌아오니 내가 들인 노력을 시각화해서 볼 수 있거든요.

Q. 본인이 생각하는 데이터 라벨링의 단점은 무엇이 있을까요?

저 같이 육아하면서 일하는 분이라면 모두 공감할 것 같은데요. 전업주부가 부업으로 재택근무를 한다는 것은 양면성이 있는 것 같아요. 집에서 일을 할 수 있다는 장점도 분명히 있지만, 집에서 일을 하다 보니 집중하기가 쉽지 않아요. 아무래도 집안일이 눈에 보이고, 아이가 말을 걸면 돌봐 줘야 해서 일에 집중하기 어려운 것이 사실이에요. 재택근무라 혼자 일해서 외로움을 느낄 때도 많아요. 그래서 오픈채팅방 같은 커뮤니티에 들어가 정보를 공유하고 다양한 라벨러들과 소통하며 위안을 얻어요. 다른 라벨러들이 작업하는 시간이나 활동을 보며 동기부여를 얻기도 하고요.

성수기와 비수기가 뚜렷하게 구분되는 것도 단점인 것 같아요. 그래서 비수기에 휴식하며 자기계발을 하는 편이에요. 아이를 조금 더 많이 챙기고요. 이렇게 아이와 놀아주며 휴식으로 만든 체력을 바탕으로 성수기에 다시 열심히 달리는 거죠. 또, 최근 SNS를 비롯한 다양한 매체에 데이터 라벨링이 노출되면서 경쟁이 너무 치열해진 것도 단점이에요. 그래서 데이터 라벨링 관련 공부를 많이 하는 편이에요. 경쟁이 치열한 상황에서 살아남으려면 보다 전문적인 사람이 되어야 하니까요.

Q. 만약 데이터 라벨링을 처음 시작한 시기로 돌아갈 수 있다면 어떤 점을 고치고 싶나요?

데이터 라벨링 초기에 만났던 작업에 적극적으로 참여하지 못한 점이 아쉬워요. 돌이켜보면 당시 단가가 괜찮은 작업이 많았는데 낯설다는 이유로 참여하지 않았어요. 지금 돌아가면 초기에 더 많은 작업을 할 거 같아요. 당시에는 아직 일이 손에 익지 않아서 많은 작업을 동시에 하지 못했어요. 할당이 있는 작업도 있어서 다 못할 것만 같았어요. 이제는 할당이 있어도 걱정하지 않고, 최대한 많은 프로젝트에 참여하려고 노력하고 있어요. 특별히 작업을 가리지도 않으려고 하고요.

Q. 데이터 라벨러로 성장하기 위해 필요하다고 생각하는 자세나 마인드가 있을까요?

유튜브나 인스타그램과 같은 SNS 정보만 믿고 데이터 라벨링에 접근하는 것은 위험하다고 생각해요. 데이터 라벨링에 관심이 생긴다면 실제로 작업을 경험해 보고, 이 일이 자신의 적성에 맞는지 고민할 필요가 있어요. 데이터 라벨링은 혼자 하는 일이고, 장시간 앉아서 하는 일인 만큼 사람에 따라 잘 맞을 수도 있고, 아예 맞지 않을 수도 있어요. 하는 만큼 벌 수 있는 일이라 자신의 작업 내역과 경력 관리도 꾸준히 해야 해요. 접근했을 때 바로 할 수 있는 작업이 없을 수도 있겠죠. 그래서 예전보다 더 많은 시간을 투자해야 하고요.

데이터 라벨링으로 직접 돈을 벌기 전까지는 마음의 여유를 갖고 작업에 열심히 참여했으면 해요. 소액이나마 돈을 벌어보는 경험을 하면 데이터 라벨링에 대한 판단이 가능할 거예요. 필요하다면 데이터 라벨링 관련 교육도 받고, 작업도 꾸준하게 병행하면 좋은 결과물을 얻을 수 있어요. 이제 진입했다면 당장은 눈에 보이는 결과물이 없을 거예요. 뭔가 허황된 꿈을 좇는 것 같은 기분이 들기도 하고요. 하지만 일단 제대로 안착하고 돈을 벌어 보면 일을 대하는 마인드가 달라질 거예요. 그러니 포기하지 말고 끝까지 이 끈을 놓지 않았으면 해요.

만약 프로젝트에 참여한다면 기업 공지나 가이드를 꼭 확인해야 해요. 간혹 작업하는 데만 신경이 집중돼 이 부분을 놓치는 분이 많더라고요. 사실 작업을 하고 좋은 퀄리티를 유지하는 것보다 더 중요한 부분이 이것이라고 생각해요. 이런 부분을 잘 확인해야 프로젝트를 운영하는 기업과 소통이 더 원활해지고, 그러다 보면 자연스럽게 수입이 오르는 경우가 있어요. 공지나 가이드 변경 부분을 뒤늦게 확인해 두 번 일하지 않게 해주거든요. 이 부분이 습관이 되면 능력 있는 라벨러가 될 수 있습니다.

Q. 추가로 다른 분들에게 알려주고 싶은 노하우나 조언이 있다면 말씀해 주세요.

프로젝트마다 시급을 올릴 방법을 고민해 보고, 여러 방법을 실험해 봐야 합니다. 그래야만 시급을 올릴 수 있어요. 내가 일하는 방식을 다시 한번 돌아보고 고칠 부분은 없는지 계속 생각해 봐야 해요. 그래도 작업 능률이 너무 떨어진다면 관리자에게 적극적으로 물어보는 것도 하나의 방법이에요. 내가 지금 작업하는 방식이 완전히 잘못되었을 수도 있거든요. 물어보면 관리자가 다른 작업 방식을 알려줄 수도 있고요. 아니면 제대로 활용하지 못했던 기능들에 대해 설명해 줄 수도 있고요. 그래서 저는 궁금한 것이 있으면 적극적으로 물어보고 소통하려고 노력해요.

저처럼 전업주부로 데이터 라벨링을 한다면 가사에 도움을 받을 수 있는 것들은 최대한 도움을 받았으면 좋겠어요. 성수기 수입이 뒷받침된다면 가사도우미를 쓰는 것도 방법이고요. 로봇청소기나 식기세척기를 쓸 수도 있겠죠. 가사를 조금이라도 효율적으로 바꿔줄 수 있는 도구를 활용하면 작업 시간이 더 생기니 고려하면 좋겠어요. 다만, 이것들을 먼저 사는 것은 추천하지 않아요. 제가 생각하는 최고의 방법은 저런 기기들을 구매하는 것을 목표로 작업하는 거예요. 내가 번 돈으로 투자하고 그것을 바탕으로 더 많은 돈을 번다면 그보다 이상적인 일은 없겠죠.

3. 은퇴 후 데이터 라벨러로 정착 성공한 60대 박수길 님

나이	60대	평균 작업 시간	성수기 : 8시간 비수기 : 거의 안 함
직업	데이터 라벨러	2022년 수입	약 2,700만 원
라벨러 경력	4년 차	월 최고 수입	약 800만 원(22년 10월)
작업 형태	전업	선호 작업	음성 녹음

Q. 간단한 자기소개 부탁드립니다.

60대 남성으로 데이터 라벨링 4년 차예요. 사업체를 운영하다가 5년 전에 개인 사정으로 출퇴근이 어려워지면서 정리했어요. 그리고 남은 시간을 생산적으로 보내려고 재택으로 할 수 있는 일을 찾다가 데이터 라벨링을 알게 됐고, 현재까지 하고 있어요. 지금은 데이터 라벨링을 주된 업으로 하면서 과거에 하던 일도 약간씩 하고 있는 정도예요.

Q. 어떤 계기로 데이터 라벨링을 시작하고 확신을 갖게 됐나요?

데이터 라벨링에 대해 처음 들은 것은 2019년이었어요. 박스를 그리면 20원을 주고 뭐 그런 얘기가 있었던 것 같아요. 관심을 둔 김에 신문 기사를 찾아봤는데 정보가 거의 없었어요. 그 당시에는 커뮤니티나 이런 것들도 없었으니까요. 그래서 그냥 그렇게 묻어뒀어요.

2020년 여름이었을 거예요. 당시 우연히 대통령 담화를 봤는데 이 내용이 등장하더라고요. AI가 거부할 수 없는 대세로 자리 잡은 느낌이 강했어요. 당시에 우리나라에 인프라가 많이 부족하다는 생각이 들기도 했고요. 데이터 라벨링이 크라우드소싱 형태로 진행된다고 하니 저도 대상이 될 수 있겠다는 판단도 들었고요. 정부가 이제 투자를 시작했으니 아무래도 이 산업이 크겠다 싶어서 정보를 찾다 크라우드웍스에서 처음 작업을 시작했어요.

꾸준히 이쪽 일을 하게 된 이유는 재미와 수입적인 부분 때문이에요. 저와 적성이 맞는 분야도 있었고, 수입적인 부분이 뒷받침되다 보니 동기부여가 돼 작업에 계속 참여할 수 있었어요. 개인적으로는 한 번 이 사업에 과제를 제안해 보자는 생각을 하기도 했어요. 이런 것들이 더해지다 보니 어느덧 데이터 라벨링 경력 4년 차에 접어들었습니다.

Q. 평소 작업 스케줄이 궁금합니다.

비수기는 효율성을 고려해서 작업을 거의 하지 않고 성수기를 준비합니다. 4월부터 연말까지 평일 하루 8시간 정도 작업해요. 기본적으로 평일 5일 작업으로 정했어요. 성수기에 작업이 많아지면 주말에도 시간을 할애해서 작업을 하긴 합니다. 이건 정말 최소한의 작업 일정을 잡아 둔 것이고요. 프리랜서 재택업무는 자칫하면 한도 끝도 없이 늘어지잖아요? 이걸 차단하려고 무던히 노력하는 편이에요. 아침에 일어나서 시간을 허비하면 하루가 비효율적으로 흘러갈 수도 있어요. 그래서 최대한 작업을 하려고 노력해요.

성수기에는 커뮤니티 같은 곳에서 서로 파이팅 하자는 분위기가 형성되잖아요. 서로 독려하는 분위기에 또 힘을 얻어 작업을 많이 하게 됩니다.

Q. 2022년의 수입은 어느 정도였나요?

4월부터 12월까지 8달 동안 작업해 2,700만 원을 벌었어요. 작업 기간 중 가장 많이 번 시기는 10월로 800만 원가량의 수입을 기록했습니다.

Q. 선호하는 작업 유형이 있나요? 있다면 이유가 무엇인가요?

음성 녹음을 선호해요. 제가 오디오북 내레이터도 하고 있어서 녹음 분야에 관심이 많아요. 제가 잘하는 일이다 보니 다른 종류의 데이터 라벨링 업무를 할 때보다 훨씬 더 재미를 느끼고 작업하기 수월하다고 여깁니다. 주 종목 분야라고 할 수 있겠지요. 이 작업을 할 때는 재택과 출퇴근을 신경 쓰지 않아요. 그래서 스튜디오로 출근해서 작업도 많이 했어요.

제가 연령대가 있다 보니, 비박스나 폴리곤 같은 분야는 손이 느린 편입니다. 프로젝트 단가를 높이려면 속도도 어느 정도 따라줘야 하는데 이 부분이 약점이라 이런 작업은 덜 하는 편이에요. 그렇다고 음성 녹음만 하는 것은 아니고 두루두루 작업하려고 해요. 데이터 라벨링 작업은 다양한 경험이 중요하니까요.

Q. 프로젝트를 찾는 본인만의 노하우가 궁금합니다.

NIA에서 발표한 자료를 상세히 확인합니다. 그중 눈에 띄는 프로젝트 혹은 소수 기관에서만 진행할 수 있는 프로젝트를 특히 눈여겨봐요. 이런 경우에는 특정 기관 혹은 대학교에서 사업 실무를 진행하는 경우가 많아요. 그래서 프로젝트를 보고 어느 정도 예측해서 실제 이 사업을 시행할 수 있는 기관 혹은 학교에 문의해 봅니다. 실제로 수행기관 발표 전에도 관련된 과제가 있다면 어느 기관에서 할 거라는 예측이 충분히 가능해요. 이런 예측을 제대로 하려면 많은 경험이 필요하지만, 특수 분야는 사실 과제를 수행할 수 있는 기관이 한정적이거든요. 그런 기관들은 꾸준히 과제에 참여하기도 하고요. 그래서 사전에 기관 홈페이지를 방문하는 등의 방식으로 먼저 두드려 볼 수 있는 거죠. 이렇게 정보를 알아보는 과정에서 나름의 결과를 얻은 적이 있습니다.

제가 차별화를 두는 지점은 어떤 프로젝트 공고가 나오면, 그 프로젝트 상세 정보를 찾고, NIA의 어떤 사업에서 파생된 프로젝트인지 확인하는 것입니다. 새로운 프로젝트에 대해 자세히 알고 지원하면 여러모로 좋은 점이 많아요. 그 과정에서 자연스럽게 공부가 되는 것도 만족스럽고요.

Q. 본인이 생각하는 데이터 라벨링의 장점은 무엇이 있을까요?

재택근무가 가능하다는 것이 가장 큰 장점이라고 생각합니다. 거기에 크라우드 소싱 형태라 제 개인적인 상황이랑 잘 맞았어요. 자신이 일한 만큼 돈을 벌 수 있고, 원하는 시간에 일을 할 수 있다는 것이 가장 매력적이에요. 능력이 쌓이면 일정한 수입을 기대할 수 있다는 것도 긍정적입니다.

Q. 본인이 생각하는 데이터 라벨링의 단점은 무엇이 있을까요?

아무래도 AI가 발전함에 따라 요구되는 데이터 라벨링의 종류도 달라지고, 변화하는 시장에 적응하는 것이 중요하겠죠. 현재는 정부 예산이 개입하고 있어서 상대적으로 벌이가 괜찮은데, 사업이 끝나고 완전히 민간 시장으로 넘어가면 어떻게 대처해야 할지 고민해야 하는 상황을 만날 수도 있어요. 그래도 데이터 라벨링 자체가 사라지지는 않겠지만 단가나 수량 측면에서는 어려움이 찾아올 수도 있어요. 그런 시기를 대비해서 결국은 개인 역량을 키워 두는 것이 좋으리라 생각합니다.

Q. 만약 데이터 라벨링을 처음 시작한 시기로 돌아갈 수 있다면 어떤 점을 고치고 싶나요?

데이터 라벨러로 활동하던 초기에 가장 힘들었던 것은 정보 부족이었어요. 어디서 일을 구해야 할지도 잘 몰랐고, 누구에게 물어봐야 할지도 명확하지 않아서 막막할 때가 많았죠. 정보를 찾아보다가 금방 포기했던 것이 아쉽습니다. 그때 조금 더 노력했으면 훨씬 일찍 일을 시작했을 텐데 말이죠.

일을 하면서 다른 사람과 수입 비교를 안 할 수는 없는데, 참고하되 너무 의식하는 것은 좋지 않아요. 매일 조금씩 노력하다 보면 수입은 따라온다는 것을 일찍 알았으면 시행착오를 줄일 수 있었을 거라고 생각합니다.

Q. 데이터 라벨러로 성장하기 위해 필요하다고 생각하는 자세나 마인드가 있을까요?

데이터 라벨링 시장의 긍정적인 부분만 보고, 돈을 많이 번 사례만 보고 너무 낙관적인 태도로 일을 시작하는 분들을 보면 걱정이 됩니다. 제대로 정착하기 위해선 많은 노력이 필요하다고 생각해요. 예를 들어, 텍스트 프로젝트에 참여한다고 생각해 보세요. 텍스트를 읽고 쓰는 데 탁월한 능력이 있다면 좋겠지만, 그렇지 않다면 타이핑이라도 빨라야 작업 속도를 개선할 수 있지 않겠습니까. 그럴 가능성이 보인다면 타이핑 연습이라도 많이 하겠죠. 아주 사소한 부분이라도 계속 노력을 하는 자세가 필요해요.

지금 시작하는 분은 데이터 라벨링으로 돈을 많이 번 사례를 보고 일을 시작했을 거 같은데 그렇게 많은 수입을 올린 사람은 겉으로 보이지 않는 피나는 노력을 한 거죠. 누구나 시작만 하면 그렇게 벌 수 있는 것이 아니고요. '내가 정말 열심히 노력해서 작업에 참여한다면 저 정도 벌 수 있겠다.'라는 가능성으로 보는 게 맞아요.

Q. 추가로 다른 분들에게 알려주고 싶은 노하우나 조언이 있다면 말씀해 주세요.

자신에게 잘 맞는 종목을 잘 골라야 합니다. 어떤 특기나 재능이 있지 않더라도 일단은 즐길 수 있는 종목을 고른다면 조금 더 오래 작업에 참여할 수 있을 거예요. 아무래도 오래 앉아서 해야 하는 일인데 즐길 수 있는 일로 하는 것이 더 좋지 않을까요? 그러니 여러 작업을 경험해 보고, 어떤 것이 나의 주 종목이 될 수 있는지를 잘 판단했으면 좋겠어요. 주 종목을 잘 선택해서 그 분야에서 두각을 나타내면 또 다른 기회가 열릴 수도 있어요.

마음이 맞는 사람들과 함께 작업을 하는 것도 시너지 효과를 내는 방법이에요. 커뮤니티같이 이 일을 하는 사람들이 모여 있는 곳에서 활동하는 것도 좋겠죠. 그런 공간들이 많은 도움이 되는 건 사실이지만 어느 정도 한계가 있어요. 다양한 사람이 열린 공간에 모이다 보니 정보나 교류 부분에서 제한이 있을 수밖에 없지요. 그래서 가능하다면 소규모 그룹 형태로 팀을 꾸려서 함께 일을 하는 것이 좋다고 생각합니다. 주로 재택으로 작업하다 보니 이런 팀을 꾸리는 게 힘들다는 점은 잘 알아요. 하지만 좀 더 적극적으로 활동하다 보면 그런 기회들이 생기겠죠.

예를 들어, 출퇴근 작업이나 오프라인 교육같이 자연스럽게 대면할 수 있는 상황에 적극적으로 뛰어드는 것이 있겠네요. 그런 상황에선 자연스럽게 여러 사람과 어울리게 되겠죠. 그렇게 어울리게 된 사람 중에 마음이 맞는 사람이 있다면 팀을 구성해 봐도 좋겠죠. 이 팀이라는 게 거창한 게 아니에요. 일반 커뮤니티보다 조금 더 친밀감을 유지하며 다양한 정보를 공유하는 정도면 충분해요. 혼자 외롭게 일하는 직종인 만큼 이러한 소규모 그룹은 작업적인 측면과 더불어 멘탈 관리에 아주 큰 도움이 될 거예요.

4. 데이터 라벨링으로 본업만큼 버는 회사원 김원제 님

나이	30대 초반	평균 작업 시간	성수기 : 8시간 비수기 : 2시간
직업	방사선사	2022년 수입	약 2,000만 원
라벨러 경력	4년 차	월 최고 수입	350만 원(22년 11월)
작업 형태	부업	선호 작업	대부분 선호하나 텍스트 작업 불호

Q. 간단한 자기소개 부탁드립니다.

30대 남성으로 병원에서 방사선사로 일하고 있습니다. 데이터 라벨링을 부업으로 하고 있으며 경력은 4년 차입니다. 결혼했고 30개월 된 아이를 키우고 있습니다.

Q. 어떤 계기로 데이터 라벨링을 시작하고 확신을 갖게 됐나요?

데이터 라벨링은 2020년부터 했습니다. 자녀가 있고 외벌이다 보니 추가 수입을 위해 부업을 알아봤어요. 대개 남자들이 찾아보는 부업은 대리기사 혹은 배달 라이더잖아요. 그런데 아내가 위험하다고 걱정해 다른 일을 알아봤어요. 그러던 중 데이터 라벨링과 크라우드웍스를 알게 됐죠. 가입 후 작업 가능한 프로젝트를 기다렸는데, 작업이 없어서 포기할 즈음 프로젝트에 참여할 수 있었어요. 큰돈이 아니라 월

10~20만 원 정도 용돈벌이 정도만 기대했는데 생각보다 돈을 많이 벌어서 현재까지 꾸준히 작업하고 있어요.

Q. 평소 작업 스케줄이 궁금합니다.

근무 시간 중에도 데이터 라벨링을 하고, 퇴근 후에도 합니다. 병원에서 일 하지만 환자가 있을 때만 업무를 해 중간에 여유 시간이 적지 않아요. 환자가 없으면 개인 시간을 가질 수 있거든요. 그래서 틈틈이 병원에서도 작업합니다. 퇴근 후 집에 돌아와 밥 먹고 아이와 놀아주다 보면 밤 10시 정도가 돼요. 그때부터 새벽 1~2시까지 작업합니다. 대략 하루 작업 시간을 합치면 8시간 정도 되지만, 병원 업무량에 따라 차이가 발생합니다.

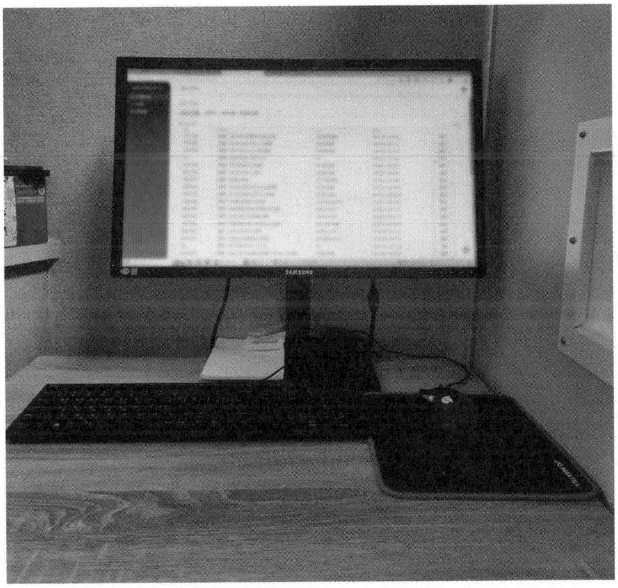

<김원제 라벨러의 실제 작업 환경>

집에서만 작업한다면 8시간을 채우기 어렵지만 본업 시간에도 작업이 가능해 장시간 연속으로 작업하는 것보다 오히려 집중하기 수월합니다. 주말에는 토요일도 병원 근무를 해 토요일도 작업하는 편이고, 일요일은 대게 쉬지만 단가가 괜찮으면 작업합니다. 성수기에는 비수기보다 조금 더 많이 작업하는 편이에요.

Q. 2022년 수입은 어느 정도 였나요?

<김원제 라벨러의 2022년 수입 내역>

2022년은 성수기에만 집중적으로 일했습니다. 비수기인 1~6월에는 작업을 아예 안 했어요. 7~12월까지 약 2천만 원을 벌었습니다. 가장 많이 벌었을 때는 1달에 350만 원 정도를 기록했습니다.

Q. 선호하는 작업 유형이 있나요? 있다면 이유가 무엇인가요?

이미지 프로젝트를 선호합니다. 가이드를 잘 읽고 정해진 작업만 하면 된다는 점이 좋습니다. 많은 생각을 하지 않고도 수월하게 할 수 있어서 다른 작업에 비해 상대적으로 편하게 느껴져요. 반면 텍스트 관련 작업은 선호하지 않아요. 텍스트 작업을 하려면 고려할 것이 많고, 무언가를 작성하는 일은 저랑은 잘 맞지 않아요.

Q. 프로젝트를 찾는 본인만의 노하우가 궁금합니다.

플랫폼 홈페이지를 자세히 살펴봅니다. 여러 플랫폼 홈페이지에 다 접속해 새로 고침 하면서 새로 올라온 공고가 있는지 봐요. 데이터 라벨링 커뮤니티에 올라오는 채용공고 소식도 확인해요. 확인하는 김에 채용공고 사이트에서 직접 검색도 하는 편입니다.

Q. 주변 인식은 어떤가요?

처음에는 데이터 라벨링에 대한 시각이 좋지 않았어요. 아무래도 시작할 때는 수입이 적으니까 주변 사람들은 저에게 왜 그 일을 하는지 물어보며 잔소리 아닌 잔소리를 했어요. 차라리 그 시간에 나가서 다른 걸 하겠다고 하는 사람도 있었고요. 지금은 작업에 익숙해져서 수입이 많이 늘었죠. 이제 제가 번 수입을 들으면 다들 데이터 라벨링에 혹해요. 자기도 하고 싶다는 사람들도 종종 있는데 정작 추천해도 실제로 하는 사람은 없더라고요. 아내는 처음에는 왜 이런 일을 하냐 정도로 약간의 불만을 표했어요. 퇴근 후 아이랑 놀아주고 집안일도 도와줘야 하는데 피곤하게 돈도 안 되는 부업을 하는 것 아니냐는 걱정이었죠. 지금은 수입이 많이 오르면서 이해해 주고 있습니다.

Q. 본인이 생각하는 데이터 라벨링의 장점은 무엇이 있을까요?

일과 중 남는 시간에 자유롭게 작업할 수 있고, 퇴근 후 집에서 편하게 작업할 수 있다는 점이 좋습니다. 다른 부업들, 특히 재택이 아닌 일들은 퇴근 후에 하려면 다시 나가야 하는 번거로움이 있잖아요. 이 일은 그런 과정이 없어 편하죠. 몸을 쓰지 않고 앉아서 하는 작업이 대부분이라는 점도 매우 마음에 듭니다.

Q. 본인이 생각하는 데이터 라벨링의 단점은 무엇이 있을까요?

오래 앉아서 하는 일이다 보니 의외로 몸에 무리가 많이 가요. 건강 관리를 따로 하지 않으면 장기간 하기 어려울 수도 있습니다. 저 같은 경우에는 스트레칭을 자주 하고요. 통증이 심하면, 아무래도 제가 병원에서 근무하다 보니 병원에서 약을 받거나 물리치료를 받기도 합니다.

최근 데이터 라벨링 시장에 신규 진입한 라벨러들이 많아서 경쟁이 예전보다 치열해요. 새로 진입한 분들이 워낙 많다 보니 예전처럼 작업을 골라서 할 수 있는 환경이 되지 못하는 것 같아요. 그래서 요즘에는 투입되는 모든 프로젝트에서 열심히 작업하려고 노력하는 편입니다.

Q. 만약 데이터 라벨링을 처음 시작한 시기로 돌아갈 수 있다면 어떤 점을 고치고 싶나요?

다양한 플랫폼과 기업에서 활동할 것 같습니다. 처음 작업을 시작했을 때는 크라우드웍스와 레이블러가 전부라고 생각했어요. 그러다 작업이 너무 없는 것 같아서 이리저리 정보를 찾다가 커뮤니티에 들어가게 됐어요. 커뮤니티를 보니 제가 알고 있던 곳 외에도 정말 많은 플랫폼과 기업이 있었어요. 그때부터 다양한 곳에서 작업하고 있는데 진작 이 정보를 알았다면 초반에 더 많은 돈을 벌 수 있지 않았을까 생각합니다.

Q. 데이터 라벨러로 성장하기 위해 필요하다고 생각하는 자세나 마인드가 있을까요?

초보 라벨러라면 수입이 적더라도 시급을 따지지 말고 꾸준히 6개월가량 작업하면 좋겠습니다. 데이터 라벨링은 생각보다 적성을 타는 일이라 자신의 성향과 작업 스타일이 맞아야 해요. 돈을 직접 벌어보지 않으면 데이터 라벨링에 대해 이렇다

저렇다 말하기 어렵습니다. 6개월 동안 열심히 해본 뒤 평가했으면 좋겠어요.

Q. 추가로 다른 분들에게 알려주고 싶은 노하우나 조언이 있다면 말씀해 주세요.

부업으로 하면 아무래도 퇴근 후 다시 의자에 앉아서 작업하기 쉽지 않습니다. 쉬고 싶다는 생각이 강하게 드니까요. 저는 보통 '지금 일하면 얼마 버는 데 쉬면 그것도 못 버는구나'라는 생각을 자주 합니다. 이런 생각이 들면 무료하게 시간을 보내거나 쉬는 게 좀 불편해요. 일하는 시간 동안 벌 수 있는 금액을 생각해 보고 바로 의자에 앉으려고 노력합니다.

잘 모르는 상태에서 데이터 라벨링 관련 일을 찾기는 어렵습니다. 그래서 데이터 라벨링 커뮤니티에서 정보를 얻는 것이 중요합니다. 작업할 때 속도를 올릴 수 있는 단축키를 쓰고, 매크로 기능을 추가할 수 있는 마우스를 사용하는 것도 하나의 방법입니다.

당연한 말일 수 있지만 가이드는 수시로 확인해야 합니다. 가이드 숙지는 작업의 기본이니까요. 저는 조금이라도 헷갈리는 부분이 있으면 바로 가이드를 확인해요. 생각하는 것보다 정말 자주 봅니다. 정말 적성에 안 맞거나 어려운 작업을 무리해서 잡고 있을 필요는 없다고 생각해요. 정 안되면 휴식하면서 마음을 다잡는 것도 중요합니다.

제 8장

기업 관계자 Talk : 데이터 라벨링 산업 전망과 기업이 선호하는 데이터 라벨러

1. 크라우드웍스 TA/PI팀 김예원 님

데이터 라벨러로 활동하다가 일이 적성에 맞아 데이터 라벨링 관련 기업에 정직원으로 채용되는 사례가 종종 있다. 라벨러로 실력을 인정받아 기업에 스카우트되는 경우도 있으며, 일정한 목적 아래 진로를 변경해 데이터 라벨링 관련 회사로 이직하기도 한다. 데이터 라벨링은 인공지능 개발의 기초가 되는 분야인 만큼, 해당 분야 이해도를 높이고 실력을 키우면 새로운 가능성을 만날 수 있다. 이를 바탕으로 다양한 분야 진출도 가능하다.

데이터 라벨러 경험을 바탕으로 관련 업계 취업 및 이직을 준비하는 이들을 위해 현업 종사자 인터뷰를 담았다. 실제 현장 목소리를 들어보고, 자신에게 필요한 역량을 갖춰 새로운 커리어로 발전하는 계기가 되기 바란다.

Q. 간단한 자기소개 부탁드립니다.

안녕하세요. 저는 크라우드웍스 TA/PI 팀의 김예원입니다. 정확도 높은 인공지능 학습용 데이터 전처리를 위해 프로젝트 참여 인력을 전문적으로 모집, 관리하고, 프로젝트 진척 상황과 품질을 모니터링 하고 있습니다.

Q. TA/PI팀이라는 이름이 생소한데 어떤 일을 하는 팀인가요?

TA는 Talent Acquisition의 줄임말로 '전문성을 갖춘 인재를 선발하는 일'을 의미하고, PI는 Process Innovation의 줄임말로 '프로세스를 혁신하고 개선해 나가는 일'을 말해요. TA는 프로젝트 진행을 위해 라벨러를 모집하고 선발하는 일을 하며, 그들을 관리하는 것도 메인 업무죠. 모든 라벨러가 자신에게 가장 적합하고 잘 맞는 프로젝트에 참여할 수 있도록 작업 이력이나 퍼포먼스를 분석해 인적자원에 대한 데이터를 수치화하는 업무도 진행하고 있습니다. PI는 프로젝트 품질 관리를 위해 프로젝트 가이드를 작성하거나 검수 완료된 데이터를 2차 검수(모니터링)합니다. 가이드 작성을 통해 라벨러들이 프로젝트에 대해 잘 이해할 수 있도록 돕고, 모니터링으로 데이터 퀄리티나 라벨러 퍼포먼스 평가도 진행하고 있어요.

TA/PI에서 특히 신경 쓰는 부분은 프로젝트 전체의 일정과 조건, 상세 내용 등을 협의하는 과정이에요. 이 단계에서 프로젝트의 상세한 사항들이 디테일하게 정의되지 않으면 이후 진행에서 다양한 문제가 발생할 우려가 있어요. 디테일한 부분이 정의되지 않아 발생하는 문제는 즉각적으로 라벨러들에게 불편을 초래할 수 있어 특히 신경 쓰고 있습니다.

Q. 해당 직무에서 필요한 역량이나 기술이 있을까요?

무엇보다 중요한 역량은 상황을 꿰뚫어보는 통찰력과 문제 해결 능력이에요. 라벨링 프로젝트를 진행하다 보면 다양한 이슈들이 발생해요. TA/PI에서 프로세스를 관리하면서 특히 중요하게 생각하는 점은 이슈가 발생할 여지를 사전에 방지하는 것과 이슈가 발생했을 때 빠르게 대처해 참여 라벨러들의 불편을 최소화하는 것이에요. 그러려면 프로젝트 구성을 통찰력 있게 분석해 이슈가 발생할 여지를 미리 파악하는 능력과 문제 해결 능력을 필수로 갖춰야 하고, 수치적인 분석을 위한 통계 능력 등이 있다면 금상첨화라고 할 수 있죠.

Q. 실제 근무 시간이나 환경이 궁금합니다.

근무 시간은 9:30~18:30이며 근무 장소는 선릉역 본사입니다. 근무 환경은 양호하다고 생각해요. 야근은 간혹 있어요. 프로젝트가 많은 시기나 특정 프로젝트에 문제가 발생하면 야근을 하지만, 그렇지 않으면 정시퇴근합니다. 코로나19 이후 자율재택이 진행됐고, 지금도 최소 주 2회 재택 업무를 하고 있어요.

Q. 기업 담당자 입장에서 데이터 라벨러에 대한 생각이 궁금합니다.

데이터 라벨러가 있어야 크라우드웍스가 존재하고, 크라우드웍스가 있어야 데이터 라벨러가 존재하는 상생 관계라고 생각해요. 다만, 간혹 '애증의 존재'라고 생각하기도 하죠. 정말 '어떻게 이렇게 작업하고 검수할 수 있지?' 싶은 멋진 라벨러분들도 있고, 종종 작업 기준과 맞지 않게 작업하거나 심하게 불만을 토로하는 분들도 있어 힘들기도 하거든요. 하지만 더 많은 분들이 라벨링에 관심을 갖고 열심히 참여하고 점점 더 숙련된 모습을 보여주셔서 자부심을 느끼게 해주는 존재라고도 할 수 있겠네요.

Q. 데이터 라벨링에 대한 전망 혹은 개인적인 견해를 들려주실 수 있나요?

데이터 라벨링은 AI 산업이 발전할수록 점점 더 필요하고 고도화될 업무라고 생각해요. AI나 컴퓨터는 절대 할 수 없는 데이터 전처리의 특정 단계에 인간적인 터치를 가미하는 중요한 역할이고, 앞으로 필요 분야는 점점 늘어날 거예요. 단순히 라벨링 기술만 뛰어난 것이 아닌 명확한 판단력과 기준을 따르는 이해력을 갖춘 라벨러는 앞으로 대체 불가능한 인적자원이 될 거라고 생각합니다.

Q. 추가로 하고 싶은 말이 있으면 해주세요.

데이터 라벨링에 대한 관심이 그 어느 때보다도 높아지고 있는 와중에 데이터 라벨러의 길에 들어선 모든 분을 환영합니다. 교육과 경험을 통해 충분한 역량을 갖춘다면 ChatGPT가 개발된 이 4차 산업혁명 시대에 누구보다 빨리 적응할 수 있는 전문가로 거듭날 수 있을 거예요.

2. 에이모 교육 매니저 정진수 님

Q. 간단한 자기소개 부탁드립니다.

안녕하세요. 에이모 교육 매니저 정진수입니다. 사내에서는 영어 이름 Jonah로 불리고 있어요.

Q. 교육 매니저로 어떤 업무를 담당하고 있나요?

먼저 제가 속한 팀을 소개할 게요. 우리 팀은 국내외 굴지의 AI 업체들과 다양한 데이터 라벨링 프로젝트를 수행하고 있습니다. 프로젝트를 성공적으로 마무리하려면 다양한 인력이 적재적소에 배치돼야 하는데, 저는 에이모의 내부 작업자를 교육하고, 적합한 프로젝트로 안내하는 업무를 맡고 있어요.

데이터 라벨링 프로젝트는 방대한 데이터를 다루기 때문에 내부 작업자 외 데이터 라벨러 참여가 필수적인데요. 현재 에이모에서는 6만 명 이상의 작업자와 함께하고 있습니다. 크라우드 작업자에 대한 관심이 많다 보니, 외부 기관에서 크라우드 작업자로 일할 수 있는 데이터 라벨링 교육 요청도 늘고 있는 추세예요. 기회가 될 때마다 방문해 온·오프라인 교육을 진행하는 업무도 담당하고 있습니다.

Q. 많은 교육을 하셨을 거 같은데 라벨러가 갖춰야 하는 역량이 있을까요?

데이터 라벨링 관점에서 답변드리면 저는 계속해서 도전하는 적극성과 상호 존중하며 소통하는 협력성을 강조하고 싶어요. 데이터 라벨링 분야는 하루가 다르게 변화하고 있어요. 낯설고 익숙하지 않은 분야는 모두에게도 쉽지 않다고 생각해요. 적극적인 자세로 새로운 작업 유형과 요구사항들을 배우고 적용하면 어느새 한 분야의 전문가가 돼 있는 자신을 발견하게 될 겁니다. 이런 과정에서 다른 팀, 함께 일하는 팀원과의 소통은 매일 이뤄집니다. 배우는 자세로 상호 존중하며 내 의견과 도움이 필요한 곳과 소통하는 협력성은 아무리 강조해도 지나치지 않아요.

Q. 실제 근무 시간이나 환경이 궁금합니다.

10시에 출근해서 7시에 퇴근합니다. 어떤 프로젝트를 운영하는가에 따라서 일이 몰리는 시기가 사람마다 다르고, 출근과 퇴근 시간도 다를 수 있어요. 하반기에 프로젝트가 과하게 몰리긴 하지만 저는 만족하며 일하고 있습니다.

Q. 기업 담당자 입장에서 데이터 라벨러에 대한 생각이 궁금합니다.

프로젝트의 성공을 목표로 함께 일하는 팀원이라고 생각해요. 보이지 않는 곳에서 맡겨진 일들을 충실하게 하는 분들을 만날 때마다, 얼마나 힘이 나는지 몰라요. 보통 가이드 교육으로 데이터 라벨러분들과 첫 만남을 갖게 되는데, 이후 프로젝트를 진행하며 서로 질의하는 과정에서 보이지 않는 신뢰 관계를 쌓는 경우가 있어요. 비록 대면해 만나지는 못하지만 한 팀 안에서 함께 일하는 팀원으로서 데이터 라벨러는 프로젝트 진행에 없어서는 안될 귀중한 존재라고 생각합니다.

Q. 에이모에서 선호하는 라벨러 스타일이나 역량이 있을까요?

첫째, 가이드라인 준수입니다. 같은 유형의 프로젝트를 동시에 진행하거나 혹은 이전 버전 프로젝트에 참여한 이력이 있는 경우, 익숙하다고 생각해서 가이드를 확인하지 않고 작업을 한다면 오류가 나올 가능성이 높습니다. 같은 프로젝트라고 해도 버전마다 라벨링 기준이 변경될 수 있기에 가이드를 꼼꼼하게 확인하고 작업하는 라벨러들을 선호합니다.

둘째, 주관적 판단을 지양해야 합니다. 가이드에서 담지 못한 사례를 발견한 경우, 꼭 PM에게 문의해주세요. 라벨링 단계에서 품질을 높이는 것이 매우 중요한데 그러려면 작업하면서 만나는 예외 사항들에 대한 주관적 판단을 하지 말고 질문과 답변을 통해 가이드를 보완하고 적용하는 과정이 요구됩니다.

Q. 에이모 프로젝트 참여 시 어떤 장점이 있나요?

첫째, PM과 원활한 의사소통이 가능한 것이 장점이에요. 라벨러분들 이야기를 들을 때마다 놀라는 것은 본인 작업물에 대해서 피드백 받기를 원하는 분이 정말 많다는 사실입니다. 에이모 PM들은 대부분 개별 슬랙 워크스페이스를 운영하고 있고, 해당 툴안에서 상시적으로 라벨러분들과 의견을 주고받고 있어요. 작업하면서 문의사항이 생기면 언제든 편하게 질문해 주세요. 에이모는 답변을 드릴 준비가 돼 있습니다.

둘째, 에이모는 작업 파일 할당에 제한을 두지 않습니다. 처음 데이터 라벨링을 시작하시는 분도 연습 및 테스트 작업을 통과했다면, 또는 피드백을 주고받는 과정에서 PM과 신뢰를 쌓았다면, 자유롭게 파일을 할당받을 수 있는 '자동 할당' 기능을 제공하고 있어요. 제공 이후에는 작업 가능한 파일이 다 소진되기 전까지, PM에게 요청하지 않아도 언제든 파일을 할당받아 데이터 라벨링을 진행할 수 있어요.

Q. 데이터 라벨링에 대한 전망 혹은 개인적인 견해를 들려주실 수 있나요?

2023년 기준으로 최근 3년간 우리나라 인공지능 기업 매출액이 40% 증가했다는 기사를 접했어요. 내용 중에 응답자의 74.9%가 데이터 확보와 품질 문제에 어려움을 느낀다고 했고요. 데이터 라벨링 현장에 있는 입장에서 앞으로 AI가 데이터 라벨링을 완전히 대체하기에는 어려운 점이 있다고 생각합니다. 데이터 라벨링 자동화가 점점 이뤄지고 있지만, 좋은 품질의 데이터 만들기 위해서는 여전히 사람의 손이 많이 필요해요. 데이터 라벨링 수요가 다양해지고, 좋은 품질의 데이터 확보가 요구되는 현재 상황에서 데이터 라벨링 산업은 지나온 길보다 나아갈 길이 더 많이 남아 있다고 감히 생각해요.

Q. 추가로 하고 싶은 말이 있다면 해주세요.

장기 프로젝트의 경우, 작업자분들과 오래 협력하다 보니 긴밀한 관계를 쌓게 됩니다. 가이드에 추가될 내용에 대해 의견을 주는 분들도 있고, 교육 영상에서 기운이 없어 보이는 날에는 안부를 전해주는 분들도 있어요. 어떤 날은 크라우드 작업자가 회사로 프로젝트 매니저에게 감사 선물을 보내온 적이 있었어요.

어떻게 이런 일들이 가능할까요? 에이모의 많은 프로젝트 매니저들은 크라우드 작업자분들께 늘 감사한 마음을 갖고 일하고 있습니다. 여러분들과 긴밀히 소통하며 일하는 것이 에이모의 강점 중 하나라고 생각해요. 언젠가 한 번은 크라우드 작업자분들과 대면해 교육을 진행하는 것도 좋을 것 같아 구상 중에 있습니다.

3. 레이블러 HI팀 운영 매니저 일레븐 님

Q. 간단한 자기소개 부탁드립니다.

안녕하세요. 저는 딥네츄럴 HI팀(Human Intelligence Team)에서 운영 매니저로 일하고 있는 일레븐입니다. 딥네츄럴의 크라우드소싱 플랫폼 레이블러에서 진행되는 AI 학습 데이터 프로젝트 운영을 담당하고 있어요.

Q. HI 팀에 대한 설명과 직무에 필요한 역량을 알려주세요.

딥네츄럴은 PM과 운영 직군이 분리돼 있습니다. HI팀에서 운영 매니저는 일반적인 PM 직무에서 데이터 가공에 좀 더 집중하는 직무라고 보면 될 것 같아요. PM은 조금 더 넓은 관점에서 프로젝트 운영의 전반을 관리하는 것이고요.

기본적으로 PM 직무와 마찬가지로 매니징과 커뮤니케이션 역량이 필요합니다. 일정에 맞춰 데이터를 납품하고, 여러 이슈 사항을 컨트롤하면서 사람을 관리하고, 내외부 커뮤니케이션을 통해 관계자 간 의견을 조율합니다.

추가로 필요한 역량은 데이터를 분석하고 활용할 줄 아는 능력인데요. 프로젝트를 운영하려면 가이드라인을 설계해야 하는데, 문서 작성뿐 아니라 저작도구를 기획하거나 프로젝트 진행 방식을 결정하는 일 등이 모두 포함돼요. 당연히 데이터 특성을 파악할 수 있어야 하고 데이터마다 가장 좋은 결과를 빠르게 낼 수 있는 운영 방식을 찾을 수 있어야 합니다.

신입 직원이라면 AI 분야에 진지하게 관심 있는 사람이 좋습니다. 능력은 시간이 해결해 줄 수 있지만, 열정은 관심이 있어야 나올 수 있다고 생각하거든요. 또, 프로젝트 특성상 매번 일의 성격이나 세부 업무가 변하는 느낌도 있습니다. 늘 새로워요. 새로운 일을 만나는 것이 즐거운 성향이라면 더 재밌게 일할 수 있다고 생각해요.

Q. 실제 근무 시간이나 환경이 궁금합니다.

아무래도 정부 지원사업 등 시즌을 타다 보니 시기마다 차이가 큰 편입니다. 상반기에는 프로젝트 오픈이나 납품 시점이 아니면 특별히 초과 근무하는 일은 많지 않아요. 반대로 하반기에는 NIA 등 규모가 큰 사업들이 몰려 근무 시간이 길어지는 경우가 종종 있어요. 업무 자동화를 포함해서 '효율적으로 일하기'는 늘 고민하는 주제입니다.

Q. 프로젝트 진행 과정 전반에 대해 실무자의 설명을 듣고 싶습니다.

프로젝트 계약이 완료되면 내부에서 킥오프(Kick-off) 미팅을 진행해요. 실무진들이 프로젝트의 전반적인 내용을 공유하고 진행 방식을 정하는 자리인데요. 이후 저작도구를 개발하거나 가이드라인 작성을 위해 고객사와 커뮤니케이션 하는 등 프로젝트 오픈 준비를 합니다. 오픈 이후에는 주로 프로젝트 이슈 체크, 데이터 품질 확인, 참여자 관리 등을 진행하고, 완료되면 PM을 통해 결과물이 전달돼요. 프로젝트가 종료된 이후에는 회고를 통해 잘했거나 아쉬웠던 부분들을 정리해서 다음 프로젝트에 반영하려고 노력합니다.

Q. 어떤 라벨러가 좋은 인상으로 남나요?

아무래도 꾸준히 잘하면 좋은 인상으로 남아요. 기본적으로 A 프로젝트에서 잘하는 분은 B 프로젝트에서도 잘하는 경우가 많아요. 가이드를 잘 숙지하는 성실한 분이죠. 이런 분은 저희가 검수자를 제안하기도 해요. 다만, 생산량이 적은 분들은 눈에 띄기 어렵습니다. 특히 NIA 등에서 진행하는 장기 프로젝트라면 일정량의 작업을 꾸준히 진행해야 감을 잃지 않기 때문에, 너무 적은 양을 진행하는 분들은 검수자 제안을 하기가 어려워요.

Q. 기업 담당자 입장에서 데이터 라벨러에 대한 생각이 궁금합니다.

한 배를 탄 동료에 가까운 것 같아요. 대신 좀 거리감이 있는 동료인데요.(웃음) 라벨러분들과 저희는 협력하고 상생하는 관계예요. 라벨러분들은 레이블러에서 작업하고, 그에 대한 크레디트를 받아가니까요. 일반적인 서비스 이용자와는 다른 부분이죠. 저희도 최대한 라벨러분들에게 유리한 환경을 조성하려고 노력합니다. 물론 현실적인 이유로 잘되지 않을 때도 있지만, 노력하고 있다는 점은 알아주셨으면 좋겠어요.

Q. 레이블러에서 선호하는 라벨러 스타일이나 역량이 있을까요?

기본적으로 성실한 분을 선호합니다. 어느 기업이나 마찬가지일 것 같은데요. 꼼꼼하면서도 업무 속도가 빠르다면 금상첨화겠죠. 이외에는 해당 라벨러가 어떤 형태로 업무하느냐에 따라 달라지는 부분이 있어요. 예를 들어, 거의 풀타임 근무에 가깝게 업무한다면, 작업량 변동폭이 크지 않은 쪽이 좋아요. 전체적인 진행 상황을 예측하기가 수월하거든요. 건 바이 건으로 작업을 하고 있다면 일정 분량 이상의 작업을 꾸준히 하는 분을 선호해요. 특히 난이도가 높은 프로젝트일수록 정해진 분량을 꾸준히 진행하는 것이 중요합니다. 예를 들어, 특정 프로젝트에서 크라우드 작업자에게 검수자 제안을 한다고 가정하면, 승인율이 아주 높더라도 전체 작업량이 적고, 들쑥날쑥한 작업자에게는 검수 제안을 고려조차 하지 않아요. 최소한의 작업 분량을 소화할 수 있고, 가능하면 작업량이 균일한 쪽이 좋죠. 물론 작업 품질은 당연히 받쳐줘야 합니다.

저희와 직접적으로 커뮤니케이션하는 경우에는 아무래도 긍정적인 커뮤니케이션 스킬을 가진 적극적인 분을 선호합니다. AI 분야에 관심 있고, 일이 어떻게 돌아가는지를 생각하는 분을 만나면 서로 즐겁고 편하게 업무를 하게 되죠. 또. 레이블러는 회사 차원에서도 피드백 문화를 중요하게 생각하는 만큼 가이드나 기타 이슈에 대해 적극적으로 의견을 주는 분과 오래 일하고 싶습니다.

Q. 레이블러 프로젝트 참여 시 어떤 장점이 있을까요?

라벨러 입장에서 가장 큰 장점은 타 기업보다 프로젝트 참여가 쉽다는 점이 아닐까 싶어요. 특별한 자격증 없이도 테스트 문제만 통과하면 프로젝트 대부분에 참여 가능해요. 통과하지 못해도 계속 도전 기회가 주어지고요. 뉴스레터로 대략적인 프로젝트 오픈 시기를 확인하고, 프로젝트 오픈과 동시에 푸시 알림을 받을 수 있어서 스케줄 조절도 용이하죠. 이제 막 데이터 라벨링에 입문한 분들에게 최적화된 환경이에요. 만약 애매하게 궁금한 점이 있다면 커뮤니티를 통해 다른 라벨러들과 소통하면서 스스로 문제를 해결할 수도 있습니다.

단가나 기술은 기업(플랫폼)보다는 특정 프로젝트 유형에 따라 달라지는 점이라고 생각하는데요. 레이블러는 모든 유형의 프로젝트를 진행하고 있어서 라벨러마다 자신의 성향에 맞는 프로젝트를 체험해 보기 좋은 환경이에요. 특히 경험을 쌓고 싶은 분이라면 레이블러에서 여러 프로젝트에 참여해 보면서 내가 어떤 성향인지 확인해 보고, 나에게 맞는 프로젝트를 선택해서 참여해 보세요.

Q. 추가로 하고 싶은 말이 있다면 해주세요.

최근 ChatGPT 등이 서비스되면서 AI 분야가 하루가 다르게 달라지고 있는 것을 체감하고 있는데요. 저도 이 변화의 물결 속에서 할 수 있는 일이 무엇일까에 대해 생각해 보고 있어요. 아마 AI 학습 데이터 가공 시장도 많이 변할 거라는 생각이 드는데요. 앞으로의 가능성이 있느냐, 없느냐를 넘어 데이터 라벨링이라는 아직은 낯선 분야에 진지하게 관심을 가질 만한 분들이라면 어떤 변화에도 잘 적응할 수 있을 거라고 생각합니다. 변화 속에는 항상 기회가 있기 마련이니까요. 저도, 여러분도 모두 행운을 빕니다.

4. 라벨온 AI 플랫폼 사업부 카리나 님

Q. 간단한 자기소개 부탁드립니다.

안녕하세요. 저는 유클리드소프트 카리나 과장입니다. 결혼 후 경력단절 여성으로 지내던 중에 데이터 라벨러로 일하다 좋은 기회가 닿아 관리직으로 채용됐습니다. 재택 업무로 발 들인 분야인데, 이렇게 인터뷰까지 하게 되었네요.

Q. 현재 근무 중인 부서 소개와 담당하는 업무에 대한 설명 부탁드립니다.

제가 근무하고 있는 부서는 AI 학습용 데이터 구축 사업을 진행하는 AI 플랫폼 사업부로 데이터 구축 플랫폼인 라벨온을 운영하고 있어요. 저는 AI 학습용 데이터를 구축하는 프로세스 중에 정제, 가공, 검수하는 전문 검수팀을 총괄 관리해요. 그리고 검수팀 매니저, 라벨러 채용, 교육 등을 진행하고 있어요.

Q. 해당 직무에 필요한 역량이나 기술이 있을까요?

다양한 능력을 갖추면 좋겠지만, 우선 업무 분야를 넓고 깊이 있게 파악할 줄 알아야 합니다. 아무래도 데이터 관리와 기본 세팅을 비롯해 크라우드소싱으로 진행하는 업무다 보니, 생각보다 다양한 역량이 필요해요. 우선 각 분야에 맞는 AI 학습용 데이터의 특성을 잘 파악해 정확한 기준을 만드는 역량을 갖춰야 해요. 전반적인 라벨링 작업에 걸리는 시간과 인력에 대한 부분을 파악해 사업 팀을 도울 수 있는 능력도 필요하죠 . 데이터 라벨러들과 직접 관련이 있는 직무인 만큼, 그들과 원활한 소통을 할 수 있는 커뮤니케이션 능력 역시 중요해요. 마지막으로 제가 데이터 라벨링 작업을 하다가 검수자를 거쳐 관리직이 된 경험에 비춰 볼 때, 데이터 라벨링을 실제로 해 본 경험이 많은 도움이 됐습니다. 작업자와 관리직의 간극을 조금이라도 메울 수 있었으니까요.

Q. 데이터 라벨러에서 정직원으로 채용됐습니다. 과거에 데이터 라벨러로 얼마나 활동했고, 당시 수입은 어느 정도였는지 궁금합니다.

데이터 라벨링은 지인 소개로 알게 됐어요. 처음으로 한 데이터 라벨링은 2020년 NIA 사업 중에 하나였던 VQA 라벨링으로, 이미지를 보고 질문과 답을 생성하는 것이었죠. 당시 2개월 정도 재택으로 작업했고, 100만 원 정도의 수입을 거뒀어요.

데이터 라벨러는 급여를 월 단위로 받는 작업자와 건당으로 받는 작업자가 있는데, 저는 건당으로 받는 작업을 했습니다. 처음에는 작업량이 많지 않아 작업에 할애하는 시간 역시 길지 않았어요. 라벨온 프로젝트는 하루에 작업 가능량이 정해져 있고, 등급이 올라갈수록 작업량이 늘어나는 시스템이에요. 저는 할당받은 작업량을 좋은 퀄리티로 매일 작업하려고 노력했어요. 그러다 보니 점차 작업량이 늘어나고, 자연스럽게 라벨링에 할애하는 시간도 길어지면서 수입도 함께 증가했고요.

Q. 해당 직종의 어떤 부분에서 매력을 느끼셨는지 궁금합니다.

대학에서 문헌정보학을 전공해 도서관에서 근무했고, 결혼 후 육아로 경력이 단절됐어요. 우연히 데이터 라벨링 작업을 소개받았고, 직접 해보니 도서관 업무와 비슷하다는 생각이 들었어요. 적성에도 너무 잘 맞았고요. 전에는 책에 라벨을 붙여줬다면, 지금은 AI 데이터에 라벨을 붙여주는 일을 하니까요.

AI가 활성화되고 있는 현 시점에 데이터 라벨링 작업이 꼭 필요하다고 느꼈어요. 게다가 재택이라 공간과 시간 제약 없이 일할 수 있다는 점이 육아를 해야 하는 제 입장에서는 큰 매력으로 다가왔어요. 그래서 더 열심히 했어요.

Q. 어떤 경로로 정직원으로 채용되셨나요?

데이터 라벨러로 재택근무를 하다가 프로젝트 검수자를 채용한다는 이야기를 들었습니다. 작업에 흥미를 느끼면서 데이터 라벨링에 대한 관심이 높아졌고, 건당으로 작업하는 것보다 출근해서 검수자로 작업하는 것이 급여도 괜찮아서 검수자에 지원했습니다. 검수자로 활동하던 당시는 2020년부터 시작된 데이터 라벨링 사업에 많은 인력이 투입되던 시기였어요. 그래서 많은 인력을 관리할 관리자 역시 많이 필요한 상황이었고요. 자연스럽게 숙련된 검수자들은 매니저로 일할 수 있는 기회가 주어졌고, 저도 그 기회를 잡아서 관리직이 됐죠. 저는 실무 경험이 많았고, 작업 노하우도 많이 알고 있어서 유사 사업이 진행될 때 많은 도움이 됐어요.

또, 각양각색의 다양한 데이터 라벨러들을 최대한 포용하며 프로젝트를 안정적으로 이끌어 가려고 노력했고 다행히 큰 문제 없이 사업을 마무리하면서 새로운 상황에 비교적 쉽게 적응할 수 있었어요.

Q. 데이터 라벨러들 중 관련 기업의 직원으로 진로를 희망하는 사람이 준비해야 할 것들이 있을까요?

흔히 생각하는 라벨러는 프리랜서 개념이 강한 직업이에요. 프리랜서가 아닌 관련 기업 직원으로 향후 진로를 희망하는 분이라면 데이터 라벨링을 하면서 쌓았던 경험을 바탕으로 라벨링 사업 전체를 보는 시각을 키우면 좋을 것 같아요.

좀 더 설명하자면 AI 데이터를 모델에 적용하려 하고, 이때 필요한 데이터를 어떻게 수집하는지, 어떻게 정제하고 가공해 검수가 진행되는지 등을 알면 사업 전체에 대한 이해도가 높아지게 되죠. 더불어 AI 모델에 대한 이해도 있으면 좋을 것 같아요. 또, 관리자로 직원이 되려면 내부 팀과 외부 기관 담당자와의 커뮤니케이션 능력도 중요하고요.

Q. 기업 담당자 입장에서 데이터 라벨러에 대한 생각이 궁금합니다.

데이터 라벨러는 나이, 시간, 공간의 제약이 없는 직업이에요. 그래서 업무 시작이 쉬운 편이지만, 업무와 관련한 모든 걸 한번에 다 잘할 수는 없어요. 그래서 각자의 시간과 노력에 비례해 성장할 수 있는 직업군이라 생각해요. 저 역시 데이터 라벨러였고, 그 경험을 바탕으로 정직원 전환에 성공했으니까요. 끈기 있게 계속 배우고 노력하는 데이터 라벨러라면 작업에서도 인정 받고, 기대 이상의 수입을 거둘 수 있다고 생각해요.

Q. 선호하는 라벨러의 특징이 있을까요?

데이터 라벨러로 활동했을 때 반려 없이 승인율 100%인 작업자가 일을 잘하고, 관리자들이 선호할 거라고 생각했어요. 관리자가 된 후에도 기본적으로 승인율 100%의 작업자가 일 잘하는 작업자라고 생각해요. 다만 조금 달라진 것이 있다면 초반에 반려가 많아도 검수자 피드백에 따라 꾸준히 성장하는 라벨러를 좀 더 선호하게 됐다는 거예요. 피드백을 잘 수용하면 프로젝트에 적합한 라벨러로 성장할 수밖에 없으니까요.

반면 관리자 입장에서 피드백을 잘 수용하지 않는 라벨러를 선호하기는 어렵죠. 반려 메시지가 길면 라벨러의 불평이 많아지고, 불평이 곧 작업으로 나타나는 경우가 많아요. 그래서 검수 기준이 작업자 개인 기준에 조금 부합하지 않더라도 피드백을 잘 수용하는 라벨러와 일하는 것을 선호해요.

Q. 라벨온 프로젝트에 잘 선발되는 방법이 있을까요?

기본은 작업을 잘하는 거죠. 다만, 라벨온은 타 프로젝트 참여가 많았던 사람들을 우선 선발해요. 또, 자연어를 다루는 프로젝트의 경우, 어문계열 전공자를 선호하므로 이 부분을 강조하고 싶어요.

Q. 라벨온 프로젝트 참여 시 어떤 장점이 있나요?

라벨온 프로젝트는 작업의 난이도에 따라 작업량, 단가가 모두 달라요. 이는 유능한 라벨러에게 확실한 보상을 주는 시스템입니다. 무엇보다 숙련된 검수팀이 검수를 진행해 피드백이 빠르죠. 자세한 가이드 제공과 유튜브 교육 영상으로 라벨러 분들이 작업에 대한 기준을 빠르게 습득할 수 있게 돕고 있고요. 광주, 대전에서는 시와 연계해 라벨러 교육도 진행하고 있어 초기 진입장벽을 낮추고 있습니다. 해당 지역 거주자 중 데이터 라벨링에 관심 있는 분이라면 교육을 받아보는 것도 좋을 거라고 생각해요.

Q. 데이터 라벨링에 대한 전망 혹은 개인적인 견해를 들려주실 수 있나요?

요즘 ChatGPT 출현으로 데이터 라벨링 사업이 하락세로 접어들 거라는 전망도 있어요. 저는 다르게 생각해요. 결국 AI는 사람 손이 필요할 수밖에 없어 계속 다양한 라벨링 사업이 진행될 거라고 봐요. 다만, AI가 똑똑해지는 만큼 다양한 라벨링 기법이 생기게 되겠죠. 기존 것만 반복하지 말고, 흐름에 맞는 교육과 개인적인 역량 강화 노력이 필요하다고 생각합니다.

데이터 라벨링으로 돈 잘 버는 N잡러 되기

입문에서 고수입까지,
데이터 라벨링 한 권으로 끝내기

초판 1쇄 발행 2023년 8월 10일
2쇄 발행 2023년 12월 1일

지은이 심정우 · 박민영
발행인 정진욱
편집인 윤하루
디자인 서승연

발행처 라디오북
출판등록 2018년 7월 18일 제 2018-000161호
주 소 (07299)서울시 영등포구 경인로 775
전 화 0507-1360-8765
팩 스 050-8930-9546
이메일 hello.radiobook@gmail.com

ISBN 979-11-90836-77-7

값 22,000원

*라디오북은 라디오데이즈의 출판 전문 브랜드입니다.